U0158365

普通高等教育机电类系列教材

江苏省高等学校重点教材 （2021-2-198）

互换性与技术测量

主　编　于雪梅　　卢　龙

副主编　杜玉玲　　李同清　　左立杰

参　编　冯立超　　杨庆洪　　朱文亮　　刘卫生

主　审　张南乔

机械工业出版社

本书是编者参考国内同类教材，结合自身教学实践，并借鉴其他院校的教学经验与成果编写而成的。

本书考虑到课程学时压缩，在内容编排上尽量做到既完整全面，又简洁实用，突出应用。全书共分七章，在讲解测量技术基础，尺寸公差与配合，几何公差与检测，表面粗糙度与检测，孔、轴检测与量规设计基础的基础上，结合常用连接件将课程所涉及的知识进行综合应用，使读者能够更好地理解、掌握和应用教材知识。

本书可作为一般高等院校机械类、近机械类专业的互换性与技术测量课程教材，也可作为工程技术人员的参考用书。

图书在版编目（CIP）数据

互换性与技术测量/于雪梅，卢龙主编. —2 版. —北京：机械工业出版社，2023.12（2025.1重印）
普通高等教育机电类系列教材
ISBN 978-7-111-74273-9

Ⅰ.①互…　Ⅱ.①于…②卢…　Ⅲ.①零部件-互换性-高等学校-教材②零部件-技术测量-高等学校-教材　Ⅳ.①TG801

中国国家版本馆 CIP 数据核字（2023）第 222148 号

机械工业出版社（北京市百万庄大街 22 号　邮政编码 100037）
策划编辑：余　皞　　　　　　责任编辑：余　皞　丁昕祯
责任校对：樊钟英　李小宝　　封面设计：陈　沛
责任印制：单爱军
北京瑞禾彩色印刷有限公司印刷
2025 年 1 月第 1 版第 2 次印刷
184mm×260mm · 13.25 印张 · 321 千字
标准书号：ISBN 978-7-111-74273-9
定价：43.00 元

电话服务　　　　　　　　　网络服务
客服电话：010-88361066　　机 工 官 网：www.cmpbook.com
　　　　　010-88379833　　机 工 官 博：weibo.com/cmp1952
　　　　　010-68326294　　金 书 网：www.golden-book.com
封底无防伪标均为盗版　　机工教育服务网：www.cmpedu.com

前　言

随着机械制造业的发展，机械的精度设计与运动设计、强度设计一样，已经成为机械设计过程中不可缺少的、保证机械产品质量好、成本低的重要环节之一。因此，互换性与技术测量相关课程成为高等院校机械类和近机械类专业的一门极其重要的技术基础课程。它是联系机械设计课程与机械制造类课程的纽带，是从基础课学习过渡到专业课学习的桥梁，其内容是技术应用型人才、机械工程技术人员和管理人员必须掌握的基本知识与技能。

本书主要面向应用型高等院校，在保证知识体系完整的基础上不过度强调理论的深度和难度，突出应用型本科专业教育特色，契合高等院校教材建设目标，适应高等院校应用型人才培养迅速发展的趋势，着力提高大学生的学习能力、实践能力和创新能力，培养以就业市场为导向的高级应用型人才。本书内容紧凑、层次分明、条理清晰、注重基础、突出应用、脉络清晰，既便于教师授课，又便于学生自学。本书采用现行的国家标准，并对其规定和应用进行了重点介绍。同时借助于比较熟悉的典型零件，按照由浅入深、循序渐进的原则，对尺寸公差与配合、几何公差与检测、表面粗糙度与检测等教学内容进行系统讲解，实现理论与实践相互融合，使学生的综合能力得到有效提高。

本书是编者参考国内同类教材，结合自身教学实践，并借鉴其他院校的教学经验与成果编写而成的。本书可作为一般高等院校机械类、近机械类专业的互换性与技术测量课程教材，也可作为工程技术人员的参考用书。

本书考虑到课程学时压缩，在内容编排上尽量做到既完整全面，又简洁实用，突出应用。全书共分七章，在讲解测量技术基础，尺寸公差与配合，几何公差与检测，表面粗糙度与检测，孔、轴检测与量规设计基础（第二、三、四、五、六章）的基础上，结合常用连接件将课程所涉及的知识进行综合应用（第七章），使读者能够更好地理解、掌握和应用教材知识。本书由雪梅、卢龙主编并统稿，由杜玉玲、李同清、左立杰任副主编，冯立超、杨庆洪、朱文亮、刘卫生参与编写。本书由张南乔教授主审。

本书在编写过程中，参考并引用了相关技术文献和资料，在本书出版之际，向有关专家和单位表示由衷的谢意！

由于编者水平有限，书中难免存在缺点和错误，敬请读者批评指正，并提出宝贵意见。

编　者

目　　录

第一章　绪　　论

第一节 互换性概述

一、互换性的含义

在国家标准 GB/T 20000.1—2014《标准化工作指南 第 1 部分：标准化和相关活动的通用术语》中规定：互换性是指某一产品、过程或服务能用来代替另一产品、过程或服务并满足同样要求的能力。在机械和仪器制造业中，零部件的互换性是指在同一规格的一批零部件中，任取其一，不需任何挑选或附加修配就能装到机器上，并能达到规定的功能要求的特性。零部件具有这种特性就称为零部件具有互换性。

在日常生活和工业生产中，互换性的例子不胜枚举。人们常用的自行车，它的每个零件都是按照满足互换性要求生产的。如果自行车的某个零件坏了，可以在五金商店买到相同规格的零件进行更换，恢复自行车的功能；任何一个 U 盘都可以插到任何一台计算机的 USB 接口中正常使用。这些自行车零件和 U 盘，在同一规格内可以互相替换使用，它们都是具有互换性的零部件。

机械和仪器制造业中的互换性，通常包括几何参数的互换性和性能参数的互换性。机械产品的几何参数一般包括尺寸的大小、几何形状（宏观、微观）及相互位置关系等。机械产品的性能参数包括硬度、强度、刚度、传热性还有其他物理、化学性能等。本书只讨论几何参数的互换性。

二、互换性的分类

互换性按其互换的程度可分为完全互换与不完全互换。

1. 完全互换

完全互换是指同一规格的一批零部件在装配前不需要挑选，在装配时也不需修配和调整，装配后即可满足使用要求。如螺栓、圆柱销等标准件的装配大多属于此类情况。

2. 不完全互换

不完全互换是指在零部件装配时允许有附加的修配、选择或调整。有些零部件的生产，由于采用完全互换的成本很高，加工也很困难，甚至无法加工时，则可采用不完全互换进行生产。不完全互换通常分为概率互换、分组互换、调整互换和修配互换等。

三、互换性的技术经济意义

互换性原则被广泛采用，因为它不仅仅会对生产过程产生影响，而且还涉及产品的设计、加工、装配、使用和维修等方面。

1. 在设计方面

由于采用具有互换性的标准件、通用件，可使设计工作简化，缩短设计周期，并便于用计算机辅助设计。

2. 在加工方面

零件具有互换性，可以采用分散加工、集中装配。这样有利于组织专业化协作生产，有利于使用现代化的工艺装备，有利于组织流水线和自动化等先进的生产方式。

3. 在装配方面

在进行流水线生产时，零部件的互换性是提高装配效率和质量的保证。同时也可以减轻工人的劳动强度，缩短装配周期，提高生产效率。

4. 在使用和维修方面

在产品使用和维修方面，互换性也有其重要意义。当机器的零部件突然损坏或按计划定期更换时，便可在最短时间内用备用件加以替换，从而提高了机器的利用率和延长机器的使用寿命。

互换性不仅在大量生产中广为采用，而且随着现代生产逐步向多品种、小批量的生产方式转变，互换性也被小批量生产，甚至单件生产所要求。应当指出，互换性原则不是在任何情况下都适用，有时零件只能采用修配才能制成或符合经济原则，例如，模具常用修配法制造。但是即使在这种情况下，不可避免地还要采用具有互换性的刀具、量具等工艺装备。因此，互换性仍是必须遵循的基本技术经济原则。

第二节　零件的加工误差和公差

一、加工误差

在机械和仪器的制造过程中不可避免地会存在加工误差，加工误差是指机械加工后，零件的实际几何参数（尺寸、几何要素的形状和相互位置、轮廓的微观不平程度等）对其设计理想值的偏离程度；而加工精度是指机械加工后，零件的几何参数的实际值与设计理想值相符合的程度。

加工误差主要有以下几类：

1. 尺寸误差

尺寸误差是指加工后零件的实际尺寸对其理想尺寸的偏离程度。理想尺寸通常用图样上标注的最大、最小两极限尺寸的平均值来表示。

2. 形状误差

形状误差是指加工后零件的实际表面形状对其理想形状的偏离程度，如圆度、直线度等。

3. 位置误差

位置误差是指加工后零件的表面、轴线或对称平面之间的相互位置对其理想位置的偏离程度，如平行度、同轴度等。

4. 表面粗糙度

表面粗糙度是指加工后零件的表面上由较小间距和峰谷所组成的微观几何形状误差。零件表面微观不平度用表面粗糙度的评定参数值表示。

加工误差是由工艺系统的诸多误差因素所产生的。如加工方法的原理误差，工件装夹的定位误差，夹具、刀具的制造误差与磨损，机床的制造、安装误差与磨损，机床、刀具的误差，切削过程中的受力、受热变形和摩擦振动，还有毛坯的几何误差及加工中的测量误差等。

二、几何量公差

为保证零部件的使用功能和大批量的互换性生产，就必须控制零部件的加工误差在允许的范围内，用以保证相互配合的零部件能满足使用功能要求。设计者通过零件图样，提出相应的加工精度要求，这些要求是用几何量公差的标注形式给出的。现代机械制造业尤其是智能制造业对精度有着十分严格的要求，精度决定成败。

几何量公差就是实际几何参数允许的变动范围。

相对于各类加工误差，几何量公差分为尺寸公差、形状公差、位置公差和表面粗糙度指标允许值及典型零件特殊几何参数的公差等，是由设计人员根据产品使用性能要求给定的。因此，建立各种几何参数的公差标准是实现对零件加工误差的控制和保证互换性的基础。

三、测量、检验与检测

1. 测量

测量是指将被测量（未知量）与已知量的标准量进行比较，并获得被测量具体数值的过程，也是对被测量定量认识的过程。

2. 检验

检验是判断被测物理量是否合格，即是否在规定范围内的过程，通常不一定要求测出具体值，也可理解为不要求知道具体数值的测量。

3. 检测

检测是检验和测量的统称。它不仅用来评定产品质量，而且用于分析产品不合格的原因，通过监督工艺过程，及时调整生产，预防废品产生。

综上所述，合理确定公差和正确进行检测是保证产品质量、实现互换性生产的必不可少的条件和手段。

第三节　标准化和优先数系

一、标准化

国家标准 GB/T 20000.1—2014《标准化工作指南　第 1 部分：标准化和相关活动的通用术语》规定：标准是通过标准化活动，按照规定的程序经协商一致制定，为各种活动或其结果提供规则、指南或特性，供共同使用和重复使用的文件。

标准体现了科技与生产的先进性及相关方的协调一致性，目的在于促进共同效益。我国的标准分为国家标准（GB，GB/T）、行业标准（如 JB，JB/T 是机械行业标准）、地方标准（DB，DB/T）和企业标准（QB）等。按标准是否具有法律属性又可将标准分为强制性标准和推荐性标准。

国家标准的编号由"国家标准代号+标准发布的顺序号+标准发布的年代号"构成，强制性国家标准的代号为"GB"，推荐性国家标准的代号为"GB/T"。

标准化是为了在既定范围内获得最佳秩序，促进共同效益，对现实问题或潜在问题确立共同使用和重复使用的条款以及编制、发布和应用文件的活动。

标准化的主要作用在于它是现代化大生产的必要条件，是互换性生产的基础，是提高产品质量、调整产品结构、保障安全性的依据。标准化是一个动态及相对性的概念，要求不断地修订完善，提高优化，也是对产品设计的基本要求之一。实施标准化的目的是获得最佳的社会经济效益。

二、优先数系

在产品设计或生产中，常常需要确定很多参数，而这些参数往往不是孤立的，一旦选定，这个数值就会按照一定规律，向一切有关的参数传播。为使产品的参数选择能遵守统一的规律，使参数选择一开始就纳入标准化轨道，必须对各种技术参数的数值进行统一规定。GB/T 321—2005《优先数和优先数系》就是其中最重要的一个标准，要求工业产品技术参数尽可能采用它。

如机床主轴转速的分级间距、钻头直径尺寸的分类均符合某一优先数系。

优先数系中的任一数值均称为优先数。

优先数系是国际上统一的数值分级制度，是一种无量纲的分级数系，适用于各种量值的分级。在确定产品的参数或参数系列时，应最大限度地采用优先数和优先数系。

产品（或零件）的主要参数（或主要尺寸）按优先数形成系列，可使产品（或零件）走上系列化，便于分析参数间的关系，可减轻设计计算的工作量。

优先数的主要优点是：相邻两项的相对差均匀，疏密适中，运算方便，简单易记。在同系列中，优先数的积、商、整数乘方仍为优先数。因此，优先数系得到广泛应用。

优先数系是在几何级数基础上形成的，但其公比值仍可以是各种各样的，如何确定公比值呢？由生产实践可知十进制和二进制的几何级数最能满足工程需要。所谓十进制就是1，10，100，$\cdots$，10^n 或1，0.1，0.01，$\cdots$，$1/10^n$ 组成的级数，其中 n 为正整数。$1\sim10$，$10\sim100$，$\cdots$和 $1\sim0.1$，$0.1\sim0.01$，$\cdots$称为十进段。十进段级数的规律就是每经过 m 项就使数值增大或减小10倍；设 a 为首项值，公比为 q，则 $aq^m=10a$，故 $q=10^{1/m}$。二进制级数具有倍增性质，如1，2，4，$\cdots$，在工程中同样应用十分广泛，如电动机转速为375r/min、750r/min、1500r/min、3000r/min，即按二进制的规律而变化。如何把二进制和十进制相结合呢？可设在十进制几何级数中每经过 x 项构成倍数系列，则 $q^x=10^{x/m}=2$，取对数后得 $x/m=\lg2=0.30103\approx0.3=3/10$，由此得到优先数列的 x 和 m 值的组合（x 与 m 为正整数时即能同时满足十进制和二进制）。$x/m=3/10$、$6/20$、$9/30$、$12/40$、$15/50$、$\cdots$，以 $x/m=3/10$ 为例：当首项为1时，公比 $q=10^{1/10}\approx1.25$，即构成1.00、1.25、1.60、2.00、2.50、3.15、4.00、5.00、6.30、8.00、10.00等一系列数值，该系列每经3项构成倍数系列，每经10项构成十倍系列。

优先数系的基本系列常用值见附表1。

为了满足我国工业生产的需要，国家标准 GB/T 321—2005《优先数和优先数系》规定十进制等比数列为优先数，并规定了五个系列，分别用系列符号R5、R10、R20、R40和R80表示。其中前四个系列是常用的基本系列，R80则作为补充系列。优先数系列用国家标准通用符号 R 表示：

R5 系列　　　　　　公比为 $q_5=10^{1/5}\approx1.60$

R10 系列　　　　　公比为 $q_{10}=10^{1/10}\approx1.25$

R20 系列   公比为 $q_{20} = 10^{1/20} \approx 1.12$

R40 系列   公比为 $q_{40} = 10^{1/40} \approx 1.06$

R80 系列   公比为 $q_{80} = 10^{1/80} \approx 1.03$

优先数系应用很广,适用于各种尺寸、参数的系列化和质量指标的分级,对保证各种工业产品品种、规格的合理简化分档和协调配套具有重大的意义。

习 题

1-1 什么是互换性?它在机械制造中有什么重要意义?

1-2 为什么说技术测量是实现互换性的重要手段?

1-3 为什么说标准化是保证互换性的基础?

1-4 制定《优先数和优先数系》国家标准有什么意义?

1-5 解释代号"GB/T 20000.1—2014"的含义。

第二章　测量技术基础

第一节　概述

在机械制造中，为了满足机械产品的功能要求，保证机械零件的互换性和几何精度，特别重要的环节就是对其几何参数（包括尺寸、形状和位置误差、表面粗糙度等）进行测量或检验。测量技术主要就是研究如何对零件几何参数进行测量或检验的技术。

机械中的测量技术属于度量学的一个部分，由测量的定义可知，任何一个测量过程都必须有明确的被测对象和确定的测量单位，还要有与被测对象相适应的测量方法，而且测量结果还要达到所要求的测量精度。因此，一个完整的测量过程应包含被测对象、计量单位、测量方法和测量精度四个要素。

1. 被测对象

被测对象是指被测零件拟测量的量。例如长度、角度、几何误差、表面粗糙度，以及螺纹、齿轮等零件的几何参数。

2. 计量单位

我国规定采用国际单位制为基础的中华人民共和国法定计量单位制。机械工程中的长度单位有"米""毫米""微米"和"纳米"等单位。常用的角度单位是非国际单位制的"度""分""秒"和"弧度"等单位。

3. 测量方法

测量方法是指测量时所采用的测量原理，是计量器具和测量条件的总和。在实施测量的过程中，应该根据被测对象的特点（如材料的硬度、外形尺寸、生产批量、制造精度、测量目的等）和被测参数的定义来拟定测量方案，选择合适的计量器具和测量条件进行测量，这样才能获得可靠的测量结果。

4. 测量精度

测量精度是指测量结果与被测量真值的接近程度。真值的定义为当某量能被完善地确定并能排除所有测量上的缺陷时，通过测量所得到的量值。

由于测量会受到许多因素的影响，其过程总是不完善的，即任何测量都不可能没有误差。对于每一个测得值都应给出相应的测量误差范围，说明其置信概率。不考虑测量精度而得到的测量结果是没有任何意义的。

测量的一般步骤包括确定测量项目、设计测量方案、选择计量器具、采集数据、数据处理和填报检测结果等。

第二节　长度基准与量值传递

一、长度基准

要保证测量的统一性、权威性、准确性，必须建立国际长度基准。在国际单位制及我国法定计量单位中，长度的基本单位是"米"，其单位符号为"m"。1983 年第 17 届国际计量大会对米进行了定义，规定 1m 是光在真空中于 1/299792458s 的时间间隔内所经路径的长度。

二、长度量值传递系统

使用光波长度基准，虽然可以得到足够的准确性，但却不便直接应用于生产中的量值测量。为了保证长度基准的量值能够准确地传递到工业生产中去，就必须建立从光波长度基准到生产中使用的各种计量器具和工件的尺寸传递系统，如图 2-1 所示。目前，量块和线纹尺仍是实际工作中的两种实体基准，是实现光波长度基准到测量实践之间的量值传递媒介。

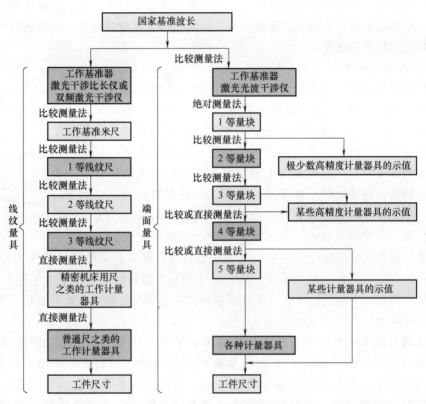

图 2-1　长度量值传递系统

三、量块

由长度量值传递系统（图 2-1）可知，量块是机械制造中精密长度计量应用最广泛的一种实体标准，它是没有刻度的平面平行端面量具，是以两相互平行的测量面之间的距离来决定其长度的一种高精度的单值量具。量块的形状一般有矩形截面的长方体和圆形截面的圆柱体（主要应用于千分尺的校对棒）两种，常用的为长方体，如图 2-2 所示。量块有两个平行的测量面和四个非测量面，测量面极为光滑平整，非测量面较为粗糙。两测量面之间的距离 L 为量块的工作尺寸。量块的截面尺寸见表 2-1。

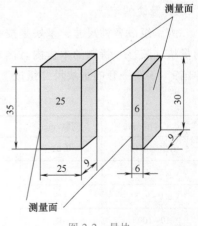

图 2-2　量块

表 2-1　量块的截面尺寸

量块工作尺寸/mm	截面尺寸
<0.5	5mm×15mm
≥0.5~10	9mm×30mm
≥10	9mm×35mm

量块一般用铬锰钢或其他特殊合金钢制成，其线膨胀系数小，性质稳定，不易变形，且耐磨性好。量块除了作为尺寸传递的媒介，用以体现测量单位外，还广泛用来检定和校准量块、量仪；相对测量时用来调整仪器的零位；有时也可直接检验零件，同时还可用于机械行业的精密划线和精密调整等。

1. 量块的中心长度

量块长度是指量块一个测量面上的任意点到与其相对的另一测量面相研合的辅助体（如平晶）表面之间的垂直距离，用符号 L_1 表示。虽然量块精度很高，但其测量面亦非理想面，两测量面也不是绝对平行的。可见，量块长度并非处处相等。量块的中心长度是指量块上测量面的中心到与此量块下测量面相研合的辅助体（如平晶）表面之间的距离，如图 2-3 所示。因此，规定量块的尺寸是指量块测量面上中心点的量块长度，用符号 L 表示，即用量块的中心长度尺寸代

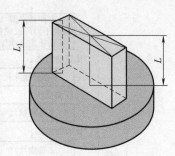

图 2-3　量块的中心长度

表工作尺寸。量块上标出的尺寸为名义上的中心长度，称为名义尺寸（或称为标称长度），如图 2-2 所示。尺寸小于 6mm 的量块，名义尺寸刻在上测量面上；尺寸大于等于 6mm 的量块，名义尺寸刻在一个非测量面上，而且该表面的左右侧面分别为上测量面和下测量面。

2. 量块的研合性

每个量块只代表一个尺寸，由于量块的测量平面十分光洁和平整，因此当表面留有一层极薄的油膜时（约 $0.02\mu m$），用力推合两块量块使它们的测量平面互相紧密接触，因分子间的亲和力，两块量块便能黏合在一起，量块的这种特性称为研合性，也称为黏合性。利用量块的研合性，就可以把各种尺寸不同的量块组合成量块组，得到所需要的各种尺寸。

3. 量块的组合

为了组成各种尺寸，量块是按一定的尺寸系列成套生产的，一套包含一定数量不同尺寸的量块，装在一特制的木盒内。国家量块标准中规定了 17 种成套的量块系列。表 2-2 列出了国产 83 块一套的量块尺寸组成。

表 2-2　83 块一套的量块尺寸组成

尺寸范围/mm	间隔/mm	小计/块	尺寸范围/mm	间隔/mm	小计/块
1.01~1.49	0.01	49	1	—	1
1.5~1.9	0.1	5	0.5	—	1
2.0~9.5	0.5	16	1.005	—	1
10~100	10	10			

4. 量块的精度

（1）量块的分级　按照国家标准 GB/T 6093—2001《几何量技术规范（GPS）　长度标准　量块》的规定，量块按制造精度分为五级，即 K、0、1、2 和 3 级。K 级为校准级。各级量块精度指标见附表 2。

量块生产企业根据各级量块的国家标准要求，在制造时就将量块分了"级"，并将制造尺寸标刻在量块上。使用时，就使用量块上的名义尺寸，称为按"级"测量。

（2）量块的分等　量块按其检定精度，可分为五等，即 1、2、3、4、5 等，精度依次降低，1 等最高，5 等精度最低。各等量块精度指标见附表 3。

当新买来的量块使用了一个检定周期后（一般为一年），再继续按名义尺寸使用即按"级"使用，组合精度就会降低（由于长时间的组合、使用，量块会有所磨损）。所以，就必须对量块重新进行检定，测出每块量块的实际尺寸，并按照各等量块的国家标准将其分成"等"。使用量块检定后的实际尺寸进行测量，称为按"等"测量。

这样，一套量块就有了两种使用方法。按"级"使用时，所根据的是刻在量块上的名义尺寸，其制造误差忽略不计；按"等"使用时，所根据的是量块的实际尺寸，而忽略的只是检定量块实际尺寸时的测量精度，但可用较低精度的量块进行比较精密的测量。因此按"等"测量比按"级"测量的精度高。

5. 量块的组合使用

量块是单值量具，即一个量块只有一个尺寸，为了满足一定尺寸范围的不同尺寸要求，量块可以组合使用。这种组合，是利用研合性将若干个量块研合在一起。通过组合使用，变量块单值为多值，提高了量块的使用价值。

量块的组合原则是：在满足所需尺寸的前提下，块数越少越好。一般不超过 4 块，最多不超过 5 块，这是因为量块存在制造误差，块数越多，这种误差就越大。量块数量尽可能少，既可保证组合量块的尺寸符合要求，减小量块的组合误差，又可以减小拼合的时间，降低量块的磨损，提高量块组使用精度。

选择量块的方法是：从所需尺寸的最小位数选取，每选一块量块要使组成的尺寸至少减少一位，且一般先从尺寸小的选起。还要注意，各次所选用的量块尺寸，应尽可能避免重复，以免部分尺寸量块过多的磨损。

例如，要组成 43.865mm 的尺寸，若采用 83 块一套的量块，其选取方法如下：

```
 43.865
 -1.005              第一块量块
 ———————
 42.860
 -1.36               第二块量块
 ———————
 41.500
 -1.5                第三块量块
 ———————
 40.000              第四块量块
```

以上四块量块研合后的整体尺寸为 43.865mm。

量块是一种精密量具，必须在有效期内使用，否则应送到专业部门检定。使用环境要良好，防止各种腐蚀性物质及灰尘对测量面造成损伤。所选量块需用航空汽油清洗，并用洁净软布擦干，待量块温度与环境温度相同后方可使用。使用量块时，应轻拿、轻放，杜绝磕碰、跌落等情况的发生。不得用手直接接触量块，以免造成汗液对量块的腐蚀及手温对测量精度的影响。使用完毕，应用航空汽油清洗所用量块，并在擦干后涂上防锈脂装入木盒内。

第三节 测量方法与计量器具

一、测量方法的分类

在测量中，测量方法是根据测量对象的特点来选择和确定的，其特点主要是指测量对象的尺寸大小、精度要求、形状特点、材料性质以及数量等。测量方法的分类方式主要可分为以下六种：

1. 按实测几何量是否为被测几何量分类

（1）直接测量　测量时，可直接从计量器具上读出被测几何量的数值。例如，用千分尺、游标卡尺测量轴径，就能直接从千分尺、游标卡尺上读出轴的直径尺寸。

（2）间接测量　被测几何量无法直接测量时，首先测出与被测几何量有关的其他几何量，然后，通过一定的数学关系式进行计算来求得被测几何量的数值，例如，在测量一个截面为圆的劣弧所在圆的半径 R 时，由于无法直接测量，可以先测出该劣弧的弦长 b 以及相应的弦高 h，如图 2-4 所示，然后按式（2-1）进行计算即可，它们的关系式为

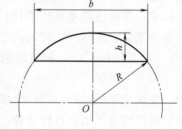

图 2-4　间接测量圆弧半径

$$R = \frac{b^2}{8h} + \frac{h}{2} \tag{2-1}$$

2. 按示值是否为被测几何量的量值分类

（1）绝对测量　计量器具的读数值直接表示被测尺寸。例如，用千分尺测量零件尺寸时可直接读出被测尺寸的数值。

（2）相对测量　计量器具的读数值表示被测尺寸相对于标准量的差值或偏差。该测量方法有一个特点，即在测量之前必须先用量块或其他标准量具将计量器具对零。例如，用杠杆齿轮比较仪或立式光学比较仪测量零件的长度，必须先用量块调整好仪器的零位，然后进行测量，测得值是被测零件的长度与量块尺寸的差值。

3. 按测量时被测表面与计量器具的测头是否接触分类

（1）接触测量　计量器具的测量头与零件被测表面以机械测量力接触。例如，千分尺测量零件、百分表测量轴的圆跳动等。

（2）非接触测量　计量器具的测量头与零件被测表面不接触，不存在机械测量力。例如，用投影法（如万能工具显微镜、大型工具显微镜等）测量零件尺寸、用气动量仪测量孔径等。

接触测量由于存在测量力，会使零件表面产生变形，引起测量误差，使测量头磨损以及划伤被测表面等，但是对被测表面的油污等不敏感；非接触测量由于不存在测量力，被测表面也不会引起变形误差，因此，特别适合薄结构、易变形零件的测量。

4. 按工件上是否有多个被测几何量一起加以测量分类

（1）单项测量 单独测量零件的每一个参数。例如，用工具显微镜测量螺纹时可分别单独测量出螺纹的中径、螺距、牙型半角等。

（2）综合测量 测量零件两个或两个以上相关参数的综合效应或综合指标。例如，用螺纹塞规或环规检验螺纹的作用中径。

综合测量一般效率较高，对保证零件的互换性更为可靠，适用于只要求判断工件是否合格的场合。单项测量能分别确定每个参数的误差，一般用于分析工艺过程中产生废品的原因等。

5. 按测量对机械制造工艺过程所起的作用分类

（1）被动测量 在零件加工后进行的测量。这种测量只能判断零件是否合格，其测量结果主要用来发现并剔除废品。

（2）主动测量 在零件加工过程中进行的测量。这种测量可直接控制零件的加工过程，及时防止废品的产生。

6. 按被测量在测量中的相对状态分类

（1）静态测量 测量时，被测表面与敏感元件处于相对静止状态。

（2）动态测量 测量时，被测表面与敏感元件处于（或模拟）工作过程中的相对运动状态。

动态测量生产效率高，并能测出工件上一些参数连续变化的情况，常用于目前大量使用的数控机床的测量装置。由此可见，动态测量是测量技术的发展方向之一。

二、计量器具的分类

按照计量器具的原理、结构特点及用途可将其分为量具、量规、量仪和测量装置四类。

1. 量具

量具是以固定形式复现量值的计量器具。量具可分为单值量具和多值量具两种。单值量具是指复现几何量的单个量值的量具，如量块、直角尺等。多值量具是指复现一定范围内的一系列不同量值的量具，如线纹尺等。

2. 量规

量规是没有刻度的专用计量器具，主要用来检验工件实际尺寸和几何误差的综合结果。量规是一种检验工具，只能用来判定工件是否合格，而不能获得被测量的具体数值，如光滑极限量规、螺纹量规等。

3. 量仪

量仪是能将被测量转换成直接观察到的指示值或等效信息的计量器具。它与量具的最大区别在于它有指示系统、放大系统。根据被测量的转换原理和量仪的结构特点，量仪可以分为以下几种：

（1）机械式量仪 如指示表、杠杆比较仪等。

（2）光学式量仪 如光学比较仪、测长仪、工具显微镜、光学分度头、干涉仪等。

（3）电动式量仪 如电感式比较仪、电容式比较仪、触针式轮廓仪、圆度仪等。

（4）气动式量仪 如水柱式气动量仪、浮标式气动量仪等。

4. 测量装置

测量装置是指能够测量较多的几何参数和较复杂工件的计量器具和辅助设备的总称。例如连杆和滚动轴承的测量所使用的仪器就可称为测量装置。

三、计量器具的度量指标

度量指标是指测量中应考虑的测量工具的主要性能，它是选择和使用测量工具的依据。计量器具的基本度量指标如图 2-5 所示。

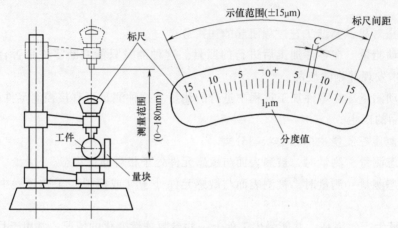

图 2-5 计量器具的基本度量指标

1. 标尺间距

标尺间距是指标尺上相邻两刻线中心线之间的实际距离（或圆弧周长）。为了便于目测估读，一般刻线间距在 1~2.5mm 范围内。

2. 标尺分度值

标尺分度值是指计量器具标尺或分度盘上一个标尺间隔所代表的量值。

3. 标尺示值范围

标尺示值范围是指计量器具标尺上全部标尺间隔所代表的量值。

4. 量程

量程是指计量器具示值范围的上限值与下限值之差。

5. 标尺测量范围

标尺测量范围是指计量器具所能测量出的最大和最小的尺寸范围。

6. 灵敏度

灵敏度是指能引起计量器具指示数值变化的被测尺寸的最小变动量。灵敏度说明了计量器具对被测数值微小变动引起反应的敏感程度。

7. 示值误差

示值误差是指计量器具上读数与被测尺寸实际数值之差。一般来讲，示值误差越小，则计量器具的精度就越高。

8. 测量力

测量力是指在测量过程中计量器具的测量头与被测表面之间的接触力。

9. 测量重复性

测量重复性是指在相同的测量条件下，对同一被测几何量进行多次测量时，各测量结果之间的一致性。通常，以测量重复性误差的极限值（正、负偏差）来表示。

10. 不确定度

不确定度是指由于测量误差的存在而对被测几何量值不能肯定的程度。

第四节　测量误差

一、测量误差的基本概念

从长度测量的实践中可知，当测量某一量值时，用一台仪器按同一测量方法由同一测量者进行若干次测量，所获得的结果是不同的。若用不同的仪器、不同的测量方法、由不同的测量者来测量同一量值，则这种差别将会更加明显，这是由于一系列不可控制和不可避免的主观因素和客观因素造成的。所以，对于任何一次测量，无论测量者多么仔细，所使用的仪器多么精密，采用的测量方法多么可靠，在测得结果中，都不可避免地会有一定误差。也就是说，所得到的测量结果，仅仅是被测量的近似值。被测量的实际测得值与被测量的真值之间的差异，称为测量误差。即

$$\delta = x - x_0 \tag{2-2}$$

式中　δ——绝对误差；

　　　x——被测几何量的量值；

　　　x_0——被测几何量的真值。

测量误差分为绝对误差和相对误差。其中，式（2-2）所表示的测量误差称为测量的绝对误差，用来判断相同被测几何量的测量精度。由于 x 可能大于、等于或小于 x_0，因此，δ 可能是正值、零或负值。这样，式（2-2）可写为

$$x_0 = x \pm |\delta| \tag{2-3}$$

式（2-3）说明，测量误差 δ 的大小决定了测量的精度，δ 越大，则精度越低；δ 越小，则精度越高。

用绝对误差表示测量精度，适用于评定或比较大小相同的被测几何量的测量精度。对于大小不相同的被测几何量，则需要用相对误差来评定或比较它们的测量精度。

相对误差是指绝对误差 δ（取绝对值）与真值 x_0 之比。由于被测几何量的真值无法得到，因此在实际应用中常以被测几何量的测得值 x 代替真值进行估算，即

$$\varepsilon = \frac{|\delta|}{x_0} \approx \frac{|\delta|}{x} \tag{2-4}$$

式中　ε——相对误差。

由式（2-4）可以看出，相对误差 ε 是一个没有单位的数值，一般用百分数（％）来表示。

例如，有两个被测量的实际测得值 $x_1 = 200\text{mm}$，$x_2 = 20\text{mm}$，$\delta_1 = \delta_2 = 0.02\text{mm}$，则其相对误差为

$$\varepsilon_1 = \frac{\delta_1}{x_1} \times 100\% = \frac{0.02\,\text{mm}}{200\,\text{mm}} \times 100\% = 0.01\%$$

$$\varepsilon_2 = \frac{\delta_2}{x_2} \times 100\% = \frac{0.02\,\text{mm}}{20\,\text{mm}} \times 100\% = 0.1\%$$

由上例可以看出，两个不同大小的被测量，虽然具有相同大小的绝对误差，但其相对误差是不同的，显然，$\varepsilon_1 < \varepsilon_2$，表示前者的测量精度比后者高。

二、测量误差产生的原因

测量误差是不可避免的，但是由于各种测量误差的产生都有其原因和影响测量结果的规律，因此，测量误差是可以控制的。要提高测量精度，就必须减小测量误差。要减小和控制测量误差，就必须对测量误差产生的原因进行了解和研究。产生测量误差的原因很多，主要有以下几个方面：

1. 计量器具误差

计量器具误差是指由于计量器具本身存在的误差而引起的测量误差。具体地说，是由于计量器具本身的设计、制造及装配、调整不准确而引起的误差，一般表现在计量器具的示值误差和重复精度上。

设计计量器具时，因结构不符合理论要求，或在理论上采用了某种近似都会产生误差。例如，在光学比较仪的设计中，采用了当 α 为无穷小量时，$\sin\alpha \approx \alpha$ 的近似而产生的误差；若将标尺的不等分刻线用等分刻线代替，就存在计量器具设计时的原理误差。

制造、装配和调整不准确而引起的误差，如计量器具测量头的直线位移与计量器具指针的角位移不成比例、计量器具的刻度盘安装偏心、刻度尺的刻线不准确等。

以上这些误差使计量器具所指示的数值并不完全符合被测几何量变化的实际情况，这种误差称为示值误差。当然，这种误差是很小的，每一种仪器都规定了相应的示值误差允许范围。

2. 方法误差

方法误差是指选择的测量方法和定位方法不完善所引起的误差。例如，测量方法选择不当、工件安装不合理、计算公式不精确、采用近似的测量方法或间接测量法等造成的误差。

3. 环境误差

环境误差是指由于环境因素与要求的标准状态不一致所引起的测量误差。影响测量结果的环境因素有温度、湿度、振动和灰尘等。其中温度影响最大，这是由于各种材料几乎对温度都非常敏感，都具有热胀冷缩的现象。因此，在长度计量中规定标准温度为 20℃。

4. 人员误差

人员误差是指由于人的主观和客观原因所引起的测量误差。如由于测量人员的视力分辨能力、测量技术的熟练程度、计量器具调整的不正确、测量习惯的好坏以及疏忽大意等因素引起的误差。

读数误差是人员误差的一种。它是指计量器具指针处在表盘上两刻度线之间时，需要测量者估读而产生的误差。除数字显示的计量器具外，这种误差是不可避免的。

三、测量误差的分类

根据误差的特点与性质，以及误差出现的规律，可将测量误差分为系统误差、随机误差和粗大误差三种基本类型。

1. 系统误差

系统误差是指在同一测量条件下，对同一被测几何量进行多次重复测量时，绝对值和符号均保持不变的测量误差；或按某一确定的规律变化的测量误差。前者称为定值系统误差，如量块检定后的实际偏差，千分尺不对零而产生测量误差等。后者称为变值系统误差，所谓确定规律，是指这种误差可表达为一个因素或几个因素的函数。例如，尺长是温度的函数，改变温度，尺长将按照热胀冷缩的确定规律变化，从而引起误差。又如分度盘偏心所引起的按正弦规律周期变化的测量误差。

系统误差由于具有一定的规律，理论上讲比较容易发现和剔除。但是，也有一些系统误差由于变化规律非常复杂，一般不太容易发现和剔除。

2. 随机误差

随机误差是指在同一测量条件下，对同一被测几何量进行多次重复测量时，绝对值和符号以不可预计的方式变化的误差。随机误差主要是由测量过程中一些偶然性因素或不确定因素引起的。例如，量仪传动机构的间隙、摩擦、测量力的不稳定以及温度波动等引起的测量误差，都属于随机误差。

3. 粗大误差

粗大误差（也称为过失误差）是指超出了在一定条件下可能出现的误差。它的产生是由于测量时疏忽大意（如读数错误、计算错误等）或环境条件的突变（冲击、振动）而造成的某些较大的误差。在处理数据时，必须按一定的准则从测量数据中剔除。

四、测量精度的分类

测量精度是指几何量的测得值与其真值的接近程度。它与测量误差是从两个不同的角度说明同一概念的两个术语。测量误差越大，测量精度就越低；反之，测量误差越小，测量精度就越高。为了反映系统误差与随机误差对测量结果的不同影响，以打靶为例进行说明。如图 2-6 所示，圆心表示靶心，黑点表示弹孔。图 2-6a 表现为弹孔密集但偏离靶心，说明随机误差小而系统误差大；图 2-6b 表现为弹孔较为分散，但基本围绕靶心分布，说明随机误差大而系统误差小；图 2-6c 表现为弹孔密集而且围绕靶心分布，说明随机误差和系统误差都非常小；图 2-6d 表现为弹孔既分散又偏离靶心，说明随机误差和系统误差都较大。

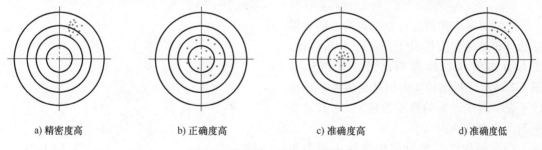

a) 精密度高　　　　b) 正确度高　　　　c) 准确度高　　　　d) 准确度低

图 2-6　精密度、正确度和准确度

根据以上分析，为了准确描述测量精度的具体情况，可将其进一步分类为精密度、正确度和准确度。

1. 精密度

精密度是指在同一测量条件下对同一几何量进行连续多次测量时，该几何量各次测量结果的一致程度。它表示测量结果受随机误差的影响程度。若随机误差小，则精密度高。

2. 正确度

正确度是指在同一测量条件下对同一几何量进行连续多次测量时，该几何量测量结果与其真值的符合程度。它表示测量结果受系统误差的影响程度。若系统误差小，则正确度高。

3. 准确度

准确度表示对同一几何量进行连续多次测量所得到的测得值与真值的一致程度。它表示测量结果受系统误差和随机误差的综合影响程度。若系统误差和随机误差都小，则准确度高。

按上述分类可知，图 2-6a 为精密度高而正确度低；图 2-6b 为正确度高而精密度低；图 2-6c 精密度和正确度都高，因而准确度也高；图 2-6d 为精密度和正确度都低，所以准确度也低。

第五节 各类测量误差的处理

对测量结果进行数据处理是为了找出被测量最可信的数值，以及评定这一数值所包含的误差。在相同的测量条件下，对同一被测几何量进行连续多次测量，得到一系列测量数据，即测量列，这些数据中可能同时存在系统误差、粗大误差和随机误差，因此必须对这些误差进行处理，以消除或减小各类测量误差的影响，提高测量精度。

一、测量列中随机误差的处理

随机误差不可能被修正或消除，但可应用概率论与数理统计的方法，估计出随机误差的大小和规律，并设法减小其影响。

1. 随机误差的特性和分布规律

对某一零件用相同的方法进行 N 次测量，得 N 个测得值为 x_1、x_2、$\cdots$、x_N。假如测得值中不存在系统误差和粗大误差，被测几何量的真值为 x_0，则可以得出相应每次测得值的随机误差为

$$\delta_1 = x_1 - x_0 、\delta_2 = x_2 - x_0 、\cdots 、\delta_N = x_N - x_0$$

大量测量实践的统计分析表明，随机误差的分布曲线多数情况下呈正态分布规律。正态分布曲线也称高斯曲线，其图形如图 2-7 所示（横坐标 δ 表示随机误差，纵坐标 y 表示随机误差的概率密度）。它具有以下四大分布特性：

（1）对称性　绝对值相等的正误差与负误差出现的概率相等。

（2）单峰性　绝对值小的误差出现的概率比绝对值大的误差出现的概率大。

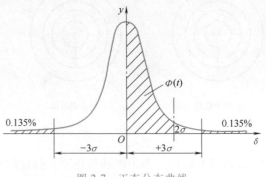

图 2-7　正态分布曲线

（3）有界性 在一定测量条件下，误差的绝对值不会超过一定的界限。

（4）抵偿性 在相同的测量条件下，对同一量进行重复测量时，其随机误差的算术平均值随测量次数的增加而趋近于零。

正态分布曲线的数学表达式为

$$y = \frac{1}{\sigma\sqrt{2\pi}}\exp\left(-\frac{\delta^2}{2\sigma^2}\right) \tag{2-5}$$

式中 y——概率密度；

σ——标准偏差；

δ——随机误差。

由式（2-5）可以看出，当 $\delta = 0$ 时，概率密度 y 最大，$y_{max} = \dfrac{1}{\sigma\sqrt{2\pi}}$，概率密度的最大值随标准偏差大小的不同而不同，如图 2-8 所示。如果 $\sigma_1 < \sigma_2 < \sigma_3$，则 $y_{1max} > y_{2max} > y_{3max}$，即 σ 越小，y_{max} 越大，正态分布曲线就越陡，随机误差的分布就越集中，测量精度就越高；反之，σ 越大，y_{max} 越小，正态分布曲线就越平坦，随机误差的分布就越分散，测量精度就越低。

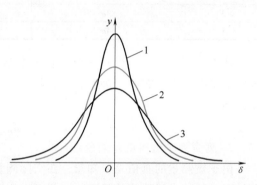

图 2-8 标准偏差对概率密度的影响

根据误差理论，标准偏差的计算公式为

$$\sigma = \sqrt{\frac{\delta_1^2 + \delta_2^2 + \cdots + \delta_N^2}{N}} \tag{2-6}$$

式中 δ_1、δ_2、$\cdots$、δ_N——测量列中各测得值相应的随机误差；

N——测量次数。

标准偏差 σ 是反映测量列中测得值分散程度的一项指标，它是测量列中单次测得值（任一测得值）的标准偏差。

由于随机误差具有有界性，因此它的大小不会超过一定的范围。随机误差的极限值就是测量极限误差。由概率论可知，正态分布曲线和横坐标轴间所包含的面积等于各随机误差出现的概率总和，即

$$P = \int_{-\infty}^{+\infty} y\,\mathrm{d}\delta = \int_{-\infty}^{+\infty} \frac{1}{\sigma\sqrt{2\pi}}\exp\left(-\frac{\delta^2}{2\sigma^2}\right)\mathrm{d}\delta = 1 \tag{2-7}$$

如果随机误差区间落在 $(-\delta \sim +\delta)$ 之中时，则式（2-7）变为

$$P = \int_{-\delta}^{+\delta} y\,\mathrm{d}\delta = \int_{-\delta}^{+\delta} \frac{1}{\sigma\sqrt{2\pi}}\exp\left(-\frac{\delta^2}{2\sigma^2}\right)\mathrm{d}\delta \tag{2-8}$$

为了化成标准正态分布的表达式，将式（2-8）进行变量置换，设 $t = \dfrac{\delta}{\sigma}$，则 $\mathrm{d}t = \dfrac{\mathrm{d}\delta}{\sigma}$，于是有

$$P = \frac{1}{\sqrt{2\pi}}\int_{-t}^{+t} \exp\left(-\frac{t^2}{2}\right)\mathrm{d}t = \frac{2}{\sqrt{2\pi}}\int_0^t \exp\left(-\frac{t^2}{2}\right)\mathrm{d}t \tag{2-9}$$

令 $P = 2\Phi(t)$，则

$$\Phi(t) = \frac{1}{\sqrt{2\pi}} \int_0^t \exp\left(-\frac{t^2}{2}\right) dt \tag{2-10}$$

$\Phi(t)$ 称为拉普拉斯函数。

表 2-3 给出了 $t = 1$、2、3、4 四个特殊值时所对应的概率。

表 2-3　四个特殊 t 值对应的概率

t	$\delta = \pm t\sigma$	不超过 $|\delta|$ 的概率 $P = 2\Phi(t)$	超出 $|\delta|$ 的概率 $\alpha = 1 - 2\Phi(t)$
1	$\pm\sigma$	0.6826	0.3174
2	$\pm 2\sigma$	0.9544	0.0456
3	$\pm 3\sigma$	0.9973	0.0027
4	$\pm 4\sigma$	0.99936	0.00064

从表中可以看出，当 $t = 3$ 时，随机误差在 $\delta = \pm 3\sigma$ 范围内的概率为 99.73%，而超出此范围的概率只有 0.27%，因此，通常把对应于置信概率 99.73% 的 $\delta = \pm 3\sigma$ 作为测量极限误差，即

$$\delta_{\text{lim}} = \pm 3\sigma \tag{2-11}$$

2. 测量列中随机误差的处理步骤

由于被测量的真值是未知量，在实际测量时常常进行多次测量，测量次数 N 充分大时，随机误差的算术平均值趋于零，因此可以用测量列中各个测得值的算术平均值 $\bar{x}$ 作为真值，并用一定的方法估算出标准偏差，进而确定测量结果。具体处理过程如下：

（1）计算多次测量的算术平均值

$$\bar{x} = \frac{1}{N}(x_1 + x_2 + \cdots + x_N) = \frac{\sum_{i=1}^{N} x_i}{N} \tag{2-12}$$

（2）计算残差　测量列中各测得值 x_i 与测量列的算术平均值 $\bar{x}$ 的代数差，称为残差 v_i，即

$$v_i = x_i - \bar{x} \tag{2-13}$$

（3）计算单次测得值的标准偏差　通过推导，得到单次测得值的标准偏差

$$\sigma = \sqrt{\frac{1}{N-1}(v_1^2 + v_2^2 + \cdots + v_N^2)} = \sqrt{\frac{1}{N-1}\sum_{i=1}^{N} v_i^2} \tag{2-14}$$

这时，单次测得值的测量结果 x_e 可表示为

$$x_e = x_i \pm 3\sigma \tag{2-15}$$

（4）计算算术平均值的标准偏差　算术平均值 $\bar{x}$ 比单次测得值 x_i 更加接近测量真值 x_0，但 $\bar{x}$ 也具有分散性，不过它的分散程度比 x_i 的分散程度要小得多，用 $\sigma_{\bar{x}}$ 表示算术平均值的标准偏差，它的数值与测量次数 N 有关，即

$$\sigma_{\bar{x}} = \frac{\sigma}{\sqrt{N}} \tag{2-16}$$

一般情况下，取 $N = 10 \sim 15$ 次。

（5）确定测量列算术平均值的测量极限误差　以多次测量的算术平均值 $\bar{x}$ 表示测量结

果，有 99.73% 的概率 $\bar{x}$ 与真值 x_0 之差不会超出 $\pm 3\sigma_{\bar{x}}$，即

$$\delta_{\lim(\bar{x})} = \pm 3\sigma_{\bar{x}} \tag{2-17}$$

（6）确定测量结果　多次测量所得算术平均值的测量结果 x_e 可表示为

$$x_e = \bar{x} \pm 3\sigma_{\bar{x}} \tag{2-18}$$

此时的置信概率为 99.73%。

二、测量列中系统误差的处理

1. 定值系统误差的发现

从多次连续测量测得的一系列数据中，很难发现定值系统误差的存在。这是因为定值系统误差只影响测得的算术平均值，即影响测量误差分布中心的位置。想发现有无定值系统误差，可对所使用的测量工具和测量方法进行检定。检定时，可在测量工具上对已知实际尺寸的基准件进行重复测量，将测得值的平均值与该已知尺寸之差作为定值系统误差，而该基准件的实际尺寸应该使用更高精度的仪器检定。

2. 变值系统误差的发现

变值系统误差对每个测得值有不同的影响，但其有确定的规律而不是随机的。因此，它既影响曲线分布的位置，又影响曲线的形状。发现变值系统误差可以采用如下两种方法：

（1）残差观察法　残差是指各个测得值与其算术平均值之差。将一系列测得值的残差按测量顺序排列，如果各残差大体上正、负相间，又没有明显的变化（图 2-9a），则不存在变值系统误差。如果各残差按近似的线性规律递增或递减（图 2-9b），则可以判断存在线性系统误差。如果各残差的大小和符号有规律地周期性变化（图 2-9c），则可以判断存在周期性系统误差。

（2）实验对比法　实验对比法是指改变产生系统误差的测量条件而进行不同测量条件下的测量，以发现系统误差，这种方法适用于发现定值系统误差。例如，量块按标称尺寸使用时，在被测几何量的测量结果中就存在由于量块的尺寸偏差而产生的大小和符号均不变的定值系统误差，重复测量也不能发现这一误差，只有用另一块等级更高的量块进行测量对比时才能发现它。

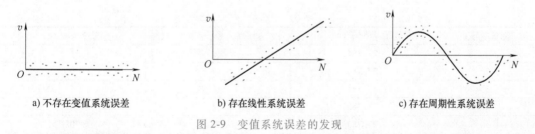

a) 不存在变值系统误差　　　　b) 存在线性系统误差　　　　c) 存在周期性系统误差

图 2-9　变值系统误差的发现

3. 系统误差的消除

（1）从计量器具自身找原因　测量前，对测量过程中可能发生系统误差的每个环节进行认真分析，从计量器具自身找原因。例如，在测量开始和结束时，仔细调整仪器工作台，调整零位，防止测量过程中仪器示值零位的变动。

（2）加修正值　事先将系统误差检定或计算出来，并将系统误差的相反值作为修正值，用代数法将其修正值加到实际测得值上，即可得到不包含系统误差的测量结果。

（3）抵消法　如果在测量中，两次测得值所产生的系统误差大小相等，符号相反，则取其平均值作为测量结果，即可消除定值系统误差。

三、测量列中粗大误差的处理

粗大误差会对测量结果产生明显的歪曲，因而应根据判断粗大误差的准则将它从测量数据中剔除，通常用拉依达准则来判断。

拉依达准则又称为 3σ 准则，主要适用于服从正态分布的误差，重复测量次数又比较多的情况。其具体做法是根据测量列的数据，先算出标准偏差 σ，然后用 3σ 作为边界来检查所有的残差 v_i，若某一个 $|v_i|>3\sigma$，则该残差判定为粗大误差，应剔除。然后重新计算标准偏差 σ，再对新算出的残差进行判断直到所有的 $|v_i|\leqslant 3\sigma$ 为止。

第六节　等精度测量列的数据处理

等精度测量是指在测量条件不变的情况下，由同一测量者，用同样的测量方法，使用相同的计量器具，对同一被测几何量进行连续多次测量。通常，为了简化对测量数据的处理，大多采用等精度测量。

一、直接测量列的数据处理

为了得到正确的测量结果，应按如下的步骤进行数据处理。

首先应查找并判断测量列中是否存在系统误差。若存在系统误差，则应该采取措施加以消除，之后计算测量列的算术平均值、残差和单次测得值的标准偏差。其次，查找并判断测量列中是否存在粗大误差。如果存在粗大误差，则应把含有粗大误差的测得值剔除，并重新组成测量列，重复上述计算过程，直至将所有含有粗大误差的测得值剔除为止。之后，应重新计算消除系统误差和剔除粗大误差后的测量列的算术平均值、残差、单次测得值的标准偏差、算术平均值的标准偏差及测量极限误差，最终确定测量结果。

例 2-1　对一个零件尺寸进行 10 次等精度测量，得到表 2-4 的测得值。试求出测量结果。

表 2-4　测量数据

测量序号 i	测得值 x_i/mm	残差 $v_i = x_i - \bar{x}$/μm	残差平方 v_i^2/μm²
1	27.784	+1	1
2	27.780	−3	9
3	27.784	+1	1
4	27.785	+2	4
5	27.783	0	0
6	27.784	+1	1
7	27.783	0	0
8	27.782	−1	1
9	27.784	+1	1
10	27.781	−2	4
算术平均值 $\bar{x}=27.783$mm		$\sum\limits_{i=1}^{10} v_i = 0$	$\sum\limits_{i=1}^{10} v_i^2 = 22$

解：（1）判断定值系统误差　假设计量器具已经检定、测量环境得到有效控制，可认为测量列中不存在定值系统误差。

（2）计算测量列算术平均值

$$\bar{x} = \frac{\sum_{i=1}^{N} x_i}{N} = 27.783\text{mm}$$

（3）计算残差和判断变值系统误差　各残差的数值见表2-4。按残差观察法，这些残差的符号大体上正负相间，但不是周期变化，因此，可以判断测量列中不存在变值系统误差。

（4）计算测量列单次测得值的标准偏差

$$\sigma = \sqrt{\frac{1}{N-1}\sum_{i=1}^{N} v_i^2} = \sqrt{\frac{22}{10-1}}\ \mu\text{m} \approx 1.56\mu\text{m}$$

（5）判断粗大误差　按照拉依达准则，测量列中没有发现绝对值大于3σ（$3\times1.56 = 4.68\mu\text{m}$）的残差，因此，可以判断测量列中不存在粗大误差。

（6）计算测量列算术平均值的标准偏差

$$\sigma_{\bar{x}} = \frac{\sigma}{\sqrt{N}} = \frac{1.56}{\sqrt{10}}\mu\text{m} \approx 0.49\mu\text{m}$$

（7）计算测量列算术平均值的测量极限误差

$$\delta_{\lim(\bar{x})} = \pm3\sigma_{\bar{x}} = \pm3\times0.49\mu\text{m} = \pm1.47\mu\text{m}$$

（8）确定测量结果

$$x_e = \bar{x}\pm3\sigma_{\bar{x}} = 27.783\pm0.002\text{mm}$$

此时的置信概率为99.73%。

二、间接测量列的数据处理

间接测量时，实测的几何量不是被测几何量，被测几何量是实测几何量的函数。间接测量总的测量误差是实测的各几何量的测量误差的函数，因此，它属于函数误差。

1. 函数误差的基本计算公式

间接测量中的被测几何量通常为实测的几何量的多元函数，可表述为

$$y = f(x_1, x_2, \cdots, x_N) \qquad (2\text{-}19)$$

式中　　　　y——被测几何量；
$x_1, x_2, \cdots, x_N$——实测的各几何量。

该函数的增量可用函数的全微分来表示，即可得到函数误差的基本计算公式

$$\delta y = \frac{\partial f}{\partial x_1}\delta x_1 + \frac{\partial f}{\partial x_2}\delta x_2 + \cdots + \frac{\partial f}{\partial x_N}\delta x_N \qquad (2\text{-}20)$$

式中　　　　δy——被测几何量的测量误差；
$\delta x_1, \delta x_2, \cdots, \delta x_N$——实测的各几何量的几何误差；
$\frac{\partial f}{\partial x_1}, \frac{\partial f}{\partial x_2}, \cdots, \frac{\partial f}{\partial x_N}$——各测量误差的传递函数。

2. 函数系统误差的计算

如果实测的各几何量x_i的测得值中存在系统误差，那么，函数（被测几何量）也相应

存在系统误差。令 Δx_i 代替式（2-20）中的 δx_i，于是可近似得到函数的系统误差

$$\Delta y = \frac{\partial f}{\partial x_1}\Delta x_1 + \frac{\partial f}{\partial x_2}\Delta x_2 + \cdots + \frac{\partial f}{\partial x_N}\Delta x_N \tag{2-21}$$

式（2-21）称为函数的传递公式。

3. 函数随机误差的计算

由于实测的各几何量 x_i 的测量列中存在随机误差，因此，函数也存在随机误差。根据误差理论，函数的标准偏差 σ_y 与实测的各几何量的标准偏差 σ_{x_i} 的关系如下：

$$\sigma_y = \sqrt{\left(\frac{\partial f}{\partial x_1}\right)^2 \sigma_{x_1}^2 + \left(\frac{\partial f}{\partial x_2}\right)^2 \sigma_{x_2}^2 + \cdots + \left(\frac{\partial f}{\partial x_N}\right)^2 \sigma_{x_N}^2} \tag{2-22}$$

式（2-22）称为随机误差的传递公式。

如果实测的各几何量的随机误差服从正态分布，则式（2-22）可推导出函数的测量极限误差的计算公式

$$\delta_{\lim(y)} = \pm\sqrt{\left(\frac{\partial f}{\partial x_1}\right)^2 \delta_{\lim(x_1)}^2 + \left(\frac{\partial f}{\partial x_2}\right)^2 \delta_{\lim(x_2)}^2 + \cdots + \left(\frac{\partial f}{\partial x_N}\right)^2 \delta_{\lim(x_N)}^2} \tag{2-23}$$

式中　$\delta_{\lim(y)}$——被测几何量的测量极限误差；

　　　$\delta_{\lim(x_i)}$——各实测几何量的测量极限误差。

4. 间接测量列的数据处理步骤

首先，确定被测几何量与实测的各几何量的函数关系及表达式，然后把实测的各几何量的测得值代入此表达式，求出被测几何量的测得值。之后，按式（2-21）和式（2-23）分别计算被测几何量的系统误差 Δy 和测量极限误差 $\delta_{\lim(y)}$。最后，在此基础上确定测量结果

$$y_e = (y - \Delta y) \pm \delta_{\lim(y)} \tag{2-24}$$

例 2-2　用弓高弦长法间接测量圆弧的半径 R，如图 2-4 所示。若弓高 $h = 4.32\text{mm}$，弦长 $b = 51.45\text{mm}$，它们的系统误差和测量极限误差分别为 $\Delta h = +0.0013\text{mm}$，$\delta_{\lim(h)} = \pm 0.0016\text{mm}$，$\Delta b = -0.0018\text{mm}$，$\delta_{\lim(b)} = \pm 0.0023\text{mm}$。试确定圆弧半径 R 的测量结果。

解：（1）由式（2-1）计算圆弧半径 R

$$R = \frac{b^2}{8h} + \frac{h}{2} = \left(\frac{51.45^2}{8 \times 4.32} + \frac{4.32}{2}\right)\text{mm} = 78.7544\text{mm}$$

（2）按式（2-21）计算圆弧半径 R 的系统误差 ΔR

$$\Delta R = \frac{\partial f}{\partial b}\Delta b + \frac{\partial f}{\partial h}\Delta h = \frac{b}{4h}\Delta b - \left(\frac{b^2}{8h^2} - \frac{1}{2}\right)\Delta h$$

$$= \left[\frac{51.45 \times (-0.0018)}{4 \times 4.32} - \left(\frac{51.45^2}{8 \times 4.32^2} - \frac{1}{2}\right) \times 0.0013\right]\text{mm} = -0.0278\text{mm}$$

（3）按式（2-23）计算圆弧半径 R 的测量极限误差 $\delta_{\lim(R)}$

$$\delta_{\lim(R)} = \pm\sqrt{\left(\frac{b}{4h}\right)^2 \delta_{\lim(b)}^2 + \left(\frac{b^2}{8h^2} - \frac{1}{2}\right)^2 \delta_{\lim(h)}^2}$$

$$= \pm\sqrt{\left(\frac{51.45}{4 \times 4.32}\right)^2 \times 0.0023^2 + \left(\frac{51.45^2}{8 \times 4.32^2} - \frac{1}{2}\right)^2 \times 0.0016^2}\text{mm}$$

$$= \pm 0.0284\text{mm}$$

（4）按式（2-24）确定测量结果 R_e

$$R_e = (R - \Delta R) \pm \delta_{\lim(R)} = [78.7544 - (-0.0278)] \pm 0.0284 \text{mm}$$
$$= 78.7822 \pm 0.0284 \text{mm}$$

此时的置信概率为 99.73%。

习　　题

2-1　测量的实质是什么？一个完整的测量包括哪几个要素？

2-2　试用 83 块一套的量块组合出尺寸 52.895mm 和 26.535mm。

2-3　测量误差按性质可分为哪几类？随机误差的分布规律和特征是什么？

2-4　某计量器具示值为 50mm 处的示值误差为 +0.003mm。若用该计量器具测量工件时，读数恰好为 50mm，试确定该工件的尺寸。

2-5　用两种方法分别测量尺寸为 120mm 和 80mm 的零件，测量绝对误差分别为 7μm 和 6μm，试判断这两种方法的测量精度哪种高？

2-6　在相同条件下，用立式光学比较仪重复测量某轴的同一部位直径 15 次。按测量顺序记录测得值（单位为 mm）为

30.042	30.043	30.040	30.043	30.041
30.039	30.040	30.041	30.043	30.039
30.041	30.042	30.040	30.039	30.042

设测量列中不存在定值系统误差，试确定：

（1）测量列算术平均值；

（2）判断有无变值系统误差；

（3）判断有无粗大误差，若有则剔除；

（4）测量列算术平均值的标准偏差；

（5）测量列算术平均值的测量极限误差；

（6）写出测量结果。

2-7　在万能工具显微镜上用影像法测量圆弧样板，如图 2-10 所示，测得弦长 $b = 95$mm，弦高 $h = 30$mm，测量弦长的测量极限误差为 $\delta_{\lim(b)} = \pm 2.5$μm，测量弦高的测量极限误差为 $\delta_{\lim(h)} = \pm 2$μm。试确定圆弧的半径 R 及其测量极限误差 $\delta_{\lim(R)}$。

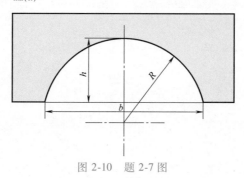

图 2-10　题 2-7 图

第三章　尺寸公差与配合

任何零件的几何要素在加工过程中不可避免地会产生误差，只要这些误差不超过允许的范围即公差范围，仍然可以保证相互配合的零件能满足功能要求。因此，尺寸精度设计问题就是合理确定组成产品的零部件几何参数的公差与配合问题。数控机床作为高精度、高技术含量的典型代表，尤其是高档数控机床，其技术水平代表着一个国家的综合竞争力。武汉重型机床集团，成功研制了世界最大规格的超重型数控卧式机床（DL250 型机床），它能够制造重 106.3 吨、直径 9.1 米的世界最大螺旋桨，且能保证加工精度为 $8\mu m$，约为头发丝的十分之一。中航工业首席技能专家方文墨，手握锉刀创造了"$3\mu m$ 加工公差"被称为"文墨精度"，歼-15 战机的许多核心零件，尤其是有"对接高难度动作"之称的操控系统都受益于这一精度。由此看出，随着我国制造业的崛起，弘扬科学精神与社会责任是提高我国机械加工精度的重要环节，我国科研工作者用创新精神、工匠精神和奋斗的汗水，铸就了一台台"大国重器"。

公差与配合是随着机械制造业的发展而产生、发展和完善的，它直接影响着产品的精度、性能和使用寿命，是机械制造工程方面的重要基础标准。为了满足互换性的要求，我国已颁布了一系列国家标准：GB/T 1800.1—2020《产品几何技术规范（GPS） 线性尺寸公差 ISO 代号体系 第 1 部分：公差、偏差和配合的基础》；GB/T 1800.2—2020《产品几何技术规范（GPS） 线性尺寸公差 ISO 代号体系 第 2 部分：标准公差带代号和孔、轴的极限偏差表》；GB/T 1804—2000《一般公差 未注公差的线性和角度尺寸的公差》。这些标准应用广泛，是最基础、最典型的标准。本章将介绍上述标准的基本概念、主要内容和应用。

第一节 基本术语及定义

一、孔和轴的定义

在机器或仪器中，最基本的装配关系是由一个零件的内表面包容另一个零件的外表面所形成的。这里的孔与轴具有广泛的含义。

孔通常是指工件的内尺寸要素，包括非圆柱形的内尺寸要素。

轴通常是指工件的外尺寸要素，包括非圆柱形的外尺寸要素。

如图 3-1 所示的各表面中，孔的直径、键槽宽、滑槽宽称为孔；轴的直径、凸肩宽称为轴。

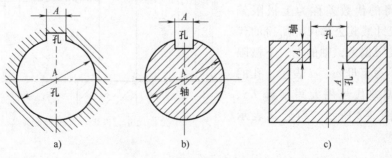

图 3-1 孔和轴的示意图

孔与轴的区别：从装配关系看，孔是包容面，轴是被包容面；从加工过程看，随着加工的进行，孔的尺寸越来越大，轴的尺寸越来越小。

二、有关尺寸的定义

1. 尺寸

尺寸是以特定单位表示线性尺寸值的数值。如直径、半径、深度、宽度、中心距离等，由数值和长度单位组成，如 200mm，50.5m（机械工程图中，通常采用 mm，此时 mm 可省略不写）。

2. 公称尺寸

公称尺寸是设计给定的理想形状要素的尺寸。它是根据零件的强度、刚度等要求计算并标准化后确定的标准尺寸。采用标准尺寸的目的是为了减少定值刀具、量具的规格。用 D 和 d 分别表示孔和轴的公称尺寸。

3. 实际尺寸

实际尺寸是指拟合组成要素的尺寸。由于零件表面存在形状误差，所以测量同一表面不同部位得到的实际尺寸不尽相同。由于存在测量误差，实际尺寸并非尺寸真值，而是近似真值的尺寸。一个孔或轴的任意横截面中的任何两相对点之间测得的尺寸称为局部实际尺寸。用 D_a 和 d_a 分别表示孔和轴的实际尺寸。

4. 极限尺寸

极限尺寸是指尺寸要素的尺寸所允许的极限值。尺寸要素允许的最大尺寸称为上极限尺寸，尺寸要素允许的最小尺寸称为下极限尺寸。孔和轴的上极限尺寸分别用 $D_{\max}$ 和 $d_{\max}$ 表示，下极限尺寸分别用 $D_{\min}$ 和 $d_{\min}$ 表示。极限尺寸以公称尺寸为基数，也是在设计时确定的，它可能大于、等于或小于公称尺寸。零件的极限尺寸用于控制加工完零件的实际尺寸，实际尺寸在两个极限尺寸之间，说明零件合格。

三、有关尺寸偏差的定义

1. 偏差

偏差是某值与其参考值之差。

2. 极限偏差和实际偏差

极限偏差是相对于公称尺寸的上极限偏差和下极限偏差。上极限尺寸减其公称尺寸所得的代数差称为上极限偏差，下极限尺寸减其公称尺寸所得的代数差称为下极限偏差，轴的上、下极限偏差代号用小写字母 es、ei 表示，孔的上、下极限偏差代号用大写字母 ES、EI 表示，如图 3-2 所示。用公式表示如下：

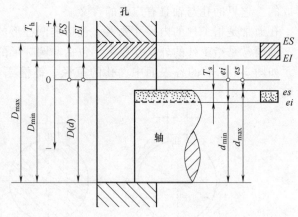

图 3-2 公称尺寸、极限尺寸和极限偏差、尺寸公差

$$es = d_{\max} - d \qquad (3\text{-}1)$$

$$ei = d_{\min} - d \qquad (3\text{-}2)$$

$$ES = D_{\max} - D \qquad (3\text{-}3)$$

$$EI = D_{\min} - D \qquad (3\text{-}4)$$

实际尺寸减其公称尺寸的代数差称为实际偏差，孔的实际偏差用 E_a 表示，轴的实际偏差用 e_a 表示。用公式表示如下：

$$e_a = d_a - d \tag{3-5}$$

$$E_a = D_a - D \tag{3-6}$$

3. 基本偏差

基本偏差是确定公差带相对公称尺寸位置的那个极限偏差，它可以是上极限偏差或下极限偏差，一般为靠近公称尺寸或位于公称尺寸上的那个极限偏差，如图 3-2 所示。

四、有关尺寸公差和公差带的定义

1. 尺寸公差（简称公差）

尺寸公差是指上极限尺寸与下极限尺寸之差，或上极限偏差与下极限偏差之差。它是允许尺寸的变动量。尺寸公差是一个没有符号的绝对值。孔、轴的公差分别用 T_h 和 T_s 表示。

公差与极限尺寸、极限偏差的关系用公式表示如下：

$$T_h = D_{max} - D_{min} = ES - EI \tag{3-7}$$

$$T_s = d_{max} - d_{min} = es - ei \tag{3-8}$$

2. 标准公差

标准公差是线性尺寸公差 ISO 代号体系中的任一公差，用 IT 表示。

3. 公差带

由于公称尺寸与公差、偏差的数值相差颇大，不便用同一比例表示，故采用公差带示意图。

零线：表示公称尺寸的一条直线，以它作为基准线确定偏差和公差，零线以上为正偏差，零线以下为负偏差。

尺寸公差带：公差极限之间（包括公差极限）的尺寸变动值。其宽度代表尺寸公差值，用适当比例画出。公差带沿零线方向的长度可适当选取，公差带示意图如图 3-3 所示。图中公称尺寸单位为 mm，偏差和公差的单位为 mm 或 μm。

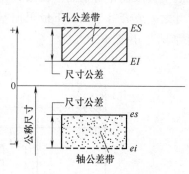

图 3-3 公差带示意图

4. 极限制

极限制是经标准化的公差和偏差制度。

例 3-1 公称尺寸为 100mm 的相互结合的孔和轴的极限尺寸分别为：$D_{max} = 99.942$mm，$D_{min} = 99.907$mm 和 $d_{max} = 100$mm，$d_{min} = 99.978$mm。它们加工后测得一孔和一轴的实际尺寸分别为 $D_a = 99.932$mm，$d_a = 99.986$mm。求孔和轴的极限偏差、公差和实际偏差，并画出该孔和轴的公差带示意图。

解：（1）计算孔和轴的极限偏差

$ES = D_{max} - D = (99.942 - 100)$mm $= -0.058$mm；$EI = D_{min} - D = (99.907 - 100)$mm $= -0.093$mm

$es = d_{max} - d = (100 - 100)$mm $= 0$；$ei = d_{min} - d = (99.978 - 100)$mm $= -0.022$mm

（2）计算孔和轴的公差

$T_{\mathrm{h}} = D_{\max} - D_{\min} = (99.942 - 99.907)\,\mathrm{mm} = 0.035\,\mathrm{mm}$；

$T_{\mathrm{s}} = d_{\max} - d_{\min} = (100 - 99.978)\,\mathrm{mm} = 0.022\,\mathrm{mm}$

（3）计算实际偏差

$E_{\mathrm{a}} = D_{\mathrm{a}} - D = (99.932 - 100)\,\mathrm{mm} = -0.068\,\mathrm{mm}$；

$e_{\mathrm{a}} = d_{\mathrm{a}} - d = (99.986 - 100)\,\mathrm{mm} = -0.014\,\mathrm{mm}$

本例的孔、轴公差带示意图如图 3-4 所示。

图 3-4　孔、轴公差带示意图

五、有关配合的定义

1. 配合

配合是类型相同且待装配的外尺寸要素（轴）和
内尺寸要素（孔）之间的关系。不同的孔、轴公差带之间的位置关系形成不同的配合类型。

2. 间隙和过盈

间隙是当轴的直径小于孔的直径时，相配孔和轴的尺寸之差。间隙用 X 表示。

过盈是当轴的直径大于孔的直径时，相配孔和轴的尺寸之差。过盈用 Y 表示。

3. 配合种类

根据孔、轴公差带不同的位置关系，可以形成三种配合类型：间隙配合、过盈配合和过渡配合。

（1）间隙配合　孔和轴装配时总是存在间隙的配合。此时，孔的下极限尺寸大于或在极端情况下等于轴的上极限尺寸，如图 3-5 所示。表征间隙配合特征的参数有最大间隙 $X_{\max}$、最小间隙 $X_{\min}$。最大间隙 $X_{\max}$ 等于孔的上极限尺寸与轴的下极限尺寸之差或者等于孔的上极限偏差与轴的下极限偏差之差；最小间隙 $X_{\min}$ 等于孔的下极限尺寸与轴的上极限尺寸之差或者等于孔的下极限偏差与轴的上极限偏差之差。间隙配合的平均松紧程度为平均间隙 X_{av}。用公式表示为

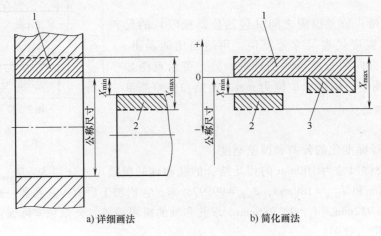

a) 详细画法　　　　　　　　　b) 简化画法

图 3-5　间隙配合的孔、轴公差带示意图

1—孔的公差带　2、3—轴的公差带

$$X_{\max} = D_{\max} - d_{\min} = ES - ei \qquad (3\text{-}9)$$

$$X_{\min} = D_{\min} - d_{\max} = EI - es \qquad (3\text{-}10)$$

$$X_{av} = \frac{1}{2}(X_{max} + X_{min}) \tag{3-11}$$

（2）过盈配合 孔和轴装配时总是存在过盈的配合。此时，孔的上极限尺寸小于或在极端情况下等于轴的下极限尺寸，如图 3-6 所示。表征过盈配合特征的参数有最小过盈 Y_{min}、最大过盈 Y_{max}。最小过盈 Y_{min} 等于孔的上极限尺寸与轴的下极限尺寸之差或者等于孔的上极限偏差与轴的下极限偏差之差；最大过盈 Y_{max} 等于孔的下极限尺寸与轴的上极限尺寸之差或者等于孔的下极限偏差与轴的上极限偏差之差。过盈配合的平均松紧程度为平均过盈 Y_{av}。用公式表示为

$$Y_{min} = D_{max} - d_{min} = ES - ei \tag{3-12}$$

$$Y_{max} = D_{min} - d_{max} = EI - es \tag{3-13}$$

$$Y_{av} = \frac{1}{2}(Y_{max} + Y_{min}) \tag{3-14}$$

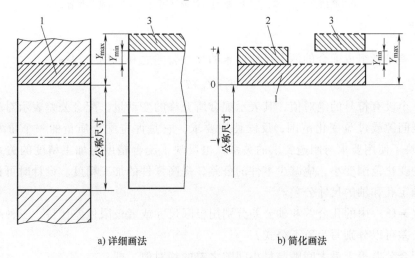

a) 详细画法 　　　　　　b) 简化画法

图 3-6　过盈配合的孔、轴公差带示意图

1—孔的公差带　2、3—轴的公差带

（3）过渡配合 孔和轴装配时可能具有间隙或过盈的配合。在过渡配合中，孔和轴的公差带或完全重叠或部分重叠。因此，是否形成间隙配合或过盈配合取决于孔和轴的实际尺寸，如图 3-7 所示。表征过渡配合特征的参数有最大间隙 X_{max}、最大过盈 Y_{max}。最大间隙 X_{max} 等于孔的上极限尺寸与轴的下极限尺寸之差或者等于孔的上极限偏差与轴的下极限偏差之差；最大过盈 Y_{max} 等于孔的下极限尺寸与轴的上极限尺寸之差或者等于孔的下极限偏差与轴的上极限偏差之差。用公式表示为

$$X_{max} = D_{max} - d_{min} = ES - ei \tag{3-15}$$

$$Y_{max} = D_{min} - d_{max} = EI - es \tag{3-16}$$

在过渡配合中，平均间隙或者平均过盈为最大间隙与最大过盈的平均值，当平均值为正值时，则为平均间隙；当平均值为负值时，则为平均过盈。用公式表示为

$$X_{av}(\text{或 } Y_{av}) = \frac{1}{2}(X_{max} + Y_{max}) \tag{3-17}$$

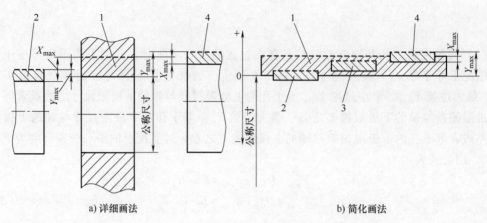

a) 详细画法   b) 简化画法

图 3-7 过渡配合的孔、轴公差带示意图

1—孔的公差带 2、3、4—轴的公差带（画出了一些可能的位置）

4. 配合公差

配合公差是指组成配合的两个尺寸要素的尺寸公差之和，用 T_f 表示。

$$T_f = T_h + T_s \tag{3-18}$$

它是一个没有符号的绝对值，其表示配合所允许的变动量。配合公差表示对配合精度的要求，控制间隙或过盈变化范围，反映使用要求。它是评定配合质量的一个重要指标，式（3-18）反映了使用要求与制造要求的关系，也反映了配合精度与加工精度的关系。为使间隙或过盈的变化范围变小，应减少零件的公差，提高零件的加工精度。设计时可根据配合精度的要求确定孔和轴的尺寸公差。

将式（3-18）中的孔公差和轴公差分别用极限尺寸或者极限偏差代替，三种配合类型对应的配合公差可以分别写为以下公式：

间隙配合公差等于最大间隙与最小间隙之差的绝对值，即

$$T_f = \left| X_{max} - X_{min} \right| \tag{3-19}$$

过盈配合公差等于最大过盈与最小过盈之差的绝对值，即

$$T_f = \left| Y_{max} - Y_{min} \right| \tag{3-20}$$

过渡配合公差等于最大间隙与最大过盈之差的绝对值，即

$$T_f = \left| X_{max} - Y_{max} \right| \tag{3-21}$$

例 3-2 已知孔的尺寸为 $\phi 60^{+0.019}_{0}$ mm，轴的尺寸为 $\phi 60^{-0.010}_{-0.023}$ mm，求最大间隙 X_{max}、最小间隙 X_{min} 及配合公差 T_f，并画出公差带示意图。

解：根据式（3-9）计算最大间隙，得

$$X_{max} = ES - ei = \left[(+0.019) - (-0.023) \right] \text{mm} = +0.042 \text{mm}$$

根据式（3-10）计算最小间隙，得

$$X_{min} = EI - es = \left[0 - (-0.010) \right] \text{mm} = +0.010 \text{mm}$$

根据式（3-19）计算配合公差，得

$$T_f = \left| X_{max} - X_{min} \right| = \left| (+0.042) - (+0.010) \right| \text{mm} = 0.032 \text{mm}$$

本例的公差带示意图如图 3-8 所示。

5. ISO 配合制

ISO 配合制是由线性尺寸公差 ISO 代号体系确定公差的孔和轴组成的一种配合制度。国家标准 GB/T 1800.1—2020 规定了两种基准制（基孔制和基轴制）来获得各种配合。

基孔制配合是孔的基本偏差为零的配合，即其下极限偏差等于零，孔的下极限尺寸与公称尺寸相同的配合制，如图 3-9 所示。

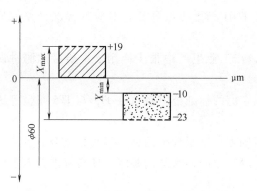

图 3-8 间隙配合的孔、轴公差带示意图

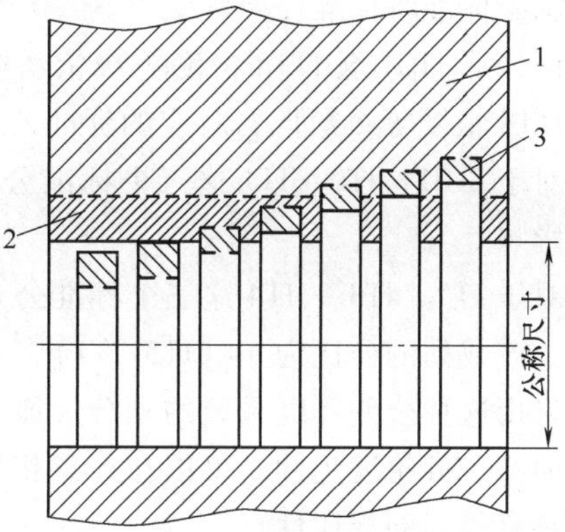

图 3-9 基孔制配合示意图
1—基准孔"H" 2—基准孔的公差带
3—不同的轴的公差带

基准孔是在基孔制配合中选作基准的孔，在线性尺寸公差 ISO 代号体系中，指下极限偏差为零的孔，即 $EI = 0$。

基轴制配合是轴的基本偏差为零的配合，即其上极限偏差等于零。轴的上极限尺寸与公称尺寸相同的配合制。所要求的间隙或过盈由不同公差带代号的孔与一基本偏差为零的公差带代号的基准轴相配合得到，如图 3-10 所示。

基准轴是在基轴制配合中选作基准的轴，在线性尺寸公差 ISO 代号体系中，它的上极限偏差为零，即 $es = 0$。

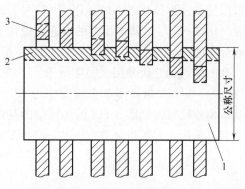

图 3-10 基轴制配合示意图
1—基准轴"h" 2—基准轴的公差带
3—不同的孔的公差带

第二节　尺寸公差带与配合的标准化

进行尺寸精度设计就是要合理选择、计算组成机器的零部件的公差与配合，即选择公差带的大小和公差带的位置。国家标准 GB/T 1800.1—2020 对公差带的大小和位置分别予以标准化，规定了公称尺寸至 500mm 的标准公差系列和基本偏差系列。

一、标准公差

标准公差是线性尺寸公差 ISO 代号体系中的任一公差，字母"IT"代表"国际公差"。

根据各类生产需求的不同，以及尺寸要求准确程度的不同，将标准公差分成不同的公差等级，对应不同的公差值，形成标准公差系列。

标准公差等级是用常用标示符表征的线性尺寸公差组。在线性尺寸公差 ISO 代号体系中，标准公差等级标示符由 IT 及其之后的数字组成，如 IT7。同一公差等级对所有公称尺寸的一组公差被认为具有同等精确程度。

国家标准将标准公差等级共分 20 个等级。IT01、IT0、IT1、IT2、…、IT18。在同一尺寸段内，从 IT01 至 IT18 精度等级依次降低，即 IT01 精度等级最高，对应的标准公差值最小，IT18 精度等级最低，对应的标准公差值最大。

对于 IT01、IT0、IT1 这三个标准公差等级，在工业生产中很少应用，主要考虑测量误差的影响。

对于 IT2、IT3、IT4 这三个标准公差等级，它们的标准公差数值在 IT1 与 IT5 间呈等比数列，该数列的公比为 $q = (IT5/IT1)^{1/4}$。

采用这种公差等级系数的划分规律，可以将国家标准所规定的公差等级根据今后发展的需要向高、低精度延伸，可以在任意相邻两公差等级之间插入新的等级，使得标准公差数值计算具有很强的规律性。

二、基本偏差系列

基本偏差是定义了与公称尺寸最近的极限尺寸的那个极限偏差。当由基本偏差标示的公差极限位于公称尺寸之上时，用"+"号，而当由基本偏差标示的公差极限位于公称尺寸之下时，用"-"号。基本偏差的概念不适用于 JS 和 js，它们的公差极限是相对于公称尺寸线对称分布的。

孔的基本偏差代号用大写字母表示。在 26 个英文字母中去掉容易混淆的 5 个字母：I、L、O、Q、W，又增加了 7 个双写字母 CD，EF，FG，JS，ZA，ZB，ZC，就得到了孔的 28 个基本偏差代号，如图 3-11a 所示。轴的基本偏差代号与孔的基本偏差代号所采用的字母相同，只是采用小写字母来表示，如图 3-11b 所示。孔、轴的极限偏差如图 3-12 所示。

三、公差带代号的确定

根据配合要求（间隙、过盈）确定公差带代号。公差带代号可以分解为基本偏差标示符和标准公差等级数，由标准公差等级数得到标准公差等级（ITx）。使用附表 5，由公称尺寸和标准公差等级得到公差大小（即标准公差值）。使用附表 7 和附表 8，由公称尺寸和基本偏差标示符得到基本偏差（上极限偏差或下极限偏差）。另一个极限偏差根据式（3-7）或式（3-8）并使用附表 5 中的标准公差进行计算得到。附表 8 右边的最后六列给出了单独的 Δ 值表。Δ 值是被测要素的公差等级和公称尺寸的函数。对于标准公差等级至 IT8 的 K，M，N 和标准公差等级至 IT7 的 P~ZC 的基本偏差的确定，应考虑附表 8 右边几列的 Δ 值。每当示出 +Δ 时，Δ 值将增加到主表给出的固定值上，以得到基本偏差的正确值。

例 3-3 利用标准公差数值表（附表 5）和轴、孔的基本偏差数值表（附表 7 和附表 8），确定 $\phi60H7/s6$ 和 $\phi60S7/h6$ 的极限偏差。

解：由附表 5 查得 $\phi60$mm 的 IT7 = 30μm，IT6 = 19μm。

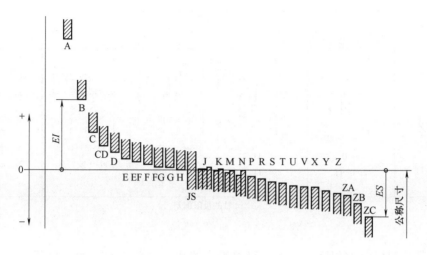

a) 孔(内尺寸要素)

b) 轴(内尺寸要素)

图 3-11　公差带（基本偏差）相对于公称尺寸位置的示意说明

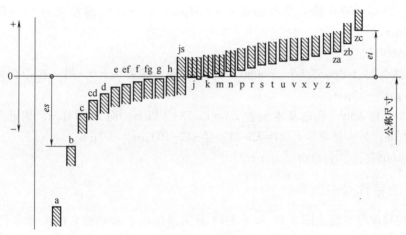

a) 孔的极限偏差

图 3-12　孔、轴的极限偏差

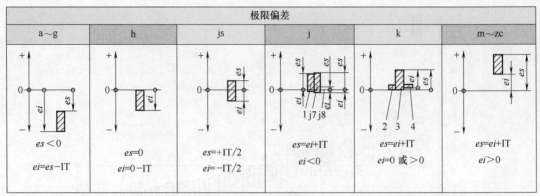

b) 轴的极限偏差

图 3-12　孔、轴的极限偏差（续）

（1）基孔制配合 $\phi60H7/s6$　$\phi60H7$ 基准孔的基本偏差 $EI=0$，另一极限偏差为 $ES=EI+$ $IT7=(0+30)\,\mu m=+30\,\mu m$。

由附表 7 查得 $\phi60s6$ 轴的基本偏差 $ei=+53\,\mu m$，另一极限偏差为 $es=ei+IT6=(+53+$ $19)\,\mu m=+72\,\mu m$。

于是得 $\phi60H7\left(^{+0.030}_{0}\right)/s6\left(^{+0.072}_{+0.053}\right)$。

（2）基轴制配合 $\phi60S7/h6$　$\phi60h6$ 基准轴的基本偏差 $es=0$，另一极限偏差为 $ei=es-$ $IT6=(0-19)\,\mu m=-19\,\mu m$。

由附表 8 查得 $\phi60S7$ 孔的基本偏差 $ES=(-53+\Delta)\,\mu m$，而 $\Delta=11\,\mu m$，因此 $ES=(-53+$ $11)\,\mu m=-42\,\mu m$；另一极限偏差 $EI=ES-IT7=(-42-30)\,\mu m=-72\,\mu m$。

于是得 $\phi60S7\left(^{-0.042}_{-0.072}\right)/h6\left(^{0}_{-0.019}\right)$。

四、公差带代号的选取

公差带代号应尽可能从图 3-13 和图 3-14 分别给出的孔和轴相应的公差带代号中选取。框中所示的公差带代号应优先选取。图 3-13 和图 3-14 中的公差带代号仅应用于不需要对公差带代号进行特定选取的一般性用途。例如，键槽需要特定选取。在特定应用中若有必要，偏差 js 和 JS 可被相应的偏差 j 和 J 替代。

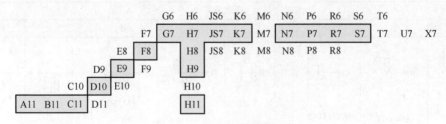

图 3-13　孔常用优先公差带

五、配合的确定

确定配合有两种方法，即通过经验或通过计算由功能要求和相配零件的可生产性所得到的允许间隙和/或过盈。

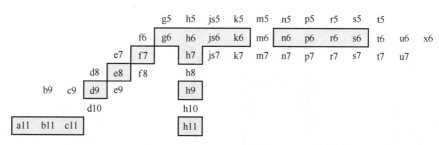

图 3-14 轴常用优先公差带

1. 实际推荐的配合

除相配零件的尺寸及其公差外，还有更多的特征可影响配合的功能。为了给出配合的完整技术定义，应考虑更多的影响因素。

更多可能的影响因素是，如相配零件的形状、方向和位置偏差，表面结构，材料密度，工作温度，热处理和材料。

为了控制所期望的配合功能，可能需要将形状、方向和位置公差附加给相配尺寸要素的尺寸公差。

2. 配合制的选择

首先需要做的决定是采用"基孔制配合"（孔 H）还是采用"基轴制配合"（轴 h）。需要特别注意的是，这两种配合制对于零件的功能没有技术性的差别，因此应基于经济因素选择配合制。

通常情况下，应选择"基孔制配合"。这种选择可避免工具（如铰刀）和量具不必要的多样性。

"基轴制配合"应仅用于那些可以带来切实经济利益的情况（如需要在没有加工的拉制钢棒的单轴上安装几个具有不同偏差的孔的零件）。

3. 依据经验确定特定配合

基于决策的考虑，对于孔和轴的公差等级和基本偏差（公差带的位置）的选择，应能够给出最满足所要求使用条件对应的最小和最大间隙或过盈。

基于经济因素，如有可能，配合应优先选择如图 3-15 和图 3-16 框中所示的公差带代号。

可由基孔制（图 3-15）获得符合要求的配合，或在特定应用中由基轴制（图 3-16）获得。

基准孔	轴公差带代号																	
	间隙配合							过渡配合					过盈配合					
H6						g5	h5	js5	k5	m5			n5	p5				
H7					f6	g6	h6	js6	k6	m6	n6		p6	r6	s6	t6	u6	x6
H8				e7	f7		h7	js7	k7	m7					s7		u7	
H8			d8	e8	f8		h8											
H9			d8	e8	f8		h8											
H10	b9	c9	d9	e9			h9											
H11	b11	c11	d10				h10											

图 3-15 基孔制配合的优先配合

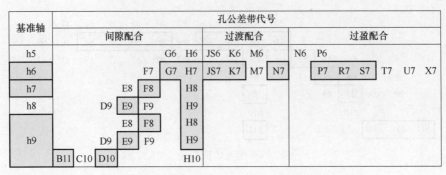

基准轴	孔公差带代号										
	间隙配合				过渡配合			过盈配合			
h5			G6	H6	JS6 K6 M6		N6 P6				
h6		F7	G7	H7	JS7 K7 M7 N7			P7 R7 S7	T7	U7	X7
h7	E8	F8		H8							
h8	D9 E9	F9		H9							
h9	E8	F8		H8							
	D9 E9	F9		H9							
	B11 C10 D10			H10							

图 3-16　基轴制配合的优先配合

4. 依据计算确定特定配合

在某些特定功能的情形下，需要计算由相配零件的功能要求所导出的允许间隙和/或过盈。由计算得到的间隙和/或过盈以及配合公差应转换成极限偏差，如有可能，转换成公差带代号。

例 3-4　有一间隙配合，孔、轴的公称尺寸为 $\phi120mm$，采用基孔制，要求间隙在 $+12\mu m$ 至 $+69\mu m$ 范围内，试查附表9~附表11确定孔、轴的配合代号和极限偏差数值。

解：由附表11查得公称尺寸为 $\phi120mm$，且满足最小间隙 $+12\mu m$，最大间隙 $+69\mu m$ 要求的基孔制配合代号为 $\phi120H7/g6$。

由附表9查得 $\phi120H7$ 孔的极限偏差为 $ES=+35\mu m$，$EI=0$。

由附表10查得 $\phi120g6$ 轴的极限偏差为 $es=-12\mu m$，$ei=-34\mu m$。

六、公差与配合的标注

孔、轴基本偏差标示符和公差等级组成公差带代号，公差带代号是基本偏差和标准公差等级的组合。例如，孔公差带代号 $\phi40H7$，$\phi40G8$，轴公差带代号 $\phi30g6$，$\phi30h7$。

把孔和轴公差带代号组合，就组成配合代号，用分数形式表示，分子代表孔，分母代表轴。例如 $\phi60H8/f8$，$\phi60G7/h6$。

零件图上，尺寸的标注方法有三种，如图 3-17 所示。

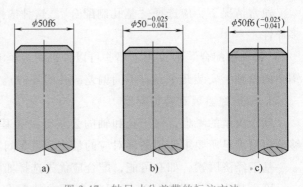

图 3-17　轴尺寸公差带的标注方法

装配图上，在公称尺寸的后面标注配合代号，如图 3-18 所示。

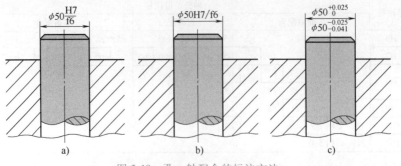

图 3-18　孔、轴配合的标注方法

在零件图上标注上、下极限偏差数值时，零极限偏差必须用数字"0"标出，不得省略。如 $\phi60^{+0.019}_{0}$、$\phi60^{0}_{-0.030}$。

当上、下极限偏差绝对值相等而符号相反时，则在极限偏差数值前面标注"±"号，如 $\phi60\pm0.015$。

第三节 尺寸公差与配合的选择

尺寸公差与配合的选择是机械设计和制造中的重要环节，包括选择配合制、选择标准公差等级和选择配合种类三方面内容。选择是否恰当，对机械的使用性能和制造成本有很大影响。因此，尺寸公差与配合选择时，要对产品的使用条件、技术性能和精度要求以及具体的生产条件等进行全面分析，才能正确、合理地进行选择。选择的基本原则是在满足使用要求的前提下，获得最佳的技术、经济效益。

一、配合制的选择

配合制包括基孔制和基轴制两种，基孔制与基轴制是两种并行的配合制度，其中除基准件不同外，两种配合制的配合性质都可满足使用要求。在精度设计时究竟选择哪种基准制，与使用要求无关，应从产品结构特点、加工工艺性和经济性等方面综合考虑。

1. 基孔制的选择

一般情况下，应优先选用基孔制。从工艺上看，对高精度的中小尺寸的孔，通常用钻头、铰刀、拉刀等定值刀具加工，用光滑极限量规检测，但刀具和量具是定值的，每一种刀具和量具只能加工和检测一种孔。若孔的公差带位置改变，就需要更换刀具和量具，这就增加了对刀具和量具的需求，即增加了加工成本。例如，加工一批基孔制配合的 $\phi60H7/g6$、$\phi60H7/p6$、$\phi60H7/u6$ 的孔 $\phi60H7$，只要使用一种定值刀具和量具（塞规），即可完成加工和检验；而加工具有相同性质的 $\phi60G7/h6$、$\phi60P7/h6$、$\phi60U7/h6$ 的孔，却各需一种定值刀具和量具，显然采用基孔制较经济。

对于尺寸较大、精度较低的孔，从工艺上讲采用基孔制和基轴制都可以，但一般情况下还是采用基孔制较经济。

2. 基轴制的选择

1）在农业机械和纺织机械中，有时采用 IT9~IT11 的冷拉钢材直接做轴（不经切削加工）。此时采用基轴制可避免冷拉钢材的尺寸规格过多，因此选择基轴制最为合理。

2）与标准零部件相配合的孔或轴，必须以标准零部件为基准来选择配合制。例如，滚动轴承外圈与箱体上轴承孔的配合必须采用基轴制；内圈与轴颈的配合必须采用基孔制。

3）结构上特殊的需要。当同一轴与公称尺寸相同的几个孔相配合，且配合性质不同时，应考虑采用基轴制。图 3-19a 所示的是发动机活塞部件，活塞1与活塞销2及连杆3相配合。活塞销2与活塞孔的配合要求紧些（M6/h5），而活塞销2与连杆孔的配合则要求松些（H6/h5）。如采用基轴制，活塞销2可制成一根光轴，既便于生产，又便于装配，如图 3-19b 所示。如采用基孔制，三个孔的公差带一样，活塞销却要制成中间小两头大的阶梯轴，如图 3-19c 所示，这样做既不便于加工，又不利于装配。另外，活塞销2两端直径大于活塞孔径，装配时会刮伤轴和孔的表面，还会影响配合质量。

4）为了满足配合的特殊需要，可用任意孔、轴公差带组成的非基准制配合。例如，圆柱齿轮减速器壳体孔与轴承盖的配合，壳体孔的公差带已由与轴承外圈相配合的要求确定为 $\phi100J7$，端盖与此孔的配合要求不高，仅仅要求拆装方便，同时要实现轴向定位，故可以采用形成较大间隙的公差带 $\phi100e9$，即形成 $\phi100J7/e9$ 的配合。同理，输出轴轴径与轴套的配合也可以采用非基准制配合 $\phi55D9/k6$。

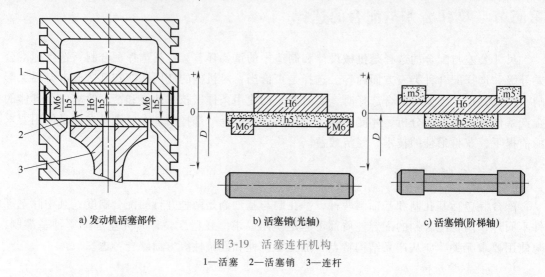

a) 发动机活塞部件   b) 活塞销(光轴)   c) 活塞销(阶梯轴)

图 3-19 活塞连杆机构

1—活塞 2—活塞销 3—连杆

二、标准公差等级的选择

标准公差等级选择的实质，是解决零件的使用要求与制造工艺和加工成本之间的矛盾。因此，其基本原则是在满足使用要求的前提下，尽量采用低的公差等级。

标准公差等级可用类比法选择。国家标准推荐的各标准公差等级的应用见表 3-1。

采用类比法时，应当注意的是，在选择标准公差等级时，还应满足"工艺等价"原则。"工艺等价"原则是指同一配合中的孔和轴的加工难易程度大致相同。在间隙配合和过渡配合时，标准公差等级≤IT8 的孔，因比同一等级的轴加工困难，故应与高一级的轴配合，标准公差等级>IT8 的孔与轴取相同等级；在过盈配合时，标准公差等级≤IT7 的孔，应与高一级的轴配合，标准公差等级>IT7 的孔与轴取相同等级。

选择公差等级时还应注意相关件和相配零件的精度。例如，与齿轮相配合的轴的公差等级取决于相关件齿轮的精度；与滚动轴承相配合的壳体孔和轴颈的公差等级取决于滚动轴承的精度等级（将在后面的章节中叙述）。

对于某些配合，可用计算查表法确定孔、轴公差等级。例如，根据经验和使用要求，已知配合处的间隙或过盈的变化范围（即配合公差），则可用计算查表法分配孔、轴公差，确定公差等级。

表 3-1 标准公差等级的应用

公差等级	应用范围	应用举例
IT01～IT1	配合尺寸	用于精密的尺寸传递基准,高精度测量工具,极个别特别重要的精密配合尺寸,精密尺寸标准块公差,个别特别重要的精密机械零件尺寸

（续）

公差等级	应用范围	应用举例
IT2～IT5		用于很高精密和重要配合处。例如，精密机床主轴颈与高精度滚动轴承的配合，车床尾架座体孔与顶尖套配合，活塞销与活塞销孔的配合
IT6（孔至IT7）		用于要求精密配合处，在机械制造中广泛应用。例如，机床中一般传动与轴承的配合，齿轮、带轮与轴的配合，精密仪器、光学仪器中的精密轴，电子计算机外围设备中的重要尺寸，手表、缝纫机中重要的轴
IT7～IT8	配合尺寸	用于精度要求一般的场合，在机械制造中属于中等精度。例如，一般机械中速度不高的带轮，重型机械、农用机械中的重要配合处，精密仪器、光学仪器中精密配合的孔，手表中离合杆压簧，缝纫机重要配合的孔
IT9～IT10		用于只有一般要求的圆柱配合。例如，机床制造中轴套外径与孔配合；操纵系统的轴与轴承配合，空转带轮与轴，光学仪器中的一般配合，发动机中机油泵体内孔，键宽与键槽宽的配合，纺织机械中的一般配合零件
IT11～IT12		用于不重要配合处。例如，机床中法兰盘止口与孔，滑块与滑移齿轮凹槽，钟表中不重要的工件，手表制造中所用的工具及设备中的未注公差尺寸，纺织机械中低精度的间隙配合
IT13～IT18	非配合尺寸	用于非配合尺寸及不重要的粗糙连接的尺寸公差（包括未注公差的尺寸）、工序间尺寸等

例 3-5　设有一孔、轴配合，公称尺寸为 $\phi 55\text{mm}$，要求 $Y_{min}=-23\mu m$，$Y_{max}=-74\mu m$，现采用基孔制，试采用计算查表法确定孔、轴公差等级。

解：根据式（3-18），式（3-20）计算最大配合公差

$$T_f = T_h + T_s = \left| Y_{max} - Y_{min} \right| = \left| -74 - (-23) \right| \mu m = -51\mu m$$

查附表 5，选择孔公差为 $T_h = \text{IT7} = 30\mu m$，$T_s = \text{IT6} = 19\mu m$。则其实际配合公差为

$$T'_f = T_h + T_s = (30+19)\mu m = 49\mu m$$

$T'_f < T_f$，与使用要求接近，满足要求，所以孔的公差等级选 IT7，轴的公差等级选 IT6。

三、配合种类的选择

在确定了配合制和标准公差等级以后，即确定了基准孔或基准轴的公差带，以及相应的非基准件公差带的大小，故选择配合种类就是根据使用要求——配合公差（间隙或过盈）的大小确定非基准件的公差带位置，即选择非基准件基本偏差的代号。从而，选择合适的配合种类，满足预定的使用性能要求。

1. 间隙配合的选择

间隙配合的特性是具有间隙。它主要用于有相对运动或虽无相对运动而要求装拆方便的孔、轴配合。

2. 过渡配合的选择

过渡配合的特性是可能具有间隙，也可能具有过盈，但所得到的间隙或过盈量一般是比较小的。它主要用于对中性好并要求拆卸方便的相对静止的连接。

3. 过盈配合的选择

过盈配合的特性是具有过盈。它主要用于连接件没有相对运动的配合。过盈不大时，用键连接传递转矩；过盈大时，靠孔、轴结合力传递转矩。前者可以拆卸，后者不能拆卸。

采用类比法确定非基准孔或轴的基本偏差代号，应尽可能采用国家标准推荐的优先配合。表 3-2 为各种基本偏差的应用。

表 3-2　各种基本偏差的应用

配合	基本偏差	各种基本偏差的特点及应用实例
间隙配合	a(A) b(B)	可得到特别大的间隙,很少采用。主要用于工作时温度高、热变形大的零件的配合,如内燃机中铝活塞与气缸钢套孔的配合为 H9/a9
	c(C)	可得到很大的间隙。一般用于工作条件较差(如农业机械)、工作时受力变形大及装配工艺性不好的零件的配合,也适用于高温工作的间隙配合,如内燃机排气阀杆与导管孔的配合为 H8/c7
	d(D)	与 IT7~IT11 对应,适用于较松的间隙配合(如滑轮、活套的带轮的孔与轴的配合),以及大尺寸滑动轴承与轴颈的配合(如涡轮机、球磨机等的滑动轴承)。活塞环与活塞环槽的配合可用 H9/d9
	e(E)	与 IT6~IT9 对应,具有明显的间隙,用于大跨距及多支点的转轴轴颈与轴承的配合,以及高速、重载的大尺寸轴颈与轴承的配合,如大型电机、内燃机的主要轴承处的配合为 H8/e7
	f(F)	多与 IT6~IT8 对应,用于一般的转动配合,受温度影响不大,采用普通润滑油的轴颈与滑动轴承的配合,如齿轮箱、小电机、泵等的转轴轴颈与滑动轴承的配合为 H7/f6
	g(G)	多与 IT5~IT7 对应,形成配合的间隙较小,用于轻载精密装置中的转动配合,用于插销的定位配合、滑阀、连杆销等处的配合,钻套导向孔多用 G6
	h(H)	多与 IT4~IT11 对应,广泛用于无相对转动的配合、一般的定位配合。若没有温度、变形的影响,也可用于精密轴向移动部位,如车床尾座导向孔与滑动套筒的配合为 H6/h5
过渡配合	js(JS)	多用于 IT4~IT7 具有平均间隙的过渡配合,用于略有过盈的定位配合,如联轴器与轴、齿圈与轮毂的配合,滚动轴承外圈与外壳孔的配合多用 JS7。一般用手或木槌装配
	k(K)	多用于 IT4~IT7 平均间隙接近于零的配合,用于定位配合,如滚动轴承的内、外圈分别与轴颈、外壳孔的配合。用木槌装配
	m(M)	多用于 IT4~IT7 平均过盈较小的配合,用于精密的定位配合,如蜗轮的青铜轮缘与轮毂的配合为 H7/m6
	n(N)	多用于 IT4~IT7 平均过盈较大的配合,很少形成间隙。用于加键传递较大转矩的配合,如冲床上齿轮的孔与轴的配合。用槌子或压力机装配
过盈配合	p(P)	用于过盈小的配合。与 H6 或 H7 孔形成过盈配合,而与 H8 孔形成过渡配合。碳钢和铸铁零件形成的配合为标准压入配合,如卷扬机绳轮的轮毂与齿圈的配合为 H7/p6。合金钢零件的配合需要过盈小时可用 p(或 P)
	r(R)	用于传递大转矩或受冲击负荷而需要加键的配合,如蜗轮孔与轴的配合为 H7/r6。必须注意,H8/r7 配合在公称尺寸≤100mm 时,为过渡配合
	s(S)	用于钢和铸铁零件的永久性和半永久性结合,可产生相当大的结合力,如套环压在轴、阀座上用 H7/s6 配合
	t(T)	用于钢和铸铁零件的永久性结合,不用键就能传递转矩,需用热套法或冷轴法装配,如联轴器与轴的配合为 H7/t6
	u(U)	用于过盈大的配合,最大过盈需验算,用热套法进行装配,如火车车轮轮毂孔与轴的配合为 H6/u5
	v(V)、x(X) y(Y)、z(Z)	用于过盈特大的配合,目前使用的经验和资料很少,须经试验后才能应用。一般不推荐

4. 配合种类选择时的注意事项

1)选择配合种类时要注意温度条件。国家标准规定的尺寸、极限偏差数值均是在标准温度 20℃时的数值。当相互配合的孔、轴工作时的温度与装配时的温度差别很大时,尤其应当重视温度条件,应根据具体情况修正所选的配合。下面通过例 3-6 加以说明。

例 3-6　铝活塞与钢套筒配合,$D = 130$mm,$t_s = 180℃$,$\alpha_s = 24 \times 10^{-6}/℃$,$t_h = 110℃$,$\alpha_h =$

$12\times10^{-6}/℃$，要求工作间隙在 $0.1\sim0.3$mm 之间，装配温度 $t=20℃$，试确定活塞与钢套的配合种类。

解：由于温度改变，引起的铝活塞与钢套筒之间的间隙变化量为

$$\Delta X = D\left[\alpha_h(t_h-t)-\alpha_s(t_s-t)\right]$$
$$= 130\times\left[12\times10^{-6}(110-20)-24\times10^{-6}(180-20)\right]\text{mm}$$
$$= -0.359\text{mm}$$

负号说明工作时间隙减小，因此，装配时，必须保证的最小间隙和最大间隙分别为

$$X_{min} = (0.1+0.359)\text{mm} = 0.459\text{mm}$$
$$X_{max} = (0.3+0.359)\text{mm} = 0.659\text{mm}$$

此时的配合公差为

$$T_f = X_{max}-X_{min} = (0.659-0.459)\text{mm} = 0.2\text{mm}$$

铝活塞与钢套筒配合选用基孔制，则可得孔的基本偏差为 $EI=0$。

查附表5，得 $T_h=T_s=$IT9$=100\mu$m，孔的基本偏差代号为 H，则孔的公差带代号为 $\phi130$H9。由 $X_{min}=EI-es=-es$，则 $es=-X_{min}=-0.459$mm；由附表7，得到轴的基本偏差代号为 a；钢套筒与铝活塞的配合为 $\phi130$H9/a9。

2）选择配合种类时，应考虑生产类型的影响。在单件小批生产时，多用试切法加工，轴加工后尺寸多偏向轴的最大极限尺寸，孔加工后尺寸多偏向孔的最小极限尺寸，即轴和孔加工后尺寸的分布皆遵循偏态分布。而在大批大量生产时，多用调整法加工，加工后尺寸的分布通常遵循正态分布。如过渡配合 $\phi60$H7/js6，单件小批生产的平均间隙比大批大量生产的平均间隙小了许多，故可以采用 $\phi60$H7/h6 的配合，以便得到较大的平均间隙，如图3-20 所示。

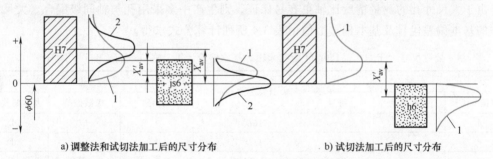

a) 调整法和试切法加工后的尺寸分布　　　　b) 试切法加工后的尺寸分布

图 3-20　生产类型对配合种类选择的影响

1—偏态分布　2—正态分布

3）选择配合种类时，应考虑装配变形的影响。在机械结构中，有时会遇到薄壁套筒装配后变形的问题。如图3-21 所示，套筒外圆与机座孔的配合为过渡配合 $\phi80$H7/n6，套筒内孔与轴配合为间隙配合 $\phi60$H7/f6，由于前者的配合有过盈，当套筒压入机座孔后，套筒内孔即收缩，直径变小，则由于装配变形，此时套筒内孔与轴配合将产生过盈，不仅不能保证使用要求，甚至无法自由装配。因此，在选择套筒内孔与轴配合时，要考虑装配变形的影响，

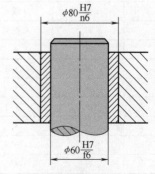

图 3-21　装配变形对配合种类选择的影响

通过加工时将孔尺寸加工的偏大，或者通过在套筒压入机座孔后，再加工 ϕ60H7 的孔而保证套筒内孔与轴所要求的配合。

第四节　大尺寸公差带与配合

大尺寸是指公称尺寸大于 500～3150mm 的尺寸。大尺寸的标准公差等级有 18 级，即 IT1～IT18。由于大尺寸孔、轴加工和测量都比较困难，因此选用大尺寸的标准公差等级时，以 IT6～IT18 为宜。

大尺寸的标准公差因子用 I 表示，I 可通过式（3-22）计算：

$$I = 0.004D + 2.1 \tag{3-22}$$

式中　I——大尺寸的标准公差因子，单位为 μm；

　　　D——公称尺寸段的几何平均值，单位为 mm。

标准公差等级数值是标准公差因子 I 的函数，由表 3-3 所列计算公式求得。

表 3-3　IT1～IT18 的标准公差计算公式（摘自 GB/T 1800.1—2020）

公称尺寸 /mm		标准公差等级																	
		IT1	IT2	IT3	IT4	IT5	IT6	IT7	IT8	IT9	IT10	IT11	IT12	IT13	IT14	IT15	IT16	IT17	IT18
大于	至	标准公差计算公式/μm																	
500	3150	$2I$	$2.7I$	$3.7I$	$5I$	$7I$	$10I$	$16I$	$25I$	$40I$	$64I$	$100I$	$160I$	$250I$	$400I$	$640I$	$1000I$	$1600I$	$2500I$

注：从 IT6 起，其规律为每增 5 个等级，标准公差增加至 10 倍，也可用于延伸超过 IT18 的 IT 等级。

由于大尺寸孔的测量精度比轴更容易保证，则生产中多采用孔与轴同级配合。大尺寸孔和轴的基本偏差代号及基本偏差数值由表 3-4 所列计算公式求得。

表 3-4　公称尺寸大于 500～3150mm 的孔和轴的基本偏差计算公式（摘自 GB/T 1800.1—2020）

轴			计算公式/μm	孔		
基本偏差代号	极限偏差	符号		符号	极限偏差	基本偏差代号
d	es	-	$16D^{0.44}$	+	EI	D
e	es	-	$11D^{0.41}$	+	EI	E
f	es	-	$5.5D^{0.41}$	+	EI	F
g	es	-	$2.5D^{0.34}$	+	EI	G
h	es	无符号	基本偏差 = 0	无符号	EI	H
js	es 或 ei	+或-	$0.5ITn$	-或+	EI 或 ES	JS
k	ei	无符号	基本偏差 = 0	无符号	ES	K
m	ei	+	$0.024D + 12.6$	-	ES	M
n	ei	+	$0.04D + 21$	-	ES	N
p	ei	+	$0.072D + 37.8$	-	ES	P
r	ei	+	$\sqrt{ps}$ 或 $\sqrt{PS}$	-	ES	R
s	ei	+	$IT7 + 0.4D$	-	ES	S
t	ei	+	$IT7 + 0.63D$	-	ES	T
u	ei	+	$IT7 + D$	-	ES	U

注：公式中 D 为公称尺寸分段的几何平均值，mm。

大尺寸的孔、轴公差带规定如图 3-22、图 3-23 所示，相应的极限偏差见附表 12。根据需要选择合适的公差带。

大尺寸的孔、轴配合一般采用基孔制，并且公差等级相同。大尺寸的孔、轴配合的公差等级选择和配合类型选择可参考常用尺寸的选择方法。

		G6	H6	JS6	K6	M6	N6
		F7	G7	H7	JS7	K7	M7	N7
D8	E8	F8		H8	JS8
D9	E9	F9		H9	JS9
D10				H10	JS10
D11				H11	JS11
				H12	JS12

图 3-22 大尺寸的孔公差带

		g6	h6	js6	k6	m6	n6	p6	r6	s6	t6	u6
		f7	g7	h7	js7	k7	m7	n7	p7	r7	s7	t7	u7
d8	e8	f8		h8	js8
d9	e9	f9		h9	js9
d10				h10	js10
d11				h11	js11
				h12	js12

图 3-23 大尺寸的轴公差带

大尺寸孔、轴可以按互换性原则加工。但是，对于单件小批生产时，标准公差等级较高的大尺寸孔、轴按互换性原则加工就不经济了。在这种情况下，可以采用配制配合。配制配合是以一个零件的实际尺寸为基数，来配置另一个零件的一种工艺措施。

设计大尺寸孔、轴时，先按互换性生产选取配合。配制的结果应该满足此配合公差。一般选择较难加工，但能得到较高测量精度的那个零件（多数情况下为孔）作为先加工件，给它一个比较容易达到的公差或者按"线性尺寸的未注公差"加工。配制件（多数情况下为轴）的公差可以按所定的配合公差来选取。所以，配制件的公差比采用互换性生产时单个零件的公差要大。配制件的偏差和极限尺寸以先加工件的实际尺寸为基数来确定。

配制配合用代号 MF 来表示，借用基准孔的代号 H 或基准轴的代号 h 表示先加工件，如 $\phi3000$ H6/f6MF 表示先加工件为孔，$\phi3000$ F6/h6MF 表示先加工件为轴。装配图还要标出互换性生产时的配合要求 $\phi3000$H6/f6MF。在零件图的相应部位应标出先加工件公差，给一个较容易达到的公差 $\phi3000$ H6MF，根据配合公差，确定配制件公差为 $\phi3000$ f6MF。

第五节　线性尺寸的一般公差

零件图上，机械零件之间除了有配合要求外，还有一些较低精度的没有配合要求和不重要的尺寸，对这些尺寸，若在车间加工精度可保证的条件下，可采用一般公差，即在其尺寸后边不注出极限偏差（称为未注公差线性尺寸），而且也可不必检验。

国家标准对线性尺寸和倒圆半径、倒角高度尺寸的一般公差各规定了四个公差等级，即 f 级（精密级）、m 级（中等级）、c 级（粗糙级）和 v 级（最粗级），并规定了相应的极限偏差数值，见附表 13 和附表 14。但在零件图上这些数值不必注出，而由车间在加工时加以控制。

线性尺寸的未注公差要求应写在零件图上的技术要求或者技术文件上，例如，选用中等级时，表示为 GB/T 1804-m。这样就简化了图样，节省了设计时间。

习　题

3-1　判断下列标注是否正确，不正确的请改正。

（1）$\phi60_{+0.030}^{0}$；（2）$\phi120_{-0.012}^{-0.034}$；（3）$\phi50_{0}^{+0.034}$；（4）$\phi40_{0}^{+0.026}$；（5）$\phi80_{-0.012}^{0}$；（6）$\phi50_{-0.050}^{+0.050}$。

3-2　查表并计算出下列配合中的孔、轴极限偏差值，求出极限间隙或极限过盈，画出公差带示意图，说明该配合的配合制及配合种类。

（1）$\phi55\dfrac{G7}{h6}$；（2）$\phi70\dfrac{H7}{p6}$；（3）$\phi80\dfrac{H8}{f7}$；（4）$\phi100\dfrac{D9}{h9}$。

3-3　设有一孔、轴配合，选用基孔制，公称尺寸为$\phi100$mm，$X_{max}=+69\mu$m，孔的标准公差数值为 IT7 = 35μm，轴的标准公差数值为 IT6 = 22μm。试确定 ES，EI，es，ei，T_f 的值，并画出公差带示意图。

3-4　设有一孔、轴配合，公称尺寸为$\phi28$mm，配合的最大过盈为-15μm，最大间隙为$+19\mu$m，选用基孔制配合。试根据式（3-9）~式（3-21）确定：

（1）孔、轴公差等级及孔、轴极限偏差；

（2）该配合的配合代号。

3-5　有一过盈配合，孔、轴的公称尺寸为$\phi65$mm，采用基孔制，要求过盈在-23μm 至-72μm 范围内，试查附表 9~附表 11 确定孔、轴的配合代号和极限偏差数值。

第四章　几何公差与检测

航空、航天、航海等各个领域的设备都需要对其零件进行精度设计，才能保证其质量，从而完成相关任务。零件的使用性能，如零件的工作精度，运动件的运动平稳性、耐磨性、润滑性，连接件的连接强度、密封性能等，不但与零件的尺寸精度有关，而且要受到零件的形状、方向和位置等几何精度的影响。因此，为满足使用要求，保证零件的互换性和经济性，必须对零件的几何误差加以控制，即在图样上规定相应的形状、方向或位置公差（简称几何公差）要求。我国关于零件几何公差的现行国家标准有：GB/T 1182—2018《产品几何技术规范（GPS）　几何公差　形状、方向、位置和跳动公差标注》；GB/T 17851—2022《产品几何技术规范（GPS）　几何公差　基准和基准体系》；GB/T 4249—2018《产品几何技术规范（GPS）　基础　概念、原则和规则》；GB/T 1184—1996《形状和位置公差　未注公差值》和 GB/T 1958—2017《产品几何技术规范（GPS）　几何公差　检测与验证》等。

第一节　几何公差的研究对象及其分类

几何公差的研究对象是几何要素，几何要素是指构成机械零件几何特征的若干点、线、面，简称要素。几何要素有点（球心 1、锥顶 5）、线（圆柱和圆锥的素线 6、轴线 7）、面（圆锥面 2、端面 3、圆柱面 4、球面 8 和中心平面 9）等，如图 4-1 所示。

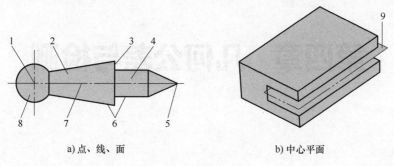

a) 点、线、面　　　　　　　　　　　　b) 中心平面

图 4-1　零件几何要素

1—球心　2—圆锥面　3—端面　4—圆柱面　5—锥顶　6—素线　7—轴线　8—球面　9—中心平面

几何公差研究的对象就是零件几何要素本身的形状精度和相关要素之间相互的方向、位置精度。为了便于研究几何公差和几何误差，几何要素可以按不同方式进行分类。

1. 按存在状态分类

（1）理想要素　理想要素是指具有几何学意义的要素。零件图中给出的点、线、面均是没有几何误差的理想要素。

（2）实际要素　实际要素是指零件上实际存在的要素。实际要素是具有几何误差的要素。由于测量误差不可避免，所以在测量和评定几何误差时，通常以提取要素（原来的测得要素）代替实际要素。

2. 按在几何公差中所处地位分类

（1）被测要素　被测要素是指在图样上给出几何公差要求的要素。用给出的几何公差来限制实际产生的几何误差的范围。

（2）基准要素　基准要素是指图样上给出的用来确定被测要素的方向或（和）位置的要素。理想基准要素简称为基准。

3. 按结构特征分类

（1）组成要素　组成要素是指构成零件外形的点、线、面。如图 4-1 所示的圆柱和圆锥的素线 6、圆锥面 2、端面 3、圆柱面 4 和球面 8 等。

（2）导出要素　导出要素是指由一个或者几个组成要素得到的对称中心，即中心点、中心线和中心平面。导出要素由组成要素得到，故它依存于组成要素。如图 4-1 所示圆柱和圆锥的轴线 7 都为由圆柱面和圆锥面得到的导出要素。

4. 按功能关系分类

（1）单一要素　单一要素是指仅对自身提出形状公差要求的要素。

（2）关联要素　关联要素是指与其他要素有功能关系的要素，即对其他要素有方向、位置或者跳动要求的要素。

第二节　几何公差的符号及标注

一、几何公差的几何特征项目、符号和附加符号

几何公差的几何特征项目分为形状公差、方向公差、位置公差和跳动公差四大类。几何公差的几何特征项目和符号见表 4-1，附加符号见表 4-2。

表 4-1　几何特征项目及符号（摘自 GB/T 1182—2018）

公差类型	几何特征	符号	有无基准要求
形状公差	直线度	—	无
	平面度	▱	无
	圆度	○	无
	圆柱度	⌀	无
	线轮廓度	⌒	无
	面轮廓度	⌓	无
方向公差	平行度	∥	有
	垂直度	⊥	有
	倾斜度	∠	有
	线轮廓度	⌒	有
	面轮廓度	⌓	有
位置公差	位置度	⊕	有或无
	同心度（用于中心点）	◎	有
	同轴度（用于轴线）	◎	有
	对称度	＝	有
	线轮廓度	⌒	有
	面轮廓度	⌓	有

（续）

公差类型	几何特征	符号	有无基准要求
跳动公差	圆跳动	∕	有
	全跳动	⌰	有

表 4-2 附加符号（摘自 GB/T 1182—2018）

描　述	符　号
组合规范元素	
组合公差带	CZ[①,③]
独立公差带	SZ[③]
不对称公差带	
（规定偏置量的）偏置公差带	UZ[①]
公差带约束	
（未规定偏置量的）线性偏置公差带	OZ
（未规定偏置量的）角度偏置公差带	VA
拟合被测要素	
最小区域（切比雪夫）要素	Ⓒ
最小二乘（高斯）要素	Ⓖ
最小外接要素	Ⓝ
贴切要素	Ⓣ
最大内切要素	Ⓧ
导出要素	
中心要素	Ⓐ
延伸公差带	Ⓟ
评定参照要素的拟合	
无约束的最小区域（切比雪夫）拟合被测要素	C
实体外部约束的最小区域（切比雪夫）拟合被测要素	CE
实体内部约束的最小区域（切比雪夫）拟合被测要素	CI
无约束的最小二乘（高斯）拟合被测要素	G
实体外部约束的最小二乘（高斯）拟合被测要素	GE
实体内部约束的最小二乘（高斯）拟合被测要素	GI
最小外接拟合被测要素	N
最大内切拟合被测要素	X
参数	
偏差的总体范围	T
峰值	P
谷深	V
标准差	Q

（续）

描　述	符　号
被测要素标识符	
区间	← →
联合要素	UF
小径	LD
大径	MD
中径/节径	PD
全周（轮廓）	
全表面（轮廓）	
公差框格	
无基准的几何规范标注	
有基准的几何规范标注	D
辅助要素标识符或框格	
任意横截面	ACS
相交平面框格	◁ // B ②
定向平面框格	◁ // B ▷ ②
方向要素框格	← // B ②
组合平面框格	○ // B
理论正确尺寸符号	
理论正确尺寸（TED）	50 ②

① 另参见 GB/T 17852—2018、GB/T 16671—2018 和 GB/T 13319。

② 这些符号中的字母、数值和特征符号仅为示例。

③ 本标准此前的版本中，将符号 CZ 称为"公共公差带"。

其中形状公差项目是对单一要素提出的，故没有基准要求。方向公差、位置公差和跳动公差是对关联要素提出的，所以，除了位置度有时无基准要求外，其他都有基准要求。当公差特征项目为线轮廓度和面轮廓度时，若无基准要求，则为形状公差；若有基准要求，则为方向公差或位置公差。

二、几何公差的标注

零件要素的公差要求按照规定的方法标注在技术图样中。几何公差的标注包括公差框格和基准符号等。

1. 公差框格

几何公差要求通过矩形方框表示，这个矩形方框即为公差框格。

形状公差和无基准要求的位置公差的公差框格有两个格，左起第一个格为公差特征项目符号，左起第二个格为公差值（单位为 mm）和相关符号。公差带如果为圆形和圆柱形，则公差值前面加 ϕ；公差带如果为球形，则公差值前面加 $S\phi$，如图 4-2 所示。

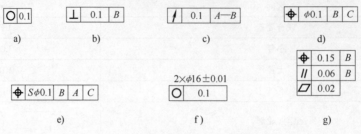

图 4-2　公差框格填写内容

有基准要求的方向公差、位置公差和跳动公差的公差框格有三个、四个或者五个框格，左起第一个格为公差特征项目符号，左起第二个格为公差值（单位为 mm）和相关符号，左起第三个、第四个和第五个框格为基准字母和相关符号，如图 4-2 所示。基准可以用一个大写字母表示单个基准，如图 4-2b 所示的 B 为单个基准。用两个大写字母中间加一字线，表示公共基准，如图 4-2c 所示的 A—B 为公共基准。用两个或三个大写字母表示基准体系，如图 4-2d 和 e 所示。基准字母从左起第三个框格开始，分别为第一基准、第二基准、第三基准。如图 4-2e 所示的 B 为第一基准，A 为第二基准，C 为第三基准。

当几个被测要素有相同的公差特征项目要求时，需在公差框格的上方被测要素的尺寸之前标注被测要素的个数，如图 4-2f 所示。

若对于某一被测要素提出几个几何特征项目的要求，可将几何公差框格放在一起，如图 4-2g 所示。

2. 基准符号

与被测要素相关的基准字母标注在基准方框内，此方框与一个涂黑的或空白的三角形（涂黑的或空白的三角形表达的含义相同）用细实线相连来表示基准，如图 4-3 所示。表示基准的字母同时标注在公差框格中。为了避免混淆，基准字母不采用 E、F、I、J、L、M、O、P、R。基准符号引向基准要素时，无论基准符号在图面上的方向如何，其方框内的字母都应水平书写。

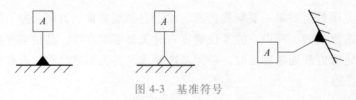

图 4-3　基准符号

对基准要素标注基准符号可以采用以下方法：

1）当基准要素为轮廓线或轮廓面时，基准三角形放在基准要素的轮廓线或其延长线上，这个基准三角形一定要与尺寸线明显错开；基准三角形也可以放在该轮廓面引出线的水平线上，如图 4-4 所示。

2）当基准是轴线、中心平面和中心点时（即为导出要素），基准三角形应放在该尺寸线的延长线上，如图 4-5a 所示。如果没有足够的位置标注基准要素尺寸的两个尺寸箭头，则其中一个箭头可用基准三角形代替，如图 4-5b 所示。

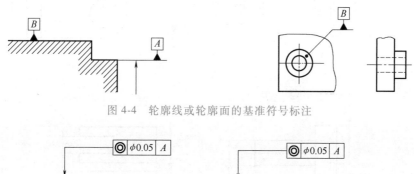

图 4-4　轮廓线或轮廓面的基准符号标注

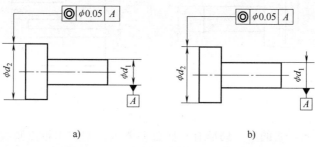

a)　　　　　　　　　　　　b)

图 4-5　导出要素的基准符号标注

3）如果只以要素的某一局部作为基准，则应用粗点画线表示出该部分并要标注此局部所对应的尺寸，如图 4-6 所示。

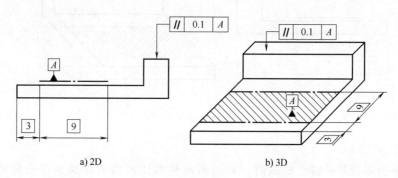

a) 2D　　　　　　　　　　　　b) 3D

图 4-6　局部基准要素的基准符号标注

3. 被测要素及指引线

从公差框格一端垂直引出一条带单箭头的指引线，指引线的箭头指向被测要素的宽度或者直径方向。指引线一般只弯折一次。

被测要素的标注方法如下：

1）当被测要素为轮廓线或轮廓面时，指引线的箭头指向轮廓线或其延长线上，指引线的箭头一定要与尺寸线明显错开；指引线的箭头也可以指向该轮廓面引出线的水平线上，如图 4-7 所示。

2）当被测要素为轴线、中心平面和中心点时（即为导出要素），指引线的箭头指向相应尺寸线的延长线上，如图 4-8a 所示。如果没有足够的位置标注基准要素尺寸的两个尺寸箭头，则其中一个箭头可用指引线的箭头代替，如图 4-8b 所示。

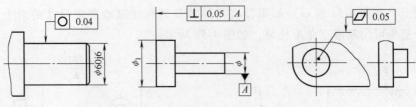

图 4-7　组成要素的几何公差标注

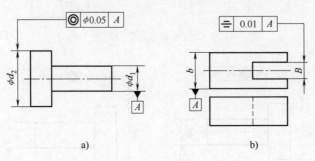

a)　　　　　　　　　b)

图 4-8　导出要素的几何公差标注

3）如果只对被测要素的某一局部有几何公差要求，则应用粗点画线表示出该部分并要标注此局部所对应的尺寸，如图 4-9 所示。

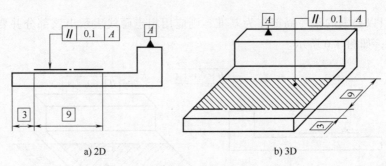

a) 2D　　　　　　　　　b) 3D

图 4-9　局部被测要素的几何公差标注

4. 特殊标注方法

（1）轮廓全周符号　对于横截面一周的所有轮廓线或所有轮廓面提出轮廓度特征时，应采用全周符号表示，如图 4-10 所示。全周符号并不包括整个零件的所有表面，即不包括 a、b 面，只包括由轮廓和公差标注所表示的各个表面。

（2）螺纹、齿轮和花键　以螺纹轴线为被测要素或基准要素时，默认为螺纹中径圆柱的轴线。如果以螺纹大径圆柱的轴线为被测要素或基准要素时，则需标注"MD"；如果以螺纹小径圆柱的轴线为被测要素或基准要素时，则需标注"LD"，如图 4-11 所示。

以齿轮、花键轴线为被测要素或基准要素时，需要说明所指的要素，如果以节径为被测要素或基准要素，则需在公差框格的下方标注"PD"；如果以大径为被测要素或基准要素，则需在公差框格的下方标注"MD"；如果以小径为被测要素或基准要素，则需在公差框格的下方标注"LD"。

（3）局部规范　如果特征相同的规范适用于在要素整体尺寸范围内任意位置的一个局部区域，则该局部长度数值应添加在公差值后面，并用斜杠分开，如图 4-12a 所示。如果要标注两个或多个特征相同的规范，标注方式如图 4-12b 所示。

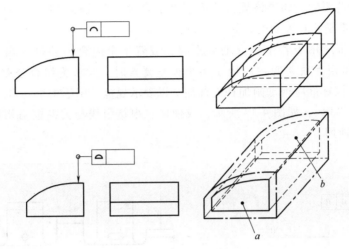

图 4-10　全周符号的标注

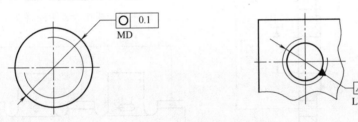

图 4-11　螺纹轴线几何公差的标注

（4）理论正确尺寸（TED）　对于在一个要素或一组要素上所标注的位置、方向或轮廓规范，将确定各个理论正确位置、方向或轮廓的尺寸称为理论正确尺寸（TED）。

理论正确尺寸没有公差，并标注在一个方框中，如图 4-13 所示。

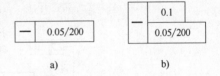

图 4-12　限定范围几何公差的标注

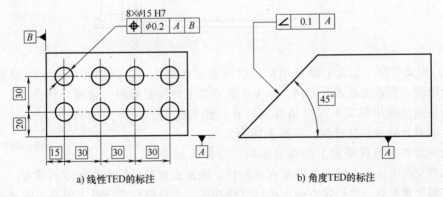

a) 线性TED的标注　　　　　b) 角度TED的标注

图 4-13　理论正确尺寸的标注

（5）延伸公差带　延伸公差带符号标注在公差框格内的公差值后面，同时也标注在图样中延伸公差带长度数值的前面，如图 4-14 所示。

（6）组合规范要素　如果该规范适用于多个要素，默认遵守独立原则，即对每个被测要素的规范要求都是相互独立的，如图 4-15、图 4-16 和图 4-17 所示。

当组合公差带应用于若干独立的要素时，或若干个组合公差带（由一个公差框格控制），同时（并非相互独立的）应用于多个独立要素时，要求为组合公差带标注符号 CZ，如图 4-16 所示。该标准应增加附加补充标注，以表示规范适用于多个要素。（在相邻标注区域内，使用例如"3×"，如图 4-17 所示，或使用三根指引线与公差框格相连，如图 4-16 所示，但不可同时使用）

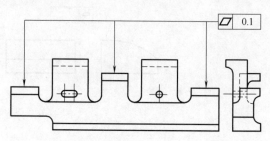

图 4-15　适用于多个独立要素的规范

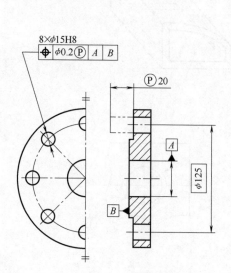

图 4-14　延伸公差带的标注

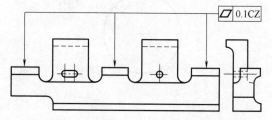

图 4-16　适用于多个要素的组合公差带规范

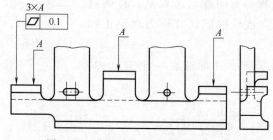

图 4-17　适用于多个单独要素的规范

（7）相交平面　相交平面是用标识线要素要求的方向，例如在平面上线要素的直线度、线轮廓度、要素的线素的方向，以及在面要素上的线要素的"全周"规范。

相交平面应使用相交平面框格规定，并且作为公差框格的延伸部分标注在其右侧，如图 4-18 所示。

当被测要素是组成要素上的线要素时，应标注相交平面，以避免产生误解，除非被测要素是圆柱、圆锥或球的母线的直线度或圆度。

$$\begin{array}{|c|c|} \hline \| & B \end{array} \quad \begin{array}{|c|c|} \hline \perp & B \end{array} \quad \begin{array}{|c|c|} \hline \angle & B \end{array} \quad \begin{array}{|c|c|} \hline \equiv & B \end{array}$$

图 4-18　相交平面框格

当被测要素是在一个给定方向上的所有线要素，而且特征符号并未明确表明被测要素是平面要素还是该要素上的线要素时，应使用相交平面框格表示出被测要素是要素上的线要素，以及这些线要素的方向，如图 4-19 所示。

相交平面的应用如图 4-20、图 4-21 所示。

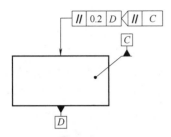

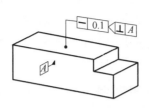

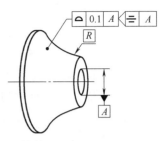

图 4-19　使用相交平面框格的规范　　图 4-20　使用垂直于基准的　　图 4-21　使用对称于（包含）
　　　　　　　　　　　　　　　　　　　　相交平面规范　　　　　　　基准的相交平面规范

第三节　几何公差带的定义、标注及解释

几何公差是指实际被测要素对图样上给定的理想形状、理想方向、理想位置的允许变动量。几何公差带是用来限制实际被测要素变动的区域，此区域可以是平面区域或空间区域。只要实际被测要素能全部落在给定的公差带内，就表明该实际被测要素合格。

一、几何公差带

几何公差带具有形状、大小、方向和位置四要素。几何公差带的形状取决于被测要素的几何形状、给定的几何公差特征项目和标注形式。表 4-3 给出了几何公差带的九种主要形状。几何公差带的大小用它的宽度或直径来表示，由给定的公差值决定。几何公差带的方向和位置则由给定的几何公差特征项目和标注形式确定。

表 4-3　几何公差带的九种主要形状

形状	说明	形状	说明
	两平行直线之间的区域		圆柱内的区域
	两等距曲线之间的区域		两同轴线圆柱面之间的区域
	两同心圆之间的区域		两平行平面之间的区域
	圆内的区域		两等距曲面之间的区域
	球内的区域		

二、形状公差带

形状公差是指实际单一要素的形状所允许的变动量。形状公差项目包括直线度、平面度、圆度、圆柱度、线轮廓度和面轮廓度。此时的线轮廓度和面轮廓度无基准要求。

1. 直线度公差

直线度公差是限制实际直线对理想直线变动量的一项指标。有以下三种直线度公差：

1）公差带为间距等于公差值 t 的两平行直线所限定的区域，如图 4-22a 所示。在图 4-22b、c 中，标注出直线度公差，此标注表明在由相交平面框格规定的平面内，上平面的实际线应限定在间距等于 0.1mm 的两平行直线之间。

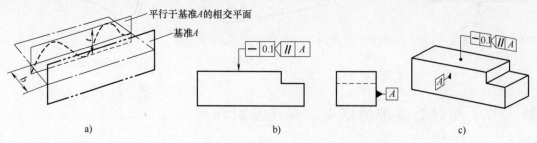

图 4-22　限定在两平行直线之间的直线度公差

2）公差带为间距等于公差值 t 的两平行平面所限定的区域，如图 4-23a 所示。在图 4-23b、c 中，标注出直线度公差，此标注表明圆柱表面的实际棱边应限定在间距等于 0.1mm 的两平行平面之间。

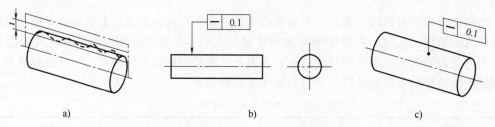

图 4-23　限定在两平行平面之间的直线度公差

3）公差带为直径等于公差值 t 的圆柱面所限定的区域，如图 4-24a 所示。在图 4-24b、c 中，标注出直线度公差，此标注表明外圆柱面的实际中心线应限定在直径等于 0.08mm 的圆柱面内。

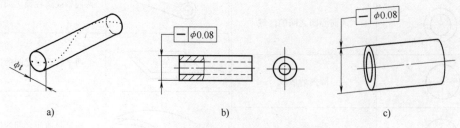

图 4-24　限定在圆柱面内的直线度公差

2. 平面度公差

平面度公差是限制实际平面对理想平面变动量的一项指标。

平面度的公差带为间距等于公差值 t 的两平行平面所限定的区域，如图 4-25a 所示。在图 4-25b、c 中，标注出平面度公差，此标注表明实际平面应限定在间距等于 0.08mm 的两平行平面之间。

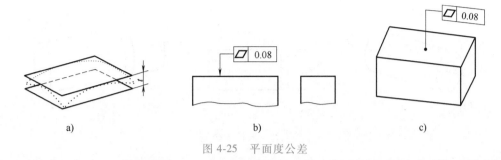

图 4-25 平面度公差

3. 圆度公差

圆度公差是限制实际圆对理想圆变动量的一项指标。

圆度公差带为在给定横截面 a 内，半径差等于公差值 t 的两同心圆所限定的区域，如图 4-26a 所示。在图 4-26b、c 中，标注出圆度公差，此标注表明在圆柱面和圆锥面的任意横截面内，实际圆周应限定在半径差等于 0.03mm 的两共面同心圆之间。

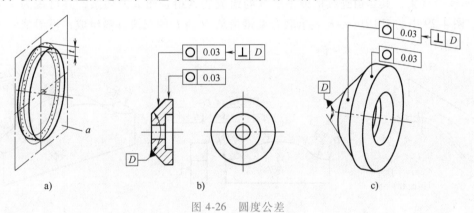

图 4-26 圆度公差

⬅️ ⊥ D 为方向要素框格。当被测要素是组成要素且公差带宽度的方向与面要素不垂直时，应使用方向要素确定公差带宽度的方向。如图 4-27 所示，一系列的直线段定义了公差带的宽度，其方向受方向要素框格中的方向标注约束。这些直线段的长度等于公差值且其中点默认位于公差带的理论正确几何形状上。即测量该圆跳动时，侧头始终应与基准 C 成理论正确角度 α。

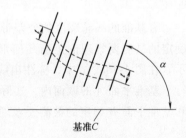

图 4-27 方向要素和给定方向的
圆跳动公差带

4. 圆柱度公差

圆柱度公差是限制实际圆柱面对理想圆柱面变动量的一项指标。

圆柱度公差带为半径差等于公差值 t 的两个同轴圆柱面所限定的区域，如图 4-28a 所示。在图 4-28b、c 中，标注出圆柱度公差，此标注表明实际圆柱面应限定在半径差等于 0.1mm 的两同轴圆柱面之间。

5. 线轮廓度公差

线轮廓度公差是限制实际平面曲线对理想曲线变动量的一项指标，线轮廓度可以分为有

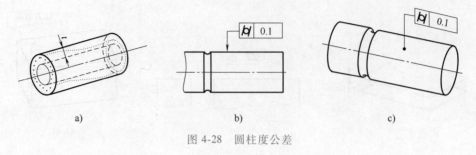

图 4-28　圆柱度公差

基准要求和无基准要求两种。

　　无基准的线轮廓度的公差带为直径等于公差值 t，圆心位于具有理论正确几何形状上的一系列圆的两包络线所限定的区域，如图 4-29a 所示。在图 4-29b、c 中，标注出线轮廓度公差，此标注表明在任一平行于基准平面 A 的截面内，实际轮廓线应限定在直径等于 0.04mm，圆心位于被测要素理论正确几何形状上的一系列圆的两等距包络线之间。可使用 UF 表示联合要素，其是由连续的或不连续的组成要素组合而成的要素，并可视为一个单一要素。图 4-29 中的 UF $D\longleftrightarrow E$ 表示联合要素由从 D 到 E 的三段圆弧组成，可看成一个完整的单一要素。

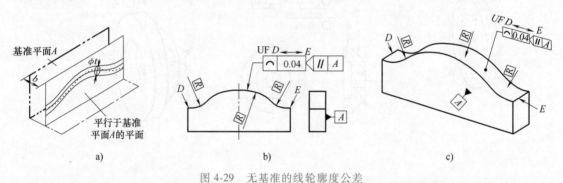

图 4-29　无基准的线轮廓度公差

　　有基准的线轮廓度的公差带为直径等于公差值 t，圆心位于由基准平面 A 和基准平面 B 确定的被测要素理论正确几何形状上的一系列圆的两包络线所限定的区域，如图 4-30a 所示。在图 4-30b、c 中，标注出线轮廓度公差，此标注表明在任一由相交平面框格规定的平行于基准平面 A 的截面内，实际轮廓线应限定在直径等于 0.04mm，圆心位于由基准平面 A 和基准平面 B 确定的被测要素理论正确几何形状线上的一系列圆的两等距包络线之间。

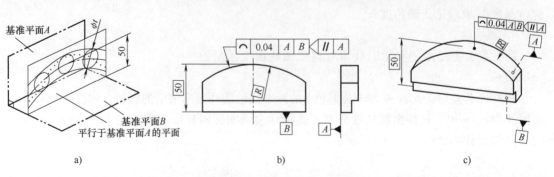

图 4-30　有基准的线轮廓度公差

6. 面轮廓度公差

面轮廓度公差是限制实际轮廓面对理想轮廓面变动量的一项指标，面轮廓度可以分为有基准要求和无基准要求两种。

无基准的面轮廓度的公差带为直径等于公差值 t，球心位于具有理论正确几何形状上的一系列圆球的两包络面所限定的区域，如图 4-31a 所示。在图 4-31b、c 中，标注出面轮廓度公差，此标注表明实际轮廓面应限定在直径等于 0.02mm，球心位于被测要素理论正确几何形状表面上的一系列圆球的两等距包络面之间。

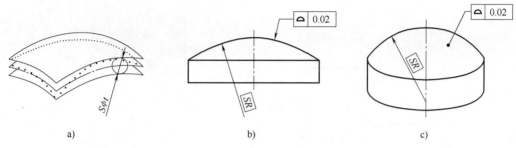

图 4-31　无基准的面轮廓度公差

有基准的面轮廓度的公差带为直径等于公差值 t，球心位于由基准平面 A 确定的被测要素理论正确几何形状上的一系列圆球的两包络面所限定的区域，如图 4-32a 所示。在图 4-32b、c 中，标注出面轮廓度公差，此标注表明实际轮廓面应限定在直径等于 0.1mm，球心位于由基准平面 A 确定的被测要素理论正确几何形状上的一系列圆球的两等距包络面之间。

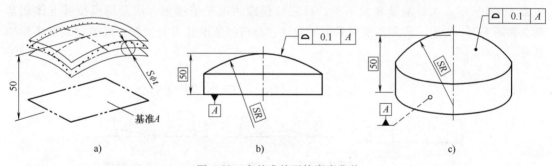

图 4-32　有基准的面轮廓度公差

三、基准的种类及体现

基准是用来确定实际关联要素方向和位置的参考对象，应具有理想形状。在实际应用中，通过基准实际要素来体现基准。

1. 基准的种类

关联要素的方向和位置可以通过以下三种基准来确定：

（1）单一基准　单一基准是指由一个要素建立的基准，如图 4-33 所示。由 $\phi50$mm 轴的轴线作为基准轴线。

（2）公共基准　公共基准是指由两个要素建立的基准，如图 4-34 所示。由两个 $\phi50$mm 轴的轴线共同作为基准轴线。

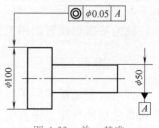

图 4-33　单一基准

（3）三基面体系　三基面体系是指由三个相互垂直的基准平面建立的一个基准体系，如图 4-35 所示。平面 A 为第一基准，平面 B 垂直于平面 A，为第二基准，平面 C 垂直于平面 A 和平面 B，为第三基准。每两个基准平面的交线构成了基准轴线，三条基准轴线的交点构成基准点。确定关联要素的方位时，可以使用其中的两个基准平面或者一个基准平面，或者使用一个基准平面和一条基准轴线作为基准。

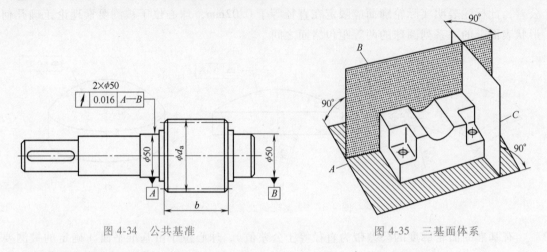

图 4-34　公共基准

图 4-35　三基面体系

2. 基准的体现

加工后的零件不可避免的存在形状误差，即作为基准的实际要素存在形状误差，如果以存在较大形状误差的实际基准要素作为基准，则难以正确确定实际关联要素的方向和位置。如图 4-36b 所示，实际基准要素不平，且它与模拟基准平稳接触，故采用模拟基准体现基准。如图 4-36c 所示，实际基准要素不平，且它与模拟基准非平稳接触，故通过调整来模拟基准。

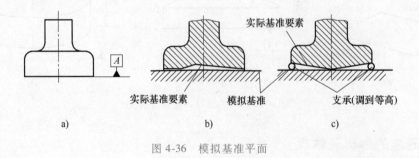

a)　　　　　　　b)　　　　　　　c)

图 4-36　模拟基准平面

孔的基准轴线可以采用与孔呈无间隙配合的心轴或可膨胀式心轴的轴线来模拟体现，如图 4-37 所示。

轴的基准轴线可以用 V 形块来体现，如图 4-38 所示。

四、方向公差带

方向公差是指实际关联要素相对于基准的实际方向对理想方向所允许的变动量。方向公差项目包括平行度、垂直度、倾斜度、线轮廓度和面轮廓度。

方向公差的公差带相对于基准有确定的方向，并且在相对于基准保持确定方向的条件

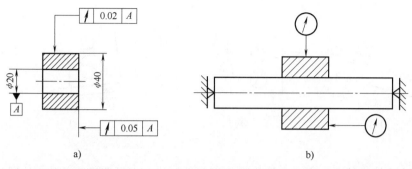

图 4-37 模拟孔的轴线

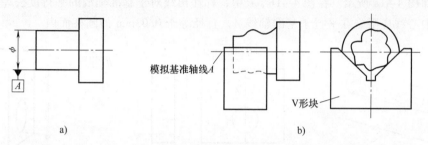

图 4-38 模拟轴的轴线

下，公差带的位置是浮动的。

方向公差带具有综合控制实际要素的方向和形状的功能。在保证功能要求的前提下，当对某一实际要素给出了方向公差时，通常不再对该实际要素给出形状公差，只有在对此实际要素的形状精度有较高要求时，才另行给出形状公差，如图 4-39a 所示。这是由于平行度的公差特征项目中，理想被测要素的形状为平面，因而公差带的形状为两平行平面，如图 4-39b 所示。该公差带可以平行于基准平面移动，既控制实际被测要素的平行度误差，同时又控制了该实际被测要素的平面度误差。

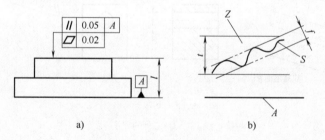

图 4-39 同一被测要素给出形状和方向公差示例

1. 平行度公差

平行度公差是限制实际要素对基准在平行方向上变动量的一项指标。

线对于基准体系的平行度公差带为间距等于公差值 t，平行于两基准且沿规定方向的两平行平面所限定的区域，如图 4-40a 所示。在图 4-40b、c 中，标注出线对于基准体系的平行度公差，此标注表明实际中心线应限定在间距等于 0.1mm，平行于基准轴线 A 的两平行平面之间。限定公差带的平面均平行于由定向平面框格规定的基准平面 B。基准 B 为基准 A 的辅助基准。

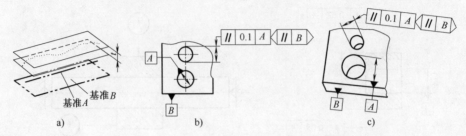

图 4-40 线对于基准体系的平行度公差

线对于基准轴线的平行度公差带为平行于基准轴线、直径等于公差值 t 的圆柱面所限定的区域，如图 4-41a 所示。在图 4-41b、c 中，标注出线对于基准轴线的平行度公差，此标注表明实际中心线应限定在平行于基准轴线 A，直径等于 0.03mm 的圆柱面内。

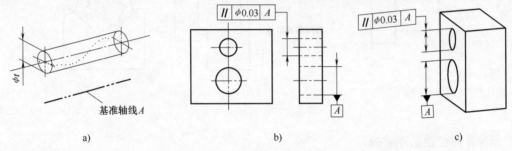

图 4-41 线对于基准线的平行度公差

线对于基准面的平行度公差带为平行于基准平面、间距等于公差值 t 的两平行平面所限定的区域，如图 4-42a 所示。在图 4-42b、c 中，标注出线对于基准面的平行度公差，此标注表明实际中心线应限定在平行于基准平面 B，间距等于 0.01mm 的两平行平面之间。

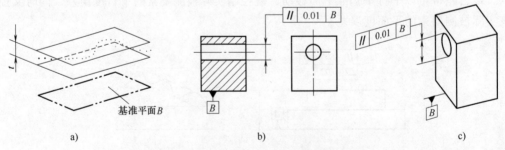

图 4-42 线对于基准面的平行度公差

面对于基准线的平行度公差带为平行于基准轴线、间距等于公差值 t 的两平行平面所限定的区域，如图 4-43a 所示。在图 4-43b、c 中，标注出面对于基准线的平行度公差，此标注表明实际表面应限定在平行于基准轴线 C，间距等于 0.1mm 的两平行平面之间。

面对于基准面的平行度公差带为平行于基准平面、间距等于公差值 t 的两平行平面所限定的区域，如图 4-44a 所示。在图 4-44b、c 中，标注出面对于基准面的平行度公差，此标注表明实际表面应限定在平行于基准平面 D、间距等于 0.01mm 的两平行平面之间。

2. 垂直度公差

垂直度公差是限制实际要素对基准在垂直方向上变动量的一项指标。

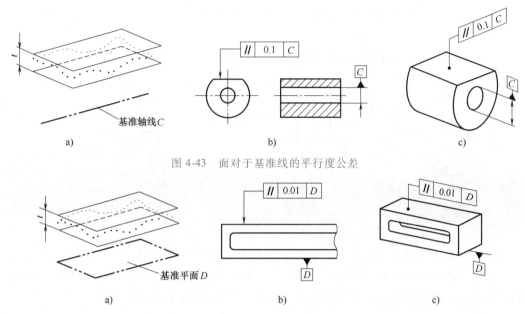

图 4-43 面对于基准线的平行度公差

图 4-44 面对于基准面的平行度公差

线对于基准体系的垂直度公差带为间距等于公差值 t 的两平行平面所限定的区域，该两平行平面垂直于基准平面 A 且平行于基准平面 B，如图 4-45a 所示。在图 4-45b、c 中，标注出线对于基准体系的垂直度公差，此标注表明实际中心线应限定在间距等于 0.1mm 的两平行平面之间，该两平行平面垂直于基准平面 A，且方向由基准平面 B 规定。基准 B 为基准 A 的辅助基准。

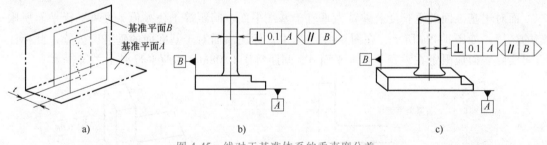

图 4-45 线对于基准体系的垂直度公差

线对于基准线的垂直度公差带为垂直于基准轴线、间距等于公差值 t 的两平行平面所限定的区域，如图 4-46a 所示。在图 4-46b、c 中，标注出线对于基准线的垂直度公差，此标注表明实际中心线应限定在垂直于基准轴 A、间距等于 0.06mm 的两平行平面之间。

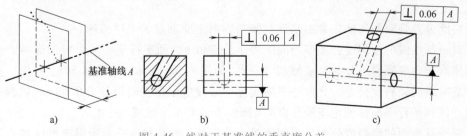

图 4-46 线对于基准线的垂直度公差

线对于基准面的垂直度公差带为轴线垂直于基准平面、直径等于公差值 t 的圆柱面所限定的区域，如图 4-47a 所示。在图 4-47b、c 中，标注出线对于基准面的垂直度公差，此标注表明实际中心线应限定在垂直于基准平面 A、直径等于 0.01mm 的圆柱面内。

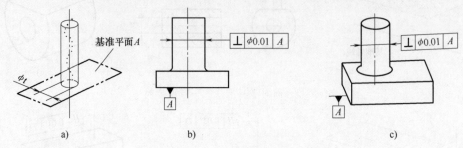

图 4-47　线对于基准面的垂直度公差

面对于基准线的垂直度公差带为垂直于基准轴线、间距等于公差值 t 的两平行平面所限定的区域，如图 4-48a 所示。在图 4-48b、c 中，标注出面对于基准线的垂直度公差，此标注表明实际表面应限定在垂直于基准轴线 A，间距等于 0.08mm 的两平行平面之间。

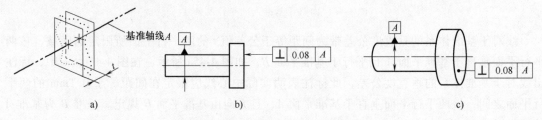

图 4-48　面对于基准线的垂直度公差

面对于基准面的垂直度公差带为垂直于基准平面、间距等于公差值 t 的两平行平面所限定的区域，如图 4-49a 所示。在图 4-49b、c 中，标注出面对于基准面的垂直度公差，此标注表明实际表面应限定在垂直于基准平面 A，间距等于 0.08mm 的两平行平面之间。

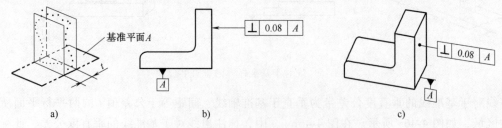

图 4-49　面对于基准面的垂直度公差

3. 倾斜度公差

倾斜度公差是限制实际要素对基准在倾斜方向上变动量的一项指标。

线对于基准线的倾斜度公差带为间距等于公差值 t 的两平行平面所限定的区域，该两平行平面按给定角度倾斜于公共基准轴线 $A—B$，如图 4-50a 所示。在图 4-50b、c 中，标注出线对于基准线的倾斜度公差，此标注表明实际中心线应限定在间距等于 0.08mm 的两平行平面之间，该两平行平面按理论正确角度 60°倾斜于公共基准轴线 $A—B$。

面对于基准面的倾斜度公差带为间距等于公差值 t 的两平行平面所限定的区域，该两平行平面按给定角度倾斜于基准平面 A，如图 4-51a 所示。在图 4-51b、c 中，标注出面对于基准面的倾斜度公差，此标注表明实际表面应限定在间距等于 0.08mm 的两平行平面之间，该两平行平面按理论正确角度 40° 倾斜于基准平面 A。

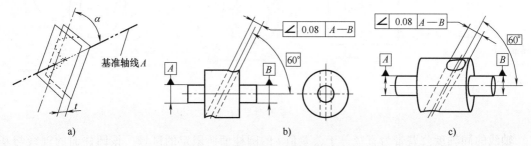

图 4-50　线对于基准线的倾斜度公差

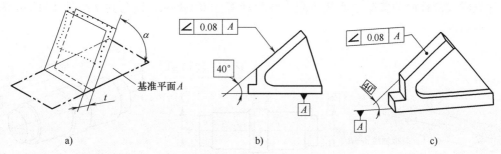

图 4-51　面对于基准面的倾斜度公差

五、位置公差带

位置公差是指实际关联要素相对于基准的实际位置对理想位置所允许的变动量。位置公差项目包括同心度、同轴度、对称度、位置度。

位置公差的公差带不但具有确定的方向，还具有确定的位置，其相对于基准的尺寸为理论正确尺寸。

位置公差带具有综合控制实际要素的形状、方向和位置的功能。在保证功能要求的前提下，当对某一实际要素给出了位置公差时，通常不再对该实际要素给出方向和形状公差，只有在对此实际要素的方向精度和形状精度有较高要求时，才另行给出方向和形状公差，如图 4-52 所示。

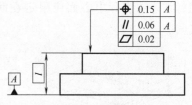

图 4-52　同一被测要素给出形状、
方向和位置公差示例

1. 同心度和同轴度公差

同心度公差是限制实际要素点对基准要素点的同心位置误差的一项指标。

点的同心度公差带为直径等于公差值 t 的圆周所限定的区域，该圆周公差带的圆心与基准点重合，如图 4-53a 所示。在图 4-53b、c 中，标注出任意截面内，内圆的实际中心的同心度，此标注表明任意截面内，内圆的实际中心应限定在直径等于 0.1mm，以基准点 A（在同一横截面内）为圆心的圆周内。

同轴度公差是限制实际轴线对基准轴线的同轴位置误差的一项指标。

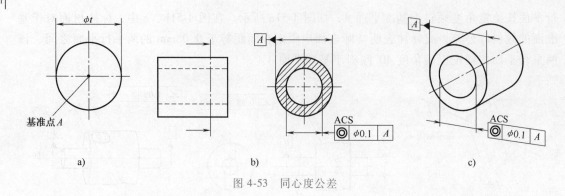

图 4-53　同心度公差

轴线的同轴度公差带为直径等于公差值 t 的圆柱面所限定的区域，该圆柱面的轴线与基准轴线重合，如图 4-54a 所示。在图 4-54b、c 中，标注出大圆柱面的实际中心线的同轴度，此标注表明大圆柱面的实际中心线应限定在直径等于 0.08mm，以公共基准轴线 $A—B$ 为轴线的圆柱面内。

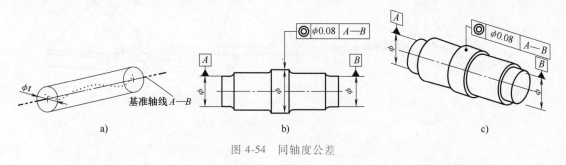

图 4-54　同轴度公差

2. 对称度公差

对称度公差是限制理论上要求共面的实际要素偏离基准要素的一项指标。

中心平面的对称度公差带为间距等于公差值 t 的两平行平面所限定的区域，该两平行平面对称于基准中心平面，如图 4-55a 所示。在图 4-55b、c 中，标注出实际中心面的对称度，此标注表明实际中心面应限定在间距等于 0.08mm，对称于基准中心平面 A 的两平行平面之间。

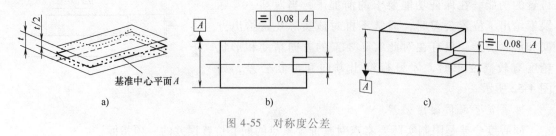

图 4-55　对称度公差

3. 位置度公差

位置度公差是限制点、线、面的实际位置对其理想位置变动量的一项指标。

点的位置度公差带为直径等于公差值 t 的圆球面所限定的区域，该圆球面的中心位置由相对于基准 A、B、C 的理论正确尺寸确定，如图 4-56a 所示。在图 4-56b、c 中，标注出实际球心的位置度，此标注表明实际球心应限定在直径等于 0.3mm 的圆球面内，该圆球面中

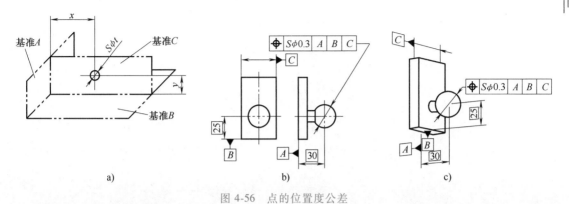

图 4-56　点的位置度公差

心的理论正确位置由基准平面 A、B、C 和理论正确尺寸 30mm、25mm 确定。

　　线的位置度公差带为直径等于公差值 t 的圆柱面所限定的区域，该圆柱面轴线的位置由相对于基准 C、A、B 的理论正确尺寸确定，如图 4-57a 所示。在图 4-57b、c 中，标注出实际中心线的位置度，此标注表明实际中心线应限定在直径等于 0.08mm 的圆柱面内，该圆柱面轴线的位置由基准平面 C、A、B 和理论正确尺寸 100mm、68mm 确定。

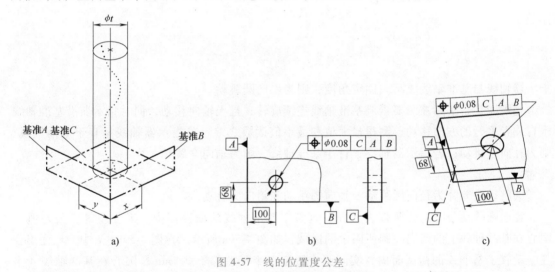

图 4-57　线的位置度公差

　　面的位置度公差带为间距等于公差值 t 的两平行平面所限定的区域，该两平行平面对称于由相对于基准 A、B 的理论正确尺寸所确定的理论正确位置，如图 4-58a 所示。在图 4-58b、c 中，标注出实际表面的位置度，此标注表明实际表面应限定在间距等于 0.05mm 的两平行平面之间，该两平行平面对称于被测面理论正确位置，即该两平行平面对称于由基准平面 A、基准轴线 B 和理论正确尺寸 15mm、105°确定的被测面的理论正确位置。

六、跳动公差带

　　跳动公差是按特定的测量方法定义的，其公差带的特性与该测量方法有关。

　　跳动公差分为圆跳动和全跳动两个特征项目。圆跳动是指实际被测要素绕基准轴线旋转一周，且无轴向移动，同时由位置固定的指示器测得最大值和最小值读数之差。若指示器轴线垂直于基准轴线，则为径向圆跳动；若指示器轴线平行于基准轴线，则为轴向圆跳动；若

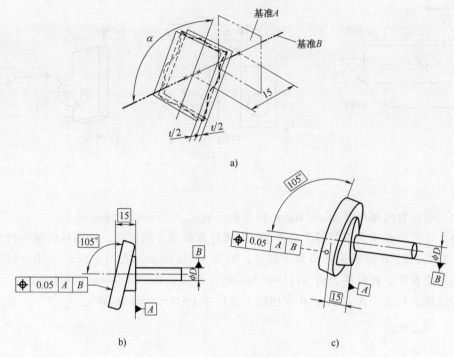

图 4-58　面的位置度公差

指示器轴线与基准轴线成某一固定角度，则为斜向圆跳动。

全跳动是指实际被测要素绕基准轴线连续旋转，且无轴向移动，同时指示器沿基准轴线垂直或者平行的方向移动，测得最大值和最小值读数之差。若指示器轴线垂直于基准轴线，则为径向全跳动；若指示器轴线平行于基准轴线，则为轴向全跳动。

1. 圆跳动公差

圆跳动公差分为径向圆跳动、轴向圆跳动和斜向圆跳动。

径向圆跳动公差的公差带为在任一垂直于基准轴线的横截面内、半径差等于公差值 t、圆心在基准轴线上的两同心圆所限定的区域，如图 4-59a 所示。在图 4-59b、c 中，标注出在任一垂直于基准 A 的横截面内，实际圆应限定在半径差等于 0.1mm、圆心在基准轴线 A 上的两同心圆之间。

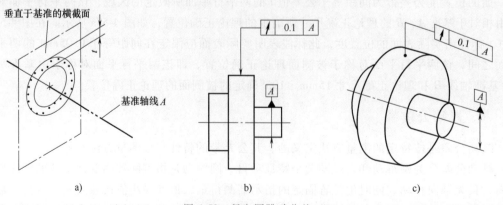

图 4-59　径向圆跳动公差

轴向圆跳动公差的公差带为与基准轴线同轴的任一半径的圆柱截面上、间距等于公差值 t 的两圆所限定的圆柱面区域，如图 4-60a 所示。在图 4-60b、c 中，标注出在与基准轴线 D 同轴的任一圆柱形截面上，实际圆应限定在轴向距离等于 0.1mm 的两个等圆之间。

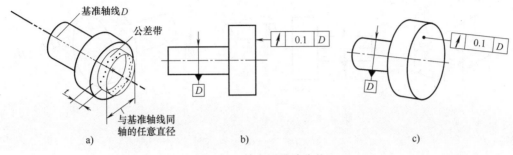

图 4-60　轴向圆跳动公差

斜向圆跳动公差的公差带为与基准轴线同轴的任一圆锥截面上、间距等于公差值 t 的两圆所限定的圆锥面区域，如图 4-61a 所示。除非另有规定，公差带的宽度应沿规定几何要素的法向。在图 4-61b、c 中，标注出在与基准轴线 C 同轴的任一圆锥截面上，实际线应限定在素线方向间距等于 0.1mm 的两个不等圆之间，并且截面的锥角与被测要素垂直。

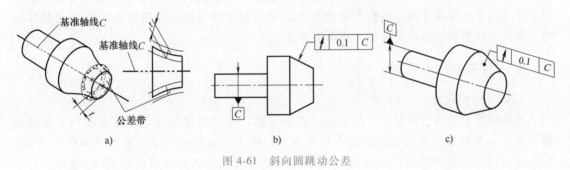

图 4-61　斜向圆跳动公差

2. 全跳动公差

全跳动公差分为径向全跳动和轴向全跳动。

径向全跳动公差的公差带为半径差等于公差值 t、与基准轴线同轴的两圆柱面所限定的区域，如图 4-62a 所示。在图 4-62b、c 中，标注出实际表面应限定在半径差等于 0.1mm，与公共基准轴线 $A—B$ 同轴的两圆柱面之间。

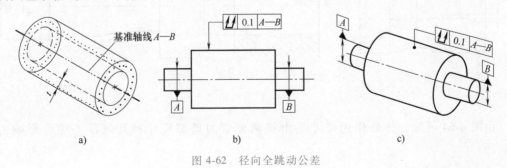

图 4-62　径向全跳动公差

轴向全跳动公差的公差带为间距等于公差值 t、垂直于基准轴线的两平行平面所限定的区域，如图 4-63a 所示。在图 4-63b、c 中，标注出实际表面应限定在间距等于 0.1mm，垂直于基准轴线 D 的两平行平面之间。

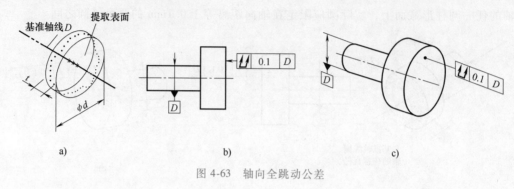

图 4-63　轴向全跳动公差

第四节　公差原则

零件既有尺寸公差的要求，又有几何公差的要求。它们是影响零件质量的两个因素。根据零件功能要求，尺寸公差和几何公差可以相对独立，也可以相互影响。确定尺寸公差和几何公差之间关系应遵守的原则称为公差原则。公差原则分为独立原则和相关要求（包容要求、最大实体要求、最小实体要求和可逆要求）。

一、有关术语及定义

1. 体外作用尺寸

在被测要素的给定长度上，与实际外表面（轴）体外相接的最小理想面或与实际内表面（孔）体外相接的最大理想面的直径和宽度，称为体外作用尺寸，如图 4-64a、b 所示。外表面（轴）的体外作用尺寸用 d_{fe} 表示；内表面（孔）的体外作用尺寸用 D_{fe} 表示。对于关联要素，该理想面的轴线或中心平面必须与基准保持图样上给定的几何关系，如图 4-64c 所示。

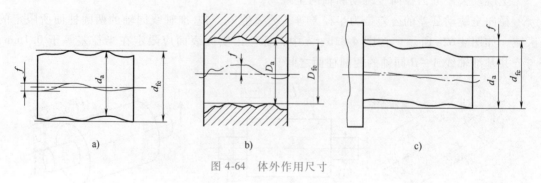

图 4-64　体外作用尺寸

由图 4-64 可知，体外作用尺寸是由被测要素的局部尺寸和几何误差综合影响的结果，即

$$d_{fe} = d_a + f \tag{4-1}$$

$$D_{fe} = D_a - f \tag{4-2}$$

式中　f——被测要素的几何误差值，单位为 μm。

2. 最大实体状态

最大实体状态（Maximum Material Condition，MMC）是指实际要素在给定长度上处处位于尺寸公差带内并具有实体最大（材料最多）的状态。

3. 最大实体尺寸

最大实体尺寸（Maximum Material Size，MMS）是指确定要素最大实体状态的尺寸，即外尺寸要素的上极限尺寸，内尺寸要素的下极限尺寸。外表面（轴）的最大实体尺寸用 d_M 表示，它等于轴的上极限尺寸 d_{max}。内表面（孔）的最大实体尺寸用 D_M 表示，它等于孔的下极限尺寸 D_{min}。即

$$d_M = d_{max} \tag{4-3}$$

$$D_M = D_{min} \tag{4-4}$$

4. 最小实体状态

最小实体状态（Least Material Condition，LMC）是指实际要素在给定长度上处处位于尺寸公差带内并具有实体最小（材料最少）的状态。

5. 最小实体尺寸

最小实体尺寸（Least Material Size，LMS）是指确定要素最小实体状态的尺寸，即外尺寸要素的下极限尺寸，内尺寸要素的上极限尺寸。外表面（轴）的最小实体尺寸用 d_L 表示，它等于轴的下极限尺寸 d_{min}。内表面（孔）的最小实体尺寸用 D_L 表示，它等于孔的上极限尺寸 D_{max}。即

$$d_L = d_{min} \tag{4-5}$$

$$D_L = D_{max} \tag{4-6}$$

6. 最大实体实效尺寸

最大实体实效尺寸（Maximum Material Virtual Size，MMVS）是指尺寸要素的最大实体尺寸与其导出要素的几何公差（形状、方向和位置公差）共同作用产生的尺寸。外表面（轴）的最大实体实效尺寸用 d_{MV} 表示。内表面（孔）的最大实体实效尺寸用 D_{MV} 表示。即

$$d_{MV} = d_M + t = d_{max} + t \tag{4-7}$$

$$D_{MV} = D_M - t = D_{min} - t \tag{4-8}$$

7. 最大实体实效状态

最大实体实效状态（Maximum Material Virtual Condition，MMVC）是指被测要素的尺寸为其最大实体实效尺寸时的状态。

8. 边界

设计时，为了控制被测要素的实际尺寸和几何误差的综合结果，需要对该综合结果规定允许的极限。这个极限用边界的形式来表示。边界是由设计给定的，具有理想形状的极限包容面（极限圆柱面或两平行平面）。单一要素的边界没有方位的约束，而关联要素的边界应与基准保持图样上给定的几何关系。该极限包容面的直径或宽度称为边界尺寸。对于外表面（轴）来说，它的边界相当于一个具有理想形状的内表面（孔），轴的边界尺寸用 BS_s 表示；对于内表面（孔）来说，它的边界相当于一个具有理想形状的外表面（轴），孔的边界尺寸用 BS_h 表示。

根据设计要求，可以给出不同的边界。当要求某要素遵守特定边界时，该要素的实际轮廓不得超出这个特定的边界。

二、独立原则

1. 含义

独立原则是指图样上给定的某一要素的尺寸公差与几何公差各自独立，相互无关，分别满足各自要求的公差原则。

独立原则意味着图样上给定的每一个尺寸公差和几何公差均是独立的，应分别满足要求。如果对尺寸公差和几何公差之间的相互关系有特定要求，应在图样上予以规定。

如图 4-65 所示零件，标注的尺寸公差仅控制局部实际尺寸的变动量，即轴的实际尺寸只能控制在 $\phi 34.975\text{mm} \sim \phi 35\text{mm}$ 之间；同样，图中标注的直线度公差仅仅控制轴线的直线度误差，即直线度误差不能超过 $\phi 0.025\text{mm}$。它们各自独立，只有两者同时满足要求，零件才是合格的。

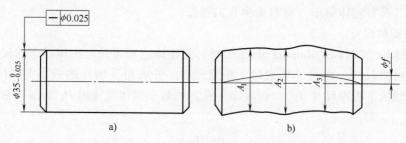

图 4-65　独立原则示例

2. 图样标注、检测和应用

采用独立原则时，应在图样上标注下列文字说明：公差原则按 GB/T 4249—2018。

被测要素采用独立原则时，其实际尺寸采用两点法进行测量，几何误差采用普通计量器具来测量。

独立原则的应用十分广泛，除非采用相关要求有明显的优越性，一般都按独立原则给出尺寸公差和几何公差。

三、包容要求

1. 含义

包容要求是指设计时应用边界尺寸为最大实体尺寸的边界，称为最大实体边界（Maximum Material Boundary, MMB），通过该边界来控制单一尺寸要素的实际尺寸和形状误差的综合结果，要求该要素的实际轮廓不得超出该边界，即体外作用尺寸不得超出最大实体尺寸，且实际尺寸不得超出最小实体尺寸。零件合格的条件为

对于外表面（轴）

$$d_{fe} \leqslant d_M = d_{max} \quad 且 \quad d_a \geqslant d_L = d_{min} \tag{4-9}$$

对于内表面（孔）

$$D_{fe} \geqslant D_M = D_{min} \quad 且 \quad D_a \leqslant D_L = D_{max} \tag{4-10}$$

包容要求仅适用于单一要素，如圆柱表面或两平行平面。它用最大实体边界来控制实际

要素的轮廓。

按照包容要求，如果实际要素达到最大实体状态，就不得有任何形状误差；只有在实际要素偏离最大实体状态时，才允许存在与偏离量有关的形状误差。

如图 4-66a 所示零件，表示单一要素轴的实际轮廓不得超过边界尺寸 BS_s 为 $\phi120$mm 的最大实体边界，即轴的体外作用尺寸应不大于 $\phi120$mm 的最大实体尺寸（轴的上极限尺寸）。轴的实际尺寸应不小于 $\phi119.978$mm 的最小实体尺寸（轴的下极限尺寸）。由于轴受到最大实体边界 MMB 的限制，当轴处于最大实体状态时，不允许存在形状误差，如图 4-66b 所示；当轴处于最小实体状态时，其轴线直线度误差允许值可达到 0.022mm，如图 4-66c 所示。图 4-66d 给出了轴线直线度误差允许值 t 随轴的实际尺寸 d_a 变化的动态公差图。

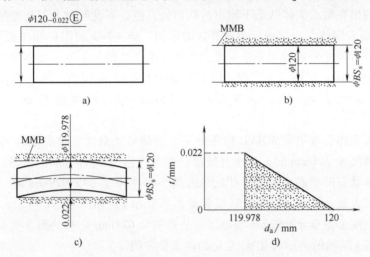

图 4-66　包容要求示例

2. 图样标注、检测和应用

单一要素采用包容要求时，应在其尺寸极限偏差或公差带代号后面标注符号Ⓔ，如 $\phi40^{+0.018}_{+0.002}$Ⓔ、$\phi100$H7Ⓔ、$\phi100$H7($^{+0.035}_{0}$)Ⓔ。

单一要素遵守包容要求，检测时采用光滑极限量规的通规控制被测要素的体外作用尺寸，体外作用尺寸不得超越最大实体边界，即通规体现了轴或孔的最大实体边界；用两点法测量局部实际尺寸，局部实际尺寸不得超越最小实体尺寸。

包容要求主要用于必须保证配合性质的要素，特别是配合公差较小的精密配合，用最大实体边界保证必要的最小间隙或最大过盈，用最小实体尺寸防止间隙过大或过盈过小。

四、最大实体要求

1. 含义

最大实体要求是指设计时应用边界尺寸为最大实体实效尺寸的边界，称为最大实体实效边界（Maximum Material Virtual Boundary，MMVB），通过该边界来控制被测要素的实际尺寸和几何误差的综合结果，要求该要素的实际轮廓不得超出该边界，即体外作用尺寸不得超出最大实体实效尺寸，且实际尺寸不得超出极限尺寸。

最大实体要求既可应用于被测要素（单一要素和关联要素），又可应用于基准要素。它用最大实体实效边界来控制实际要素的轮廓。

（1）最大实体要求应用于被测要素　被测要素的实际轮廓在给定长度上不得超出最大实体实效边界（即其体外作用尺寸不超出最大实体实效尺寸），且其实际尺寸不得超出极限尺寸。即

对于外表面（轴）

$$d_{fe} \le d_{MV} = d_{max} + t \quad 且 \quad d_{max} \ge d_a \ge d_{min} \tag{4-11}$$

对于内表面（孔）

$$D_{fe} \ge D_{MV} = D_{min} - t \quad 且 \quad D_{max} \ge D_a \ge D_{min} \tag{4-12}$$

最大实体要求应用于被测要素时，被测要素的几何公差值是在该要素处于最大实体状态时给出的，当被测要素的实际轮廓偏离最大实体状态，即其实际尺寸偏离最大实体尺寸时，几何误差值可超出在最大实体状态下给出的几何公差值，即此时的几何公差值可以增大。

图 4-67 为最大实体要求应用于单一要素的示例。图 4-67a 的图样标注表示 $\phi20$mm 轴的轴线直线度公差与尺寸公差的关系采用最大实体要求。当轴处于最大实体状态时，其轴线直线度公差为 $\phi0.02$mm。实际尺寸应在 $\phi19.979$mm ~ $\phi20$mm 范围内。轴的边界尺寸 BS_s 即轴的最大实体实效尺寸 d_{MV} 为最大实体尺寸 $\phi20$mm 与直线度公差 $\phi0.02$mm 之和，等于 $\phi20.02$mm。

在遵守最大实体实效边界 MMVB 的条件下，当轴处于最大实体状态即轴的实际尺寸处处皆为最大实体尺寸 $\phi20$mm 时，轴线直线度误差允许值为 $\phi0.02$mm，如图 4-67b 所示；当轴处于最小实体状态即轴的实际尺寸处处皆为最小实体尺寸 $\phi19.979$mm 时，轴线直线度误差允许值可以增大到 $\phi0.041$mm（设轴横截面形状正确），如图 4-67c 所示，它等于图样上标注的轴线直线度公差值 $\phi0.02$mm 与轴尺寸公差值 0.021mm 之和。图 4-67d 给出了轴线直线度误差允许值 t 随轴的实际尺寸 d_a 变化的动态公差图。

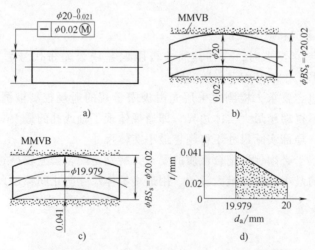

图 4-67　最大实体要求应用于单一要素示例

图 4-68 为最大实体要求应用于关联要素的示例。图 4-68a 的图样标注表示 $\phi50$mm 孔的轴线对基准平面 A 的垂直度公差与尺寸公差的关系采用最大实体要求，当孔处于最大实体状态时，其轴线垂直度公差值为 $\phi0.08$mm，实际尺寸应在 $\phi50$mm ~ $\phi50.1$mm 范围内。孔的边界尺寸 BS_h 即孔的最大实体实效尺寸 D_{MV} 为最大实体尺寸 $\phi50$mm 与垂直度公差 $\phi0.08$mm 之差，等于 $\phi49.92$mm。

在遵守最大实体实效边界 MMVB 的条件下，当孔的实际尺寸处处皆为最大实体尺寸 $\phi50$mm 时，轴线垂直度误差允许值为 $\phi0.08$mm，如图 4-68b 所示；当孔的实际尺寸处处皆为最小实体尺寸 $\phi50.1$mm 时，轴线的垂直度误差允许值可以增大到 $\phi0.18$mm，如图 4-68c 所示，它等于图样上标注的轴线垂直度公差值 $\phi0.08$mm 与孔尺寸公差值 0.1mm 之和。图 4-68d 给出了轴线垂直度误差允许值 t 随孔的实际尺寸 D_a 变化的动态公差图。

（2）最大实体要求应用于基准要素　最大实体要求应用于基准要素是指基准要素尺寸公差与被测要素方向、位置公差的关系采用最大实体要求。这时必须在被测要素方向、位置公差框格中的基准字母后面标注符号Ⓜ，以表示被测要素的方向、位置公差与基准要素的尺寸公差有关。

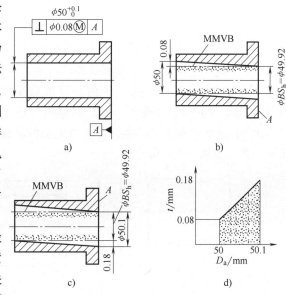

图 4-68　最大实体要求应用于关联要素示例

基准要素尺寸公差与被测要素方向、位置公差的关系可以是彼此无关而独立的，或者是相关的。基准要素本身可以采用独立原则、包容要求、最大实体要求或其他相关要求。

当基准要素本身采用最大实体要求时，基准要素应遵守的边界为最大实体实效边界。这时，基准符号应标注在形成该最大实体实效边界的几何公差框格的下方，如图 4-69a 所示。

当基准要素本身不采用最大实体要求时，基准要素应遵守的边界为最大实体边界，如图 4-69b 所示。

2. 图样标注、检测和应用

采用最大实体要求时，对于被测要素，应在其几何公差值后面标注Ⓜ，如图 4-67a 和图 4-68a 所示。对于基准要素，应在其基准符号字母后面标注Ⓜ，如图 4-69 所示。

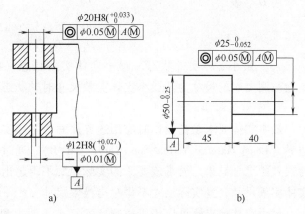

图 4-69　最大实体要求应用于基准要素示例

对采用最大实体要求的零件进行检验，采用功能量规来控制被测要素的体外作用尺寸不超出最大实体实效边界，功能量规的检验部分体现了被测要素的最大实体实效边界。其实际尺寸通过两点法测量。

最大实体要求主要用于要求保证自由组装的情况，具有较大间隙配合的要素。应用最大实体要求时，可以充分利用尺寸公差补偿几何公差，使那些加工后几何误差超出了几何公差的零件，利用其体外作用尺寸没有超出最大实体实效边界的情况，而使零件不至于报废。

五、最小实体要求

1. 有关术语

（1）体内作用尺寸　在被测要素的给定长度上，与实际外表面（轴）体内相接的最大理想面或与实际内表面（孔）体内相接的最小理想面的直径和宽度，称为体内作用尺寸，如图 4-70a、b 所示。外表面（轴）的体内作用尺寸用 d_{fi} 表示；内表面（孔）的体内作用尺寸用 D_{fi} 表示。对于关联要素，该理想面的轴线或中心平面必须与基准保持图样上给定的几何关系，如图 4-70c 所示。

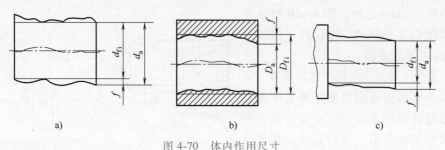

图 4-70　体内作用尺寸

（2）最小实体实效尺寸　最小实体实效尺寸（Least Material Virtual Size，LMVS）是指尺寸要素的最小实体尺寸与其导出要素的几何公差（形状、方向和位置公差）共同作用产生的尺寸。外表面（轴）的最小实体实效尺寸用 d_{LV} 表示。内表面（孔）的最小实体实效尺寸用 D_{LV} 表示。即

$$d_{LV} = d_L - t = d_{min} - t \tag{4-13}$$
$$D_{LV} = D_L + t = D_{max} + t \tag{4-14}$$

（3）最小实体实效状态　最小实体实效状态（Least Material Virtual Condition，LMVC）是指被测要素的尺寸为其最小实体实效尺寸时的状态。

2. 最小实体要求含义

最小实体要求是指设计时应用边界尺寸为最小实体实效尺寸的边界，称为最小实体实效边界（Least Material Virtual Boundary，LMVB），通过该边界来控制被测要素的实际尺寸和几何误差的综合结果，要求该要素的实际轮廓不得超出该边界，即体内作用尺寸不得超出最小实体实效尺寸，且实际尺寸不得超出极限尺寸。

最小实体要求既可应用于被测要素（单一要素和关联要素），又可应用于基准要素。它用最小实体实效边界来控制实际要素的轮廓。

最小实体要求应用于被测要素，被测要素的实际轮廓在给定长度上不得超出最小实体实效边界（即其体内作用尺寸不超出最小实体实效尺寸），且其实际尺寸不得超出极限尺寸。即

对于外表面（轴）

$$d_{fi} \geqslant d_{LV} = d_{min} - t \quad \text{且} \quad d_{max} \geqslant d_a \geqslant d_{min} \tag{4-15}$$

对于内表面（孔）

$$D_{fi} \leqslant D_{LV} = D_{max} + t \quad \text{且} \quad D_{max} \geqslant D_a \geqslant D_{min} \tag{4-16}$$

最小实体要求应用于被测要素时，被测要素的几何公差值是在该要素处于最小实体状态

时给出的，当被测要素的实际轮廓偏离最小实体状态，即其实际尺寸偏离最小实体尺寸时，几何误差值可超出在最小实体状态下给出的几何公差值，即此时的几何公差值可以增大。

图 4-71 为最小实体要求应用于被测要素的示例。图 4-71a 的图样标注表示 $\phi 8mm$ 孔的轴线对基准平面 A 的位置度公差与尺寸公差的关系采用最小实体要求，当孔处于最小实体状态时，其轴线位置度公差值为 $\phi 0.04mm$，实际尺寸应在 $\phi 8mm \sim \phi 8.025mm$ 范围内。孔的边界尺寸 BS_h 即孔的最小实体实效尺寸 D_{LV} 为最小实体尺寸 $\phi 8.025mm$ 与位置度公差 $\phi 0.04mm$ 之和，等于 $\phi 8.065mm$。

在遵守最小实体实效边界 LMVB 的条件下，当孔的实际尺寸处处皆为最小实体尺寸 $\phi 8.025mm$ 时，轴线位置度误差允许值为 $\phi 0.04mm$，如图 4-71b 所示；当孔的实际尺寸处处皆为最大实体尺寸 $\phi 8mm$ 时，轴线的位置度误差允许值可以增大到 $\phi 0.065mm$，它等于图样上标注的轴线位置度公差值 $\phi 0.04mm$ 与孔尺寸公差值 $0.025mm$ 之和。图 4-71c 给出了轴线位置度误差允许值 t 随孔的实际尺寸 D_a 变化的动态公差图。

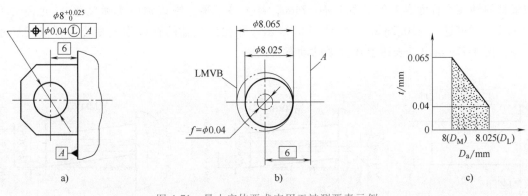

图 4-71　最小实体要求应用于被测要素示例

3. 最小实体要求图样标注、检测和应用

采用最小实体要求时，对于被测要素，应在其几何公差值后面标注Ⓛ，如图 4-71 所示。对于基准要素，应在其基准符号字母后面标注Ⓛ。

对采用最小实体要求的零件进行检验，其几何公差采用普通计量器具来测量。其实际尺寸通过两点法测量。

最小实体要求的实质是控制体内作用尺寸，即对于内表面（孔）体内作用尺寸使孔件的壁厚减薄；对于外表面（轴），体内作用尺寸使轴类零件的直径变小，影响轴的强度。所以，最小实体要求应用于薄壁孔类零件和强度要求高的轴类零件，以此来控制产品质量。

六、可逆要求

可逆要求是指在不影响零件功能要求的前提下，导出要素的几何误差小于图样上标注的几何公差时，允许其相应的尺寸公差值增大的一种要求。

可逆要求不可单独使用，只能与最大实体要求或与最小实体要求一起使用。

（1）可逆要求应用于最大实体要求　可逆要求应用于最大实体要求时，被测要素的实际轮廓应遵守其最大实体实效边界，当其实际尺寸偏离最大实体尺寸时，允许其几何误差值超出在最大实体状态下的几何公差值；当其几何误差值小于给出的几何公差值时，也允许其实际尺寸超出最大实体尺寸。这样就实现了尺寸公差和几何公差的相互补偿。

具体要求是：体外作用尺寸不得超出最大实体实效尺寸，实际要素的局部尺寸不得超越最小实体尺寸。即

对于外表面（轴）

$$d_{fe} \leqslant d_{MV} = d_{max} + t \quad 且 \quad d_{MV} \geqslant d_a \geqslant d_L = d_{min} \tag{4-17}$$

对于内表面（孔）

$$D_{fe} \geqslant D_{MV} = D_{min} - t \quad 且 \quad D_{max} = D_L \geqslant D_a \geqslant D_{MV} \tag{4-18}$$

图 4-72a 的标注表示 $\phi50mm$ 轴的轴线垂直度公差与尺寸公差两者可以相互补偿。该轴应遵守边界尺寸 BS_s 为 $\phi50.2mm$（轴最大实体实效尺寸 d_{MV}）的最大实体实效边界 MMVB。在遵守该边界的条件下，轴的实际尺寸 d_a 在其上、下极限尺寸 $\phi50mm \sim \phi49.9mm$ 范围内变动时，其轴线垂直度误差允许值 t 应在 $\phi0.2mm \sim \phi0.3mm$ 之间变动，如图 4-72b 和 c 所示。如果轴的轴线垂直度误差值 f 小于 $\phi0.2mm$，甚至等于零，则该轴的实际尺寸 d_a 允许大于 $\phi50mm$，并可达到 $\phi50.2mm$，如图 4-72d 所示。即允许该轴的轴线垂直度公差补偿其尺寸公差。图 4-72e 给出了表达上述关系的动态公差图。

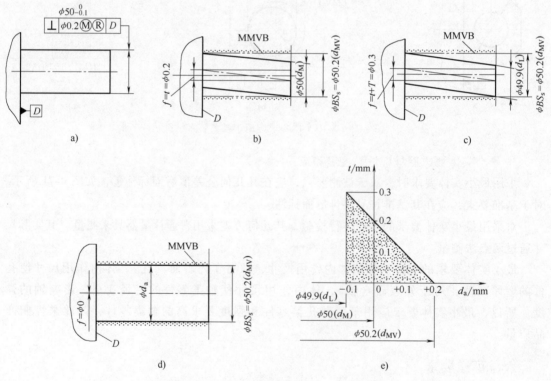

图 4-72 可逆要求应用于最大实体要求示例

可逆要求应用于最大实体要求时，应在最大实体要求符号的后面标注Ⓡ，即ⓂⓇ，如图 4-72a 所示。

（2）可逆要求应用于最小实体要求 可逆要求应用于最小实体要求时，应在最小实体要求符号的后面标注Ⓡ，即ⓁⓇ，如图 4-73a 所示。这表示在被测要素的实际轮廓不超出其

最小实体实效边界的条件下，允许被测要素的尺寸公差补偿其几何公差，同时，也允许被测要素的几何公差补偿其尺寸公差。

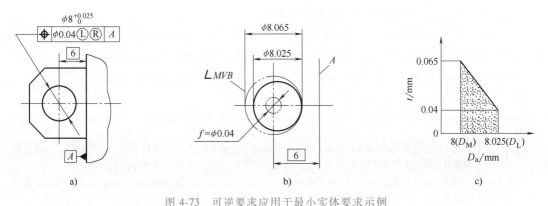

图 4-73　可逆要求应用于最小实体要求示例

第五节　几何公差的选择

零件的几何误差对产品的正常工作有很大影响，因此，正确选择零件的几何公差，才能提高产品的质量、降低制造成本。

几何公差的选择主要包括几何公差特征项目的选择、几何公差值的选择、公差原则的选择和基准的选择。

一、几何公差特征项目的选择

几何公差特征项目的选择主要依据要素的几何特征、零件的功能要求、零件在加工过程中产生几何误差的可能性及其检测的方便性等。

例如，为了保证工作台运动时平稳和具有较高的运动精度，应对机床导轨给出直线度或平面度公差要求。为了保证滚动轴承的装配精度和旋转精度，与滚动轴承内圈相配合的轴颈，应给出圆柱度公差和轴肩的轴向圆跳动公差。为了检测方便，同时控制零件的圆度或圆柱度以及同轴度误差，对轴类零件规定径向圆跳动或全跳动公差。

设计者需综合考虑各种情况，才能正确选择合适的几何公差项目。

二、几何公差值的选择

国家标准中，对于几何公差值分为注出几何公差和未注几何公差两类。当几何公差要求不高，用一般的加工设备进行加工即能保证加工精度，或由尺寸公差所控制的几何公差已能保证零件的要求时，不必将几何公差在图样上注出，而用未注几何公差来控制。当零件几何公差要求较高时，则需要在图样上通过公差框格的方式进行标注。

1. 注出几何公差的确定

几何公差的国家标准中规定，除线轮廓度和面轮廓度外，其他各个几何特征项目都规定了几何公差值。

对于圆度和圆柱度划分为 13 级，即 0 ~ 12 级，其中的 0 级精度最高，12 级精度最低，见附表15。对于直线度、平面度、平行度、垂直度、倾斜度、同轴度、对称度、圆跳动和全跳动等划分为12级，即1~12级，其中的1级精度最高，12级精度最低，见附表16~附表18。此外，还规定了位置度公差值数系见附表19。

几何公差值的选择常采用类比法进行，即将所设计的零件与具有同样功能要求且使用效果良好的类似零件进行对比，经分析后，确定所设计零件有关要素的几何公差值。

表4-4~表4-7给出了几何公差等级的应用场合，可作为设计时的参考。

表4-4 直线度、平面度公差等级及应用场合

公差等级	应用场合
1,2	用于精密量具、测量仪器以及精度要求较高的精密机械零件，如0级样板、平尺、0级宽平尺、工具显微镜等精密测量仪器的导轨面、喷油嘴针阀体端面平面度、液压泵柱塞套端面的平面度等
3	用于0级及1级宽平尺工作面，1级样板，平尺工作面，测量仪器圆弧导轨的直线度，测量仪器的测杆等
4	用于量具，测量仪器和机床导轨，如1级宽平尺、0级平板、测量仪器的V形导轨、高精度平面磨床的V形导轨和滚动导轨，轴承磨床及平面磨床床身直线度等
5	用于1级平板，2级宽平尺，平面磨床纵导轨、垂直导轨，立柱导轨和平面磨床的工作台，液压龙门刨床床身导轨面，转塔车床床身导轨面，柴油机进气门导杆等
6	用于1级平板，卧式车床床身导轨面，龙门刨床导轨面，滚齿机立柱导轨，床身导轨及工作台，自动车床床身导轨，平面磨床床身导轨，平面磨床垂直导轨，卧式镗床和铣床工作台及机床主轴箱导轨等工作面，柴油机进气门导杆直线度，柴油机机体上部结合面等
7	用于2级平板，分度值为0.02mm游标卡尺尺身的直线度，机床主轴箱体，柴油机气门导杆，滚齿机床身导轨的直线度，镗床工作台，摇臂钻底座工作台面，液压泵盖的平面度，压力机导轨及滑块工作面
8	用于2级平板，车床溜板箱体，机床传动箱体，自动车床底座的直线度，气缸盖结合面，气缸座，内燃机连杆分离面的平面度，减速器壳体的结合面
9	用于3级平板，机床溜板箱，立钻工作台，螺纹磨床的挂轮架，金相显微镜的载物台，柴油机气缸体连杆的分离面，缸盖的结合面，阀片的平面度，空气压缩机气缸体，柴油机缸孔环面的平面度以及辅助机构及手动机械的支承面
10	用于3级平板，自动板床床身平面度，车床挂轮架的平面度，柴油机气缸体，摩托车的箱体，汽车变速箱的壳体与汽车发动机缸盖结合面，阀片的平面度以及液压，管件和法兰的连接面等
11,12	用于易变形的薄片，如离合器的摩擦片、汽车发动机缸盖的结合面等

表4-5 同轴度、对称度、跳动公差等级及应用场合

公差等级	应用场合
5,6,7	应用范围较广的公差等级，用于几何精度要求较高、尺寸公差等级为8级及高于8级的零件。5级常用于机床轴颈，计量仪器的测量杆，汽轮机主轴，柱塞液压泵转子，高精度滚动轴承外圈，一般精度滚动轴承内圈，回转工作台端面跳动。7级用于内燃机曲轴，凸轮墨辊的轴颈、键槽
8,9	常用于几何精度要求一般，尺寸公差等级为9级和11级的零件。8级用于拖拉机发动机分配轴轴颈，与9级精度以下齿轮相配的轴，水泵叶轮，离心泵体，棉花精梳机前、后滚子，键槽等。9级用于内燃机气缸套配合面、自行车中轴

表4-6 圆度、圆柱度公差等级及应用场合

公差等级	应用场合
1	高精度量仪主轴，高精度机床主轴，滚动轴承滚珠和滚柱面等
2	精密量仪主轴、外套、阀套，高压油泵柱塞及套，纺锭轴承，高速柴油机进、排气门，精密机床主轴轴颈、针阀圆柱塞及柱塞套
3	工具显微镜套管外圆，高精度外圆磨床轴承，磨床砂轮主轴套筒，喷油嘴针阀体，精密微型轴承内、外圈

（续）

公差等级	应用场合
4	较精密机床主轴,精密机床主轴箱孔,高压阀门活塞、活塞销、阀体孔,工具显微镜顶针高压液压泵柱塞,较高精度滚动轴承配合轴,铣削动力头箱体孔等
5	一般量仪主轴、测杆外圆、陀螺仪轴颈,一般机床主轴及主轴箱孔,柴油机、汽油机活塞,活塞销孔,铣削动力头轴承箱座孔,高压空气压缩机十字头销、活塞,较低精度滚动轴承配合轴承
6	仪表端盖外圆,一般机床主轴及箱体孔,中等压力下液压装置工作面(包括泵、压缩机的活塞和气缸),汽车发动机凸轮轴,纺机锭子,通用减速器轴颈,高速船用发动机曲轴,拖拉机曲轴主轴颈
7	大功率低速柴油机曲轴、活塞、活塞销、连杆、汽缸,高速柴油机箱体孔,千斤顶或压力液压缸活塞,液压传动系统的分配机构,机车传动轴、水泵及一般减速器轴颈
8	低速发动机,减速器,大功率曲轴轴颈,气压机连杆盖、体,拖拉机气缸体、活塞、炼胶机冷铸轴辊、印刷机传墨辊,内燃机曲轴,柴油机体孔、凸轮轴,拖拉机、小型船用柴油机气缸盖
9	空气压缩机缸体,液压传动筒,通用机械杠杆与拉杆用套筒销子,拖拉机活塞环、套筒孔
10	印染机导布辊,绞车、吊车、起重机滑动轴承轴颈等

表 4-7　平行度、垂直度公差等级及应用场合

公差等级	应用场合
4,5	普通车床导轨、重要支承面,机床主轴轴承孔对基准的平行度,精密机床重要零件,计量仪器、量具、模具的基准面和工作面,机床主轴箱箱体重要孔,齿轮泵的油孔端面,发动机轴和离合器的凸缘、气缸支承端面,安装精密滚动轴承的壳体孔的凸肩
6,7,8	一般机床的基准面和工作面,压力机和锻锤的工作面,中等精度钻模的工作面,机床一般轴承孔对基准的平行度,变速器箱体孔,主轴花键对定心表面轴线的平行度,重型机械滚动轴承端盖,卷扬机、手动传动装置中的传动轴,一般导轨,主轴箱箱体孔,刀架、砂轮架、气缸配合面对基准轴线以及活塞销孔对活塞轴线的垂直度,滚动轴承内、外圈端面对基准轴线的垂直度
9,10	低精度零件,重型机械滚动轴承端盖,柴油机、煤气发动机箱体曲轴孔、曲轴轴颈,花键轴和轴肩端面,带式运输机法兰盘等端面对基准轴线的垂直度,手动卷扬机及传动装置中轴承孔端面,减速器壳体平面

2. 未注几何公差的确定

对于线轮廓度、面轮廓度、倾斜度、位置度和全跳动的未注几何公差,均由各要素的注出或未注几何公差线性尺寸公差或角度公差控制,对这些项目的未注公差不必有特殊的标注。

圆度的未注几何公差值等于给出的直径公差值,但不能大于径向圆跳动的未注公差值。

对圆柱度的未注几何公差值不进行规定,圆柱度误差由圆度、直线度和相应素线的平行度误差组成,而其中每一项误差均由它们的注出几何公差或未注几何公差控制。

平行度的未注公差等于给定的尺寸公差值或直线度和平面度未注公差值中的较大者。

同轴度的未注公差值未进行规定,在极限状态下,可以和径向圆跳动的公差值相等。选两要素中较大者为基准,若两要素长度相等,任选一个要素为基准。

对于直线度、平面度、垂直度、对称度和圆跳动的未注几何公差,标准中规定了H、K、L三个公差等级,其中,H级精度等级最高,L级最低。采用时应在技术要求中注出下述内容,如:

未注几何公差按 "GB/T 1184—K"

附表20~附表23给出了常用的未注几何公差的分级和数值。

三、公差原则的选择

对同一零件上同一要素，既有尺寸公差要求又有几何公差要求时，还要确定它们之间的关系，即确定选用何种公差原则。

如前所述，除非采用相关要求有明显的优越性，一般都按独立原则给出尺寸公差和几何公差，独立原则的应用较为普遍。

包容要求主要用于必须保证配合性质的要素，特别是配合公差较小的精密配合，用最大实体边界保证必要的最小间隙或最大过盈，用最小实体尺寸防止间隙过大或过盈过小。

最大实体要求主要用于要求保证自由组装的情况，具有较大间隙配合的要素。

最小实体要求应用于薄壁孔类零件和强度要求高的轴类零件，以此来控制产品质量。

可逆要求与最大实体要求或最小实体要求联用，扩大了实际尺寸的范围。

四、基准的选择

选择基准时，主要应根据零件的功能和设计要求，并兼顾零件结构特征及加工和检测方便性。

基准要素通常具有较高的形状精度，它的长度、面积及刚度较大。在功能上，基准要素应该是零件在机器上的安装基准或工作基准。

例 4-1 图 4-74 所示的是减速器的输出轴。两个 φ55k6 轴颈分别与两个相同规格的 0 级滚动轴承内圈配合，φ45n7 轴颈与带轮配合，φ65mm 处的两轴肩都是止推面。

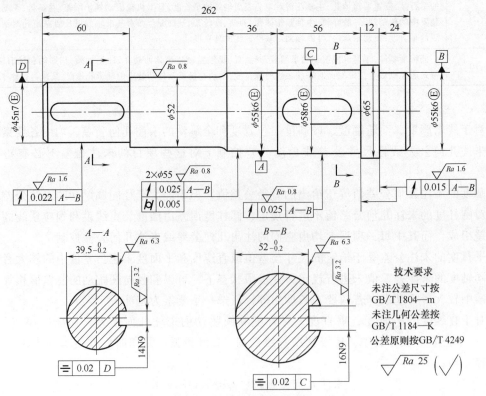

图 4-74 减速器的输出轴

解：为了保证指定的配合性质，对两个 $\phi55k6$ 轴颈按包容要求给出尺寸公差。按滚动轴承有关标准的规定，应对两个轴颈的形状精度提出更高的要求，因此选取两轴颈圆柱度公差值为 0.005mm（见附表 15）。

该两轴颈上安装滚动轴承后，将分别与减速器箱体的两孔配合，因此需限制两轴颈的同轴度误差，以保证轴承外圈和箱体孔的安装精度，为检测方便，实际给出了两轴颈的径向圆跳动公差 0.025mm（跳动公差 7 级）（见附表 18）。

$\phi65mm$ 处的两轴肩都是止推面，起一定的定位作用，为了保证定位精度，提出了两轴肩相对于公共基准轴线的轴向圆跳动公差为 0.015mm（见附表 18）。

$\phi45n7$ 和 $\phi58r6$ 轴颈分别与带轮和齿轮配合，为保证配合性质，也采用了包容要求。为保证齿轮的运动精度，对与齿轮配合的 $\phi58r6$ 轴颈又进一步提出了对公共基准轴线的径向圆跳动公差 0.025mm（跳动公差 7 级）（见附表 18）。为了避免键与轴颈键槽、齿轮轮毂键槽装配困难，对 $\phi45n7$ 和 $\phi58r6$ 轴颈上的键槽 14N9 和 16N9 都提出了对称度公差 0.02mm（对称度公差 8 级）（见附表 18）。

输出轴上其余要素的几何精度皆按未注几何公差处理。

第六节 几何误差的评定

几何误差是指实际被测要素对其理想要素的变动量，是几何公差的控制对象。几何误差值不大于相应的几何公差值，则零件合格；反之，则零件不合格。

一、几何误差的检测原则

被测零件的结构特点、尺寸大小、批量大小和精度要求及检测设备不同，检测方法也不同。几何误差可以应用以下 5 种检测原则来进行检测：

1. 与理想要素比较原则

与理想要素比较原则是指将实际被测要素与其理想要素进行比较，通过比较获得测量数据，然后根据这些数据评定几何误差值。其中的理想要素可用不同方法来体现。例如，刀口尺的刃口、精密平板的工作面等可以作为理想要素。如图 4-75 所示，采用刀口尺的刃口测量直线度。

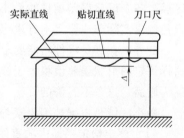

图 4-75 与理想要素比较测量
直线度

2. 测量坐标值原则

测量坐标值原则是指利用坐标测量仪器（如三坐标测量机、工具显微镜）测量被测实际要素的坐标值（如直角坐标值、极坐标值和圆柱坐标值），经过计算评定几何误差值。测量位置度时多采用此原则。

3. 测量特征参数原则

测量特征参数原则是指测量实际被测要素上具有代表性的参数（特征参数）来评定几何误差。应用此种方法测得的几何误差是近似值。测量特征参数的典型例子是采用两点法测量圆度误差。

4. 测量跳动原则

测量跳动原则是指被测实际要素绕基准轴线回转过程中，沿给定方向测量其对某基准点

（或线）的变动量（指示表最大读数与最小读数之差）。此原则主要用于跳动公差的测量，其测量方法简单，故实际中经常采用。

5. 控制实效边界原则

控制实效边界原则是指用光滑极限量规的通规或功能量规的检验部分模拟体现图样上给定的边界，来检测实际被测要素。

二、几何误差的评定方法

1. 形状误差及其评定

形状误差是指实际被测要素对其理想要素的变动量，将被测实际要素与其理想要素进行比较时，理想要素相对于实际要素处于不同位置，评定的形状误差值也不同，为了使形状误差测得值具有唯一性和准确性，国家标准规定，最小条件是评定形状误差的基本准则。"最小条件"就是使实际被测要素对理想要素的最大变动量为最小。

如图 4-76 所示，评定给定平面内的轮廓线的直线度误差时，有许多条位于不同位置的理想直线 A_1B_1、A_2B_2、A_3B_3，用它们评定的直线度误差值分别为 f_1、f_2、f_3。这些理想直线中必有一条（也只有一条）理想直线即直线 A_1B_1 能使实际被测直线对它的最大变动量为最小（$f_1<f_2<f_3$），因此理想直

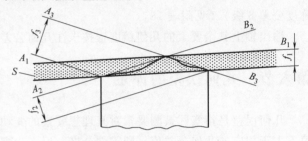

图 4-76　最小条件和最小区域

线 A_1B_1 的位置符合最小条件，实际被测轮廓线的直线度误差值为 f_1。

评定形状误差时，按最小条件的要求，用最小包容区域（简称最小区域）的宽度或直径来表示形状误差值。所谓最小区域，是指包容实际单一要素时具有最小宽度或直径的包容区域。各个形状误差项目的最小区域的形状分别与各自的公差带形状相同，但前者的宽度或直径则由实际单一要素本身决定。

此外，在满足零件功能要求的前提下，也允许采用其他评定方法来评定形状误差值。但这样评定的形状误差值将大于或等于按最小条件评定的形状误差值，因此有可能把合格品误评为废品，这是不经济的。

最小区域是根据被测要素与包容区域的接触状态来判别的。

（1）评定给定平面内的直线度误差　评定给定平面内的直线度误差，包容区域为两条平行直线，实际直线应与包容直线至少有高、低、高相间（或低、高、低相间）三个极点相接触，这个包容区域就是最小区域 S，如图 4-76 所示。

（2）评定平面度误差　评定平面度误差，包容区域由两个平行平面包容实际被测平面时，实际被测平面上至少有四个极点分别与这两个平行平面接触，且满足下列两个条件之一，那么，这两个平行平面之间的区域 S 即为最小包容区域，如图 4-77a 所示。

1）三角形准则：至少有三个高（低）极点与一个平面接触，有一个低（高）极点与另一个平面接触，并且这一个低（高）极点的投影落在上述三个高（低）极点连成的三角形内，或者落在该三角形的一条边上。

2）交叉准则：至少有两个高极点和两个低极点分别与这两个平行平面接触，并且两个

高极点的连线和两个低极点的连线在空间呈交叉状态，或者有两个高（低）极点与两个平行包容平面中的一个平面接触，还有一个低（高）极点与另一个平面接触，且该低（高）点的投影落在两个高（低）极点的连线上。

（3）评定圆度误差　评定圆度误差，包容区域为由两个同心圆包容实际被测圆时，至少有 4 个极点内、外相间地与这两个同心圆接触（至少有两个内极点与内圆接触，两个外极点与外圆接触），则这两个同心圆之间的区域 S 即为最小包容区域，如图 4-77b 所示。

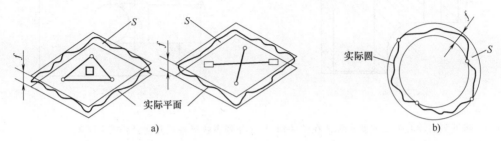

图 4-77　形状误差最小包容区域

2. 方向、位置和跳动误差及其评定

方向、位置和跳动误差是关联被测实际要素对理想要素的变动量，理想要素的方向或位置由基准确定。方向、位置和跳动误差的最小包容区域的形状与其对应的公差带形状完全相同，当用方向或位置最小包容区域包容被测实际要素时，该最小包容区域必须与基准保持图样上的几何关系，且使包容区域的宽度和直径最小。

如图 4-78a 所示，面对面平行度的方向最小包容区域是包容被测实际平面且与基准保持平行的两平行平面之间的区域。如图 4-78b 所示，阶梯轴同轴度的位置最小包容区域是包容被测实际轴线且与基准轴线同轴的圆柱面内的区域。

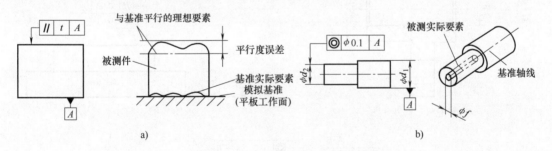

图 4-78　方向和位置最小包容区域

习　　题

4-1　将下列各项几何公差要求标注在图 4-79 上（并列表解释各项几何公差的含义）：

（1）上表面对下表面的平行度公差为 0.05mm；

（2）$\phi10$ 孔轴线的直线度公差为 $\phi0.02$mm；

（3）$\phi25$ 孔轴线对下表面的垂直度公差为 $\phi0.03$mm；

（4）下表面的平面度公差为 0.04mm。

4-2 将下列各项几何公差要求标注在图 4-80 上（并列表解释各项几何公差的含义）：

（1）下表面对右表面的垂直度公差为 0.05mm；

（2）ϕD 孔轴线对宽度为 b 的槽的中心平面的对称度公差为 0.05mm。

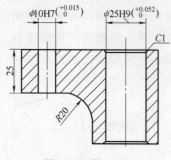

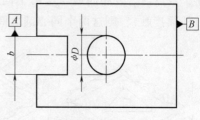

图 4-79 题 4-1 图   图 4-80 题 4-2 图

4-3 将下列各项几何公差要求标注在图 4-81 上（并列表解释各项几何公差的含义）：

（1）$\phi 50$ 圆柱面的圆度公差为 0.01mm；

（2）$\phi 50$ 圆柱面轴线直线度公差为 $\phi 0.01$mm；

（3）$\phi 30$ 孔的圆柱度公差为 0.01mm；

（4）$\phi 50$ 圆柱面轴线对 $\phi 30$ 孔轴线的同轴度公差为 $\phi 0.02$mm。

4-4 改正图 4-82 中各项几何公差标注上的标注错误（尺寸公差和几何公差项目不允许改变）。

4-5 改正图 4-83 中各项几何公差标注上的标注错误（尺寸公差和几何公差项目不允许改变）。

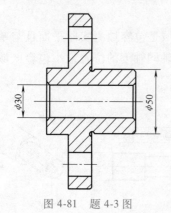

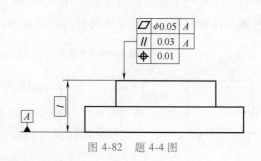

图 4-81 题 4-3 图   图 4-82 题 4-4 图

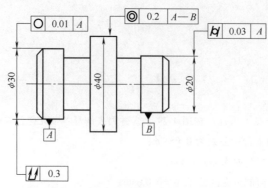

图 4-83 题 4-5 图

4-6　按图 4-84 上的要求填写下表。

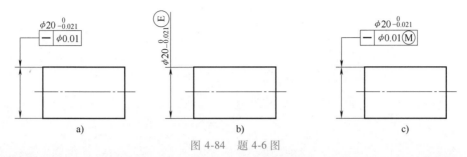

图 4-84　题 4-6 图

图号	采用的公差原则（要求）	遵守的理想边界	边界尺寸/mm	最大实体状态下的直线度公差/mm	最小实体状态下的直线度公差/mm
a）					
b）					
c）					

第五章　表面粗糙度与检测

零件的加工制造只有抱着精益求精、不断完善，追求产品质量完美无瑕的工匠精神才能高精准的满足零件的尺寸公差与几何公差的要求。此外，经过机械加工或用其他方法制造的零件表面还存在着微观几何形状误差，即零件的表面粗糙度。它是零件几何参数的精度指标之一，对零件的使用性能、寿命及表观质量都有较大的影响。因此，需对零件的表面粗糙度加以控制，以满足零件的使用要求，保证其互换性及经济性。

我国关于零件表面粗糙度的现行国家标准有：GB/T 3505—2009《产品几何技术规范（GPS） 表面结构 轮廓法 术语、定义及表面结构参数》；GB/T 10610—2009《产品几何技术规范（GPS） 表面结构 轮廓法 评定表面结构的规则和方法》；GB/T 1031—2009《产品几何技术规范（GPS） 表面结构 轮廓法 表面粗糙度参数及其数值》和GB/T 131—2006《产品几何技术规范（GPS） 技术产品文件中表面结构的表示法》等。

第一节　表面粗糙度的基本概念

一、表面粗糙度的定义

实际上，无论采用何种加工方法（机械加工、铸造、锻压、冲压、轧制等）所获得的表面并不是完全理想的表面，都会存在着微小的峰、谷，这些微小峰、谷的高低程度及间距分布等微观几何形状误差被称为表面粗糙度，也称为微观不平度。

在实际生产研究中，一般采用垂直于零件实际表面的平面与零件实际表面的相交轮廓线为研究对象，如图 5-1 所示。零件的截面轮廓形状通常由表面粗糙度、表面波纹度和宏观几何形状误差叠加而成，如图 5-2 所示。以上这三种误差可以根据相邻两波峰或两波谷之间的距离（波距λ）来区分，当波距小于 1mm 时属

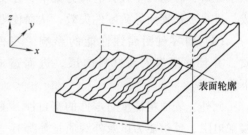

图 5-1　垂直于零件实际表面的平面与
零件实际表面的相交轮廓线

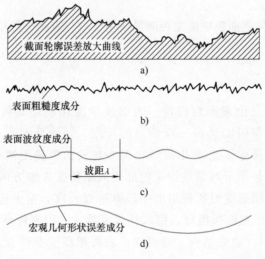

图 5-2　零件的截面轮廓形状

于表面粗糙度，当波距处于 1～10mm 之间时属于表面波纹度，当波距大于 10mm 时属于宏观几何形状误差。

二、机械零件的表面粗糙度对其使用性能的影响

如前所述，表面粗糙度对机械零件的使用性能、寿命与互换性等都有较大的影响，尤其在高温、高压、高速的极端工作环境下。其影响主要表现在以下几个方面：

（1）对零件耐磨性的影响 一般来说，当零件表面粗糙时，则两个表面仅在相应的波峰处产生接触，即有效接触面积较小，造成压强较大，当其发生相对运动时，摩擦阻力增大，加速磨损，导致零件的耐磨性较差。但需指出的是，若零件的表面非常光滑也不利于存储润滑油而使其耐磨性能变差。

（2）对零件配合性质的影响 表面粗糙度对配合性质的稳定性有较大影响，表面越粗糙，配合性质的稳定性越差。对于间隙配合，由于相对运动表面的快速磨损，会使配合间隙增大；对于过盈配合，由于装配过程中表面轮廓波峰被挤平，使实际的有效过盈配合减小，进而降低了零件的连接强度；对于过渡配合，同样由于装配过程中表面轮廓波峰被部分挤平，因而使配合变松，导致原有的定位及导向精度降低。

（3）对零件疲劳强度的影响 零件的表面越粗糙，则存在着较大的波谷，这些波谷类似于缺口，容易产生较大的应力集中，在交变载荷的作用下，微裂纹极易在这些波谷位置形成，进一步扩展而导致零件失效，从而使零件的疲劳强度降低。

（4）对零件耐腐蚀性能的影响 零件表面越粗糙，则波谷处越容易积存腐蚀性介质，并且逐渐渗入到材料内层，进而造成零件表面被腐蚀，从而使零件的耐腐蚀性能下降。

此外，表面粗糙度对零件的密封性、测量精度、接触刚度、流体流动的阻力、导热性、接触电阻、反射能力以及外观质量等都有一定程度的影响。

第二节 表面粗糙度的评定

经加工所获得的零件表面粗糙度是否满足使用要求，需要进行相应的测量与评定。

一、评定基准

1. 取样长度（lr）

由于实际表面轮廓是由表面粗糙度、表面波纹度和宏观几何形状误差叠加而成的，因此，在表面粗糙度测量时需选择一段恰当的长度，既能反映表面粗糙度特征，又抑制或减小了表面波纹度及排除了宏观几何形状误差对表面粗糙度测量的影响，这一恰当的长度称为取样长度。它是用于判别被评定轮廓表面粗糙度 X 轴方向上（图 5-1）的一段长度，是测量和评定表面粗糙度时所规定的一段基准线长度，至少应包含 5 个以上轮廓峰、谷，如图 5-3 所示。因而表面越粗糙，则取样长度越大，国家标准 GB/T 1031—2009《产品几何技术规范（GPS） 表面结构 轮廓法 表面粗糙度参数及其数值》给出了取样长度的推荐值，见表 5-1。

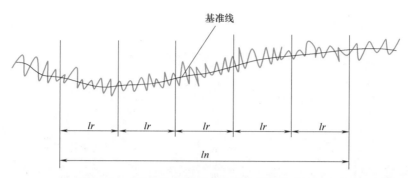

图 5-3　取样长度和评定长度

表 5-1　*Ra*、*Rz* 参数值与取样长度 *lr* 值的对应关系

Ra/μm	Rz/μm	lr/mm	ln/mm(ln = 5×lr)
≥0.008~0.02	≥0.025~0.10	0.08	0.4
>0.02~0.1	>0.10~0.50	0.25	1.25
>0.1~2.0	>0.50~10.0	0.8	4.0
>2.0~10.0	>10.0~50.0	2.5	12.5
>10.0~80.0	>50~320	8.0	40.0

2. 评定长度（*ln*）

一般情况下，零件的表面粗糙度是不均匀的，此时在一个取样长度上很难真实的反映出整个零件表面的粗糙度特征，因此需选取一段能够反映零件表面粗糙度特性的最小长度，它可包括一个或几个连续的取样长度，这几个连续的取样长度总和称为评定长度，如图 5-3 所示。它是用于判别被评定轮廓表面的 X 轴方向上（图 5-1）的长度。

一般情况下，评定长度为连续的 5 个取样长度（即 $ln = 5lr$）；若被测表面比较均匀时，可选取 $ln<5lr$；若被测表面的均匀性较差时，则应选取 $ln>5lr$。

3. 轮廓中线（*m*）

轮廓中线是定量地评定表面粗糙度数值的给定线，它是具有几何轮廓形状并划分被评定轮廓的基准线。通常是以轮廓中线为基础来计算各种评定参数的数值。

（1）轮廓的最小二乘中线　轮廓的最小二乘中线是指在一个取样长度内，使轮廓上各点至该线的距离 Z_i 的平方和 $\int_0^{l_r} Z_i^2 \mathrm{d}x$ 为最小的基准线，如图 5-4a 所示。

（2）轮廓的算术平均中线　轮廓的算术平均中线与被测轮廓的方向一致，将被测轮廓曲线划分为上、下两部分，并使在一个取样长度内的上、下两部分面积相等，即 $F_1 + F_2 + \cdots + F_n = F_1' + F_2' + \cdots + F_n'$，如图 5-4b 所示。

从理论上来说，轮廓的最小二乘中线是理想的唯一基准线，但在实际应用中其位置很难获得，因此一般采用轮廓的算术平均中线来替代，并且可以用目测法来确定一根位置近似的直线。

4. 长波和短波轮廓滤波器的截止波长（*λc*，*λs*）

轮廓滤波器是指能够将表面轮廓分离成长波成分和短波成分的滤波器，它们能够抑制的波长称为截止波长。通常将短波截止波长至长波截止波长之间的波长范围称为传输带。

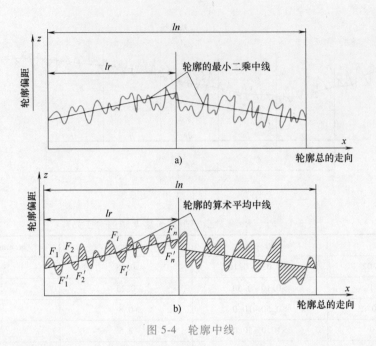

图 5-4 轮廓中线

在测量表面粗糙度时，采用截止波长为 λc 的长波滤波器将实际表面轮廓中的表面波纹度波长成分排除或加以抑制，同时采用截止波长为 λs 的短波滤波器将实际表面轮廓中比表面粗糙度波长更短的波长成分加以抑制，因此只呈现表面粗糙度轮廓。此时的传输带为 λs 至 λc 的波长范围，通常长波滤波器的波长等于取样长度，即 $\lambda c = lr$。

二、评定参数

如前所述，表面轮廓上存在着微小的峰、谷，这些峰、谷幅度的高低及间距的大小是表面粗糙度的基本特征，因此，表面粗糙度的评定参数主要包括高度参数（Ra，Rz）和间距特征参数（Rsm）。

1. 轮廓算术平均偏差（Ra）

轮廓算术平均偏差是指在一个取样长度 lr 范围内，被评定轮廓上各点的纵坐标值 $Z(x)$ 绝对值的算术平均值，如图 5-5 所示。轮廓算术平均偏差用 Ra 表示，用公式可表示为

$$Ra = \frac{1}{lr}\int_0^{lr} |Z(x)| \, \mathrm{d}x \tag{5-1}$$

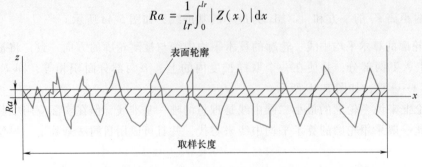

图 5-5 轮廓算术平均偏差 Ra

轮廓算术平均偏差 Ra 是普遍采用的参数，通常 Ra 越大则表面越粗糙。

2. 轮廓最大高度（Rz）

轮廓最大高度是指在一个取样长度 lr 范围内，被评定轮廓的最大轮廓峰高 Zp 和最大轮廓谷深 Zv 之和，如图 5-6 所示。轮廓最大高度用 Rz 表示，用公式可表示为

$$Rz = Zp + Zv \tag{5-2}$$

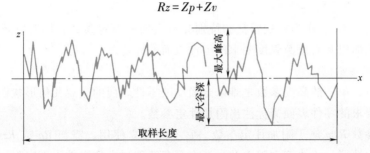

图 5-6　轮廓最大高度 Rz

3. 轮廓单元的平均宽度（Rsm）

轮廓单元的平均宽度是指在一个取样长度 lr 范围内，各轮廓单元宽度 Xs_i 的平均值，如图 5-7 所示。轮廓单元的平均宽度用 Rsm 表示，用公式可表示为

$$Rsm = \frac{1}{m} \sum_{i=1}^{m} Xs_i \tag{5-3}$$

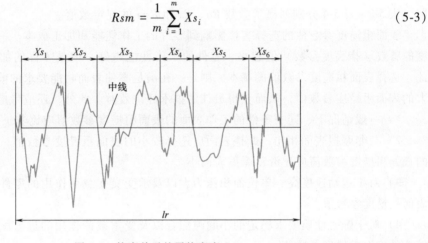

图 5-7　轮廓单元的平均宽度 Rsm

轮廓单元的平均宽度 Rsm 是间距特征参数，它能直接反映加工表面纹理的细密程度，在高度参数值相同的情况下，Rsm 的数值越小则表面粗糙度越小。

第三节　表面粗糙度的选用

在实际应用中，应综合考虑零件的功能要求与经济性，选择合理的表面粗糙度参数及其数值，从而提高机器及仪表的工作性能和使用寿命。

一、表面粗糙度参数的选用

1. 高度参数的选用

在设计机械零件时，如对零件表面有表面粗糙度要求时，至少须标注一个高度参数

（Ra 或 Rz）。高度参数是国家标准规定的基本参数，可以单独选用。

轮廓算术平均偏差 Ra 能够较好地反映零件表面的粗糙度特征，并且可以利用轮廓仪方便地测量，因此通常被优先选用。但需注意的是，对于一些特别粗糙和特别光滑的表面，不宜采用 Ra 作为评定参数。

轮廓最大高度 Rz 可作为特别粗糙和特别光滑表面的评定参数，同时它还用于测量面积小、较软材料表面以及有疲劳强度要求的零件表面的评定。

2. 附加评定参数的选用

一般情况下，单一的高度参数是难以全面反映零件表面的微观几何形状误差的，因此对于一些有特殊要求的零件表面需标注出附加评定参数。

间距特征参数 Rsm 属于附加评定参数，它不能独立使用，需与 Ra 或 Rz 同时选用。在对密封性、喷涂性能、流体流动阻力及光亮度等有特殊要求的零件表面应附加选用 Rsm。

二、表面粗糙度参数值的选用

表面粗糙度参数值目前已标准化，因此在设计时应按照国家标准 GB/T 1031—2009《产品几何技术规范（GPS） 表面结构 轮廓法 表面粗糙度参数及其数值》中规定的参数系列选取，表 5-2 ~ 表 5-4 分别列出了参数 Ra、Rz 和 Rsm 的规定数值。

表面粗糙度参数值的选择直接影响到零件的工作性能和加工成本。一般来说，表面粗糙度的参数（指高度参数）值越小，零件的工作性能越好，但是零件的加工成本则越大。因此，选择表面粗糙度参数值的基本原则是：在满足零件表面功能要求的前提下，尽量选择较大的表面粗糙度参数值，从而获得最佳的技术经济效益。此外，还应考虑以下选用原则：

1）一般情况下，同一零件的工作表面的表面粗糙度参数值应比非工作表面小。

2）与非摩擦表面相比，摩擦表面应选择较小的表面粗糙度参数值，并且滚动摩擦表面的表面粗糙度参数值应比滑动摩擦表面小。

3）对于运动速度高、单位面积压力大以及承受交变载荷作用的零件表面应选择较小的表面粗糙度参数值。

4）对于配合性质要求稳定的小间隙配合以及受重载荷作用的过盈配合表面，都应选择较小的表面粗糙度参数值。

5）表面粗糙度参数值的选择应与零件的尺寸公差及形状公差相适应。一般来说，尺寸公差及形状公差精度等级越高，则表面粗糙度参数值越小。精度等级相同时，小尺寸零件表面的粗糙度参数值比大尺寸的小，轴比孔的表面粗糙度参数值要小。

6）对于密封性、防腐蚀性能要求高或要求美观的表面应选择较小的表面粗糙度参数值。

7）凡有关标准已对表面粗糙度做出明确规定的特定表面（如与滚动轴承配合的轴颈、基座孔表面，与键配合的轴槽、轮毂槽的工作面等），需按相应的标准来确定其表面粗糙度参数值。

表 5-2　轮廓的算术平均偏差 Ra 的数值（摘自 GB/T 1031—2009）　（单位：μm）

0.012	0.2	3.2	50
0.025	0.4	6.3	100
0.05	0.8	12.5	
0.1	1.6	25	

表 5-3　轮廓的最大高度 *Rz* 的数值（摘自 GB/T 1031—2009）　　（单位：μm）

0.025	0.4	6.3	100	1600
0.05	0.8	12.5	200	
0.1	1.6	25	400	
0.2	3.2	50	800	

表 5-4　轮廓单元的平均宽度 *Rsm* 的数值（摘自 GB/T 1031—2009）　（单位：mm）

0.006	0.1	1.6
0.0125	0.2	3.2
0.025	0.4	6.3
0.05	0.8	12.5

　　在实际生产应用中，主要是采用类比法来选择零件的表面粗糙度参数值，该方法简单、快捷。表 5-5 给出了表面粗糙度参数值的选用实例。

表 5-5　表面粗糙度参数（高度参数）值的选用实例

表面粗糙度轮廓幅度参数 *Ra* 值/μm	表面粗糙度轮廓幅度参数 *Rz* 值/μm	表面形状特征		应用举例
>20	>125	粗糙表面	明显可见刀痕	未标注公差（采用一般公差）的表面
>10~20	>63~125		可见刀痕	半成品粗加工的表面、非配合的加工表面，如轴端面、倒角、钻孔、齿轮和带轮侧面、垫圈接触面等
>5~10	>32~63	半光表面	微见加工痕迹	轴上不安装轴承或齿轮的非配合表面，键槽底面，紧固件的自由装配表面，轴和孔的退刀槽等
>2.5~5	>16.0~32		微见加工痕迹	半精加工表面，箱体、支架、盖面、套筒等与其他零件结合而无配合要求的表面等
>1.25~2.5	>8.0~16.0		看不清加工痕迹	接近于精加工表面，箱体上安装轴承的镗孔表面、齿轮齿面等
>0.63~1.25	>4.0~8.0	光表面	可辨加工痕迹方向	圆柱销、圆锥销，与滚动轴承配合的表面，普通车床导轨表面，内、外花键定心表面、齿轮齿面等
>0.32~0.63	>2.0~4.0		微辨加工痕迹方向	要求配合性质稳定的配合表面，工作时承受交变应力的重要表面，较高精度车床导轨表面、高精度齿轮齿面等
>0.16~0.32	>1.0~2.0		不可辨加工痕迹方向	精密机床主轴圆锥孔、顶尖圆锥面，发动机曲轴轴颈表面和凸轮轴的凸轮工作表面等
>0.08~0.16	>0.5~1.0	极光表面	暗光泽面	精密机床主轴轴颈表面，量规工作表面，气缸套内表面，活塞销表面等
>0.04~0.08	>0.25~0.5		亮光泽面	精密机床主轴轴颈表面，滚动轴承滚珠的表面，高压泵中柱塞和柱塞孔的配合表面等
>0.01~0.04			镜状光泽面	
≤0.01			镜面	高精度量仪、量块的测量面，光学仪器中的金属镜面等

第四节　表面粗糙度的标注

表面粗糙度的评定参数及其数值确定后，需按国家标准 GB/T 131—2006《产品几何技术规范（GPS）技术产品文件中表面结构的表示法》中的规定在零件图上进行正确标注。需指出的是零件图上所标注的表面粗糙度符号、代号是该表面完工后的要求。

一、表面粗糙度的符号

在产品技术文件中对表面粗糙度的要求可采用几种不同的图形符号表示，每种符号都有其特定含义。

1. 基本图形符号

基本图形符号是由两条不等长的，与标注表面成 60°的相交直线构成，如图 5-8 所示。需指出的是基本图形符号仅用于简化代号标注（图 5-18），没有补充说明时不能单独使用。

图 5-8　表面粗糙度的基本图形符号

2. 扩展图形符号

在基本图形符号上加上一短横线，表示指定表面是采用去除材料的方法获得，如图 5-9a 所示。而在基本图形符号上面加一个圆圈，则表示指定表面是采用不去除材料的方法获得，如图 5-9b 所示。

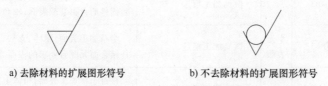

a) 去除材料的扩展图形符号　　　　b) 不去除材料的扩展图形符号

图 5-9　表面粗糙度的扩展图形符号

3. 完整图形符号

在基本图形符号和扩展图形符号的长边端部加一条横线，用于标注有关参数和说明，就构成了三种完整图形符号，如图 5-10 所示。图 5-10a 表示指定表面可以采用任何工艺方法获得；图 5-10b 表示指定表面是采用去除材料的工艺方法获得，如车、铣、磨、电火花加工等方法获得的表面；图 5-10c 表示指定表面是采用不去除材料的工艺方法获得，如铸、锻、冲压、轧制等方法获得的表面。

a) 允许任何工艺　　　b) 去除材料　　　c) 不去除材料

图 5-10　表面粗糙度的完整图形符号

4. 零件轮廓各表面相同要求图形符号

在完整图形符号上的长边端部与横线相交处加一个小圆圈，即构成了相同要求图形符号，如图 5-11 所示。当零件图样某个视图上构成封闭轮廓的各表面有相同的表面粗糙度要求时，可以采用上述图形符号进行标注，如图 5-11 所示，图中的表面粗糙度符号是指对视图上封闭轮廓六个表面的共同要求，不包括前、后表面。

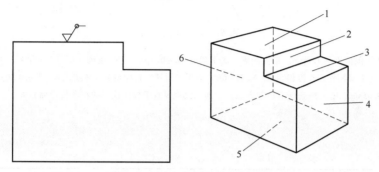

图 5-11 对周边各表面有相同的表面粗糙度要求的注法

二、表面粗糙度的代号及其注法

在周围标注了评定参数和数值以及传输带、取样长度、加工工艺、表面纹理及方向、加工余量等附加技术要求的完整图形符号称为表面粗糙度代号，如图 5-12 所示，注写示例如图 5-13 所示。

图 5-12 中的位置 a~e 分别注写以下内容：

1）位置 a 应注写高度参数符号（Ra、Rz）及其数值和有关技术要求。其注法为左起依次标注上、下限值符号，传输带数值/高度参数符号，评定长度，极限值判断规则（省略时用空格），高度参数数值。

图 5-12 表面粗糙度代号的注法
（GB/T 131—2006）

表示上限值时在前面加注符号 "U"，表示下限值时在前面加注符号 "L"；同时标注上、下限值时，应分成两行，上限值标注在上方，下限值标注在下方，在不引起歧义的情况下，上、下限值符号可以省略标注。

传输带应标注短波和长波滤波器的截止波长 λs-λc/（例如 "0.0025-0.8/"），当短波或长波滤波器的截止波长为默认的标准化值时可省略标注（例如 "0.0025-/" 或 "-0.8/"）；当二者都为默认标准化值时可同时省略标注，并且 "/" 亦不标出。

评定长度是用其所包含的取样长度个数来表示，如该值为默认的 "5"（即 $ln = 5lr$）则可以省略标注。

极限值判断规则有两种：16% 规则是指在同一评定长度范围内高度参数的所有实测值中，大于上限值的个数少于总数的 16%，小于下限值的个数少于总数的 16%。它为默认规则，可以省略标注。最大规则是指整个被测表面上高度参数的所有实测值均不大于上限值。采用最大规则时，应标注 "max"。

2）位置 b 应注写附加评定参数符号及其数值，例如 Rsm（单位为 mm）。

3）位置 c 应注写加工方法、表面处理、涂层或其他加工工艺要求，如车、磨、镀等。

4）位置 d 应注写表面加工纹理和方向，如 "="、"⊥"、"×" 等，见表 5-6。

5）位置 e 应注写加工余量，单位为 mm。一般在零件图上标注的表面粗糙度技术要求是对零件完工后的要求，因此不需标出加工余量。而对于有多道加工工序的表面则需注写相应的加工余量。

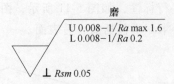

（双向极限值：①上限值 $Ra=1.6\mu m$，最大规则；②下限值 $Ra=0.2\mu m$，16%规则（默认）；③上、下极限传输带均为 $0.008\text{-}1mm$；④上极限评定长度值为6，即 $ln=6lr$，而下极限评定长度值为5（默认），即 $ln=5lr$；⑤标注出间距特征参数 $Rsm=0.05mm$；⑥采用磨削的加工方法；⑦加工纹理垂直于标注代号的视图投影面）

图 5-13　表面粗糙度代号的注写示例

表 5-6　表面纹理的标注（摘自 GB/T 131—2006）

符号	示　意　图	符号	示　意　图
＝	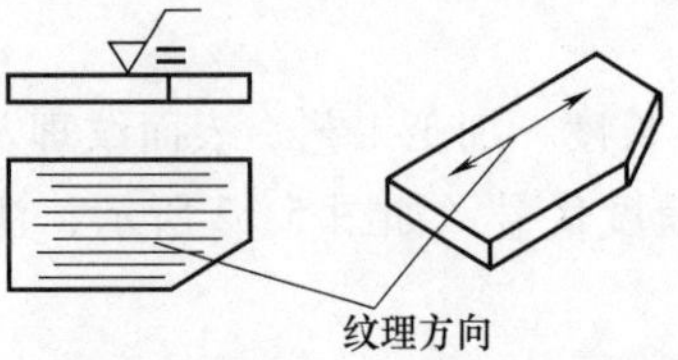 纹理方向 纹理平行于标注代号的视图所在的投影面	P	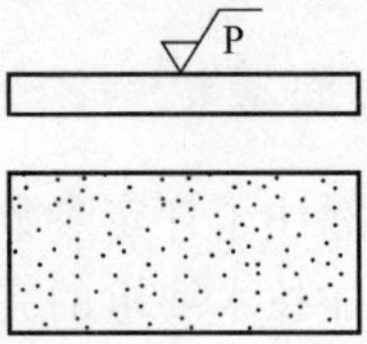 纹理呈微粒、凸起，无方向
⊥	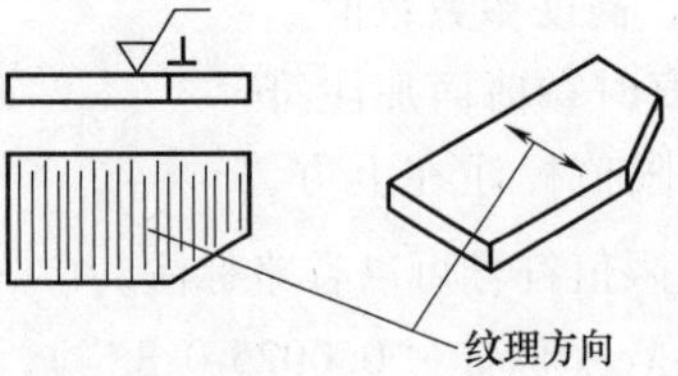 纹理方向 纹理垂直于标注代号的视图所在的投影面	M	纹理呈多方向
×	纹理方向 纹理呈两斜向交叉且与标注代号的视图所在的投影面相交	C	纹理呈近似同心圆 且圆心与表面中心相关
		R	纹理呈近似放射状且与表面圆心相关

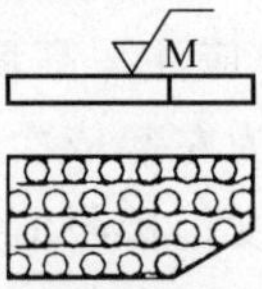

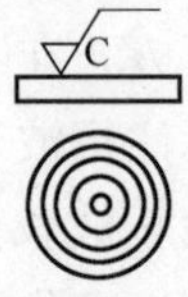

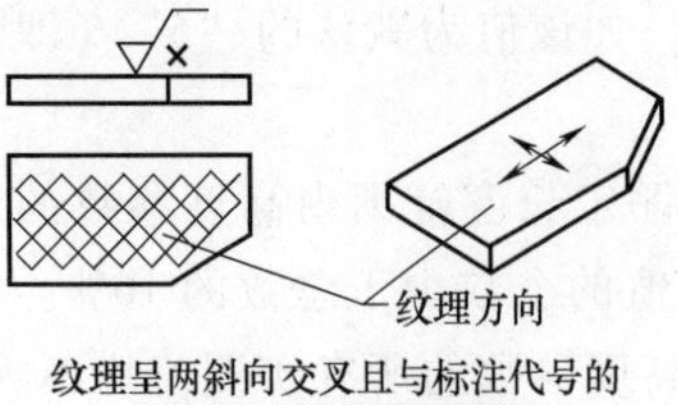

注：如果表面纹理不能清楚地用这些符号表示，必要时，可以在图样上加注说明。

三、表面粗糙度在零件图上的标注

通常对于任一表面的表面粗糙度要求只标注一次，尽可能将其标注在相应的尺寸及公差的同一视图上，并且应使表面粗糙度代号上的注写和读取方向与尺寸的注写和读取方向一致。如果没有特殊说明，则标注的表面粗糙度应是对完工零件表面的要求。

1. 标注在轮廓线、延长线或指引线上

表面粗糙度代号可以标注在轮廓线、延长线或指引线上，必要时可采用带箭头或黑点的指引线引出标注，如图 5-14 所示。

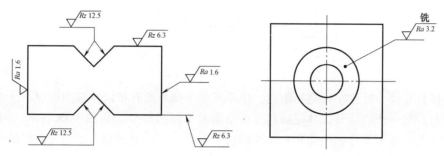

图 5-14　表面粗糙度代号在轮廓线、延长线或指引线上的标注示例

2. 标注在特征尺寸的尺寸线上

在保证不引起歧义的前提下，表面粗糙度代号可以标注在给定的尺寸线上，如图 5-15 所示。

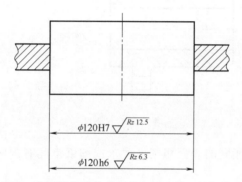

图 5-15　表面粗糙度代号在给定尺寸线上的标注示例

3. 标注在几何公差的框格上

表面粗糙度代号可以直接标注在几何公差框格的上方，如图 5-16 所示。

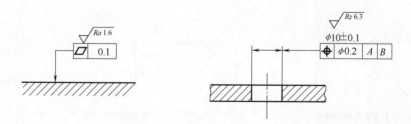

图 5-16　表面粗糙度代号在几何公差框格上方的标注示例

4. 标注在圆柱和棱柱表面上

一般来说，圆柱和棱柱表面的表面粗糙度要求只标注一次，但当棱柱的表面有不同的表面粗糙度要求时则需要对其进行单独标注，如图 5-17 所示。

5. 表面粗糙度要求的简化标注方法

当零件的某些表面（包括全部表面）具有相同的表面粗糙度要求时，则可以将它们的

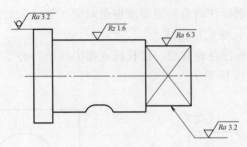

图 5-17　表面粗糙度代号在圆柱和棱柱表面上的标注示例

表面粗糙度代号统一标注在标题栏附近。如果不是全部表面有相同要求的情况，还需在表面粗糙度代号后加一个圆括号，并在圆括号内给出基本图形符号，如图 5-18 所示。图 5-18 中的简化标注表示除了零件的内孔和右端外圆两个表面外，其余所有表面的表面粗糙度应为图中右下角的统一标注。

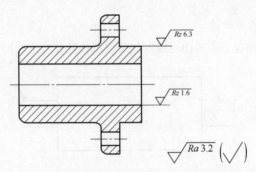

图 5-18　零件某些表面有相同表面粗糙度要求的简化标注方法

　　当零件多个表面具有相同的表面粗糙度要求或图纸空间有限时，可以采用如图 5-19 所示的简化标注方法。

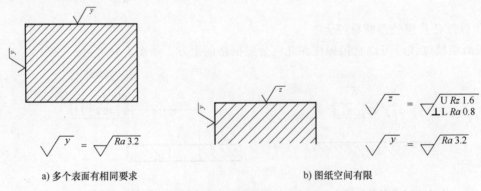

a) 多个表面有相同要求　　　　　　　　　　b) 图纸空间有限

图 5-19　零件多个表面有相同表面粗糙度要求或图纸空间有限时的简化标注方法

第五节　表面粗糙度的检测

　　零件按图样加工完成后，需要对表面粗糙度进行检测来评价其是否满足使用要求。表面粗糙度的检测方法较多，比较常用的主要有：比较法、光切法、干涉法和针描法。

一、比较法

比较法是指将被测零件表面与已知 Ra 值的表面粗糙度标准样块（图 5-20）进行比较来评定被测零件表面的表面粗糙度。比较样块的选择原则是其加工方法必须与被测零件相同，而材料和形状等尽量与被测零件一致。

图 5-20　表面粗糙度标准样块

比较法主要是依靠目测（或借助于放大镜、显微镜）和触觉来判断被测表面的表面粗糙度。这种方法简单易行，是生产车间判断较粗糙表面的常用方法，但其测量精度不高，并且测量结果的准确程度与检验人员的技术熟练程度关系很大。

二、光切法

光切法是借助于光切显微镜（或称双管显微镜）利用光切原理来测量零件的表面粗糙度，它属于非接触测量的方法。光切显微镜主要适用于平面和外圆表面 Rz 值的测量，其测量范围一般为 $1\sim100\mu m$。

图 5-21 展示了光切显微镜及其工作原理。当由光源发出的光经聚光镜、狭缝和物镜后，以 45° 的方向投射到被测零件表面上，形成一束平行光带，由于被测表面的粗糙不平，故波峰处在 S_1 点反射，而波谷处则在 S_2 点反射，反射光经由物镜在分划板上分别成像 S_1' 和 S_2'，由此得出峰、谷影像的高度差 h'，由于 h' 与实际轮

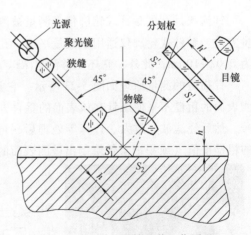

图 5-21　光切显微镜及其工作原理

廓高度差 h 具有恒定的比例关系，因此可根据 h' 推算出 h 值，进而可以获得被测表面的 Rz 值。

三、干涉法

干涉法是借助于干涉显微镜利用光波干涉原理来测量零件的表面粗糙度，它属于非接触测量的方法。干涉显微镜主要适用于平面、外圆表面和球面 Rz 值的测量，其测量范围一般为 $0.03 \sim 1\mu m$。

图 5-22a 展示了干涉显微镜及其工作原理。由光源 S 发出的光线经聚光镜 O_3、反射镜 S_1 和分光镜 T 后分为两束。其中一束光线透过分光镜 T 和物镜 O_2 后射向被测零件 P 的表面后沿原路返回，经分光镜 T 反射后射向目镜 O；而另一束光线被分光镜 T 反射后通过物镜 O_1 投射到标准镜 P_1 后沿原路返回，透过分光镜 T 后也射向目镜 O。由于这两路光线有光程差，相遇时会产生干涉现象，通过目镜 O 能够观察到干涉条纹。由于被测表面存在着微小的峰、谷，而峰、谷处的光程差不同，因此会造成干涉条纹弯曲，如图 5-22b 所示。通常干涉条纹的弯曲程度与被测表面的峰、谷之间的高度值存在着恒定的比例关系，因此利用仪器的微测装置测量并换算即可得到被测表面的 Rz 值。

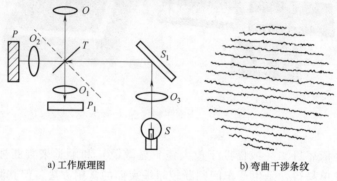

a) 工作原理图   b) 弯曲干涉条纹

图 5-22　干涉显微镜及其工作原理

四、针描法

针描法是利用触针式轮廓仪来测量被测表面的表面粗糙度，它是最常用的表面粗糙度测量方法。触针式轮廓仪适用于测量平面、孔和圆弧等各种形状表面的 Ra 值，测量范围一般为 $0.02 \sim 10\mu m$。此外，它还能够测量 Rz、Rsm 等多个参数。

针描法的测量原理如图 5-23 所示。它是利用金刚石触针在被测表面上匀速滑动时，被测表面的粗糙不平使触针在该表面的垂直方向上产生位移，通过传感器把此位移转换成电信号，然后经滤波、放大、计算等处理后，可从仪器指示表（或显示器）直接读出被测表面的粗糙度值（或用记录仪绘制出被测表面的轮廓曲线）。

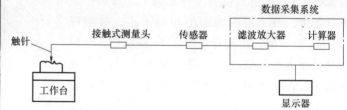

图 5-23　针描法测量原理

习　　题

5-1　阐述表面粗糙度轮廓评定参数中常用的两个幅度参数的名称、符号和定义。

5-2　阐述表面粗糙度轮廓参数 Ra 的测量方法。

5-3　一般来说，ϕ10H7 孔和 ϕ55H7 孔相比较，哪个应选较小的表面粗糙度轮廓参数值？

5-4　试将下列的表面粗糙度轮廓技术要求标注在图 5-24 上：

（1）齿轮齿顶圆和分度圆的表面粗糙度 Ra 上限值为 3.2μm；

（2）齿轮左右两个端面表面粗糙度 Ra 的上限值为 3.2μm；

（3）孔 ϕ58H7 最后一道工序为拉削加工，表面粗糙度 Rz 的最大值为 3.2μm，标注纹理方向；

（4）16JS9 键槽两个侧面的表面粗糙度 Ra 的上限值为 3.2μm；

（5）其余表面的表面粗糙度 Ra 的上限值为 6.3μm。

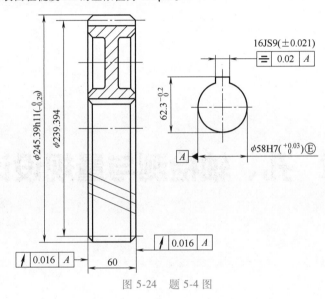

图 5-24　题 5-4 图

第六章　孔、轴检测与量规设计基础

孔、轴（被测要素）的尺寸公差与几何公差采用独立原则时，它们的实际尺寸和几何误差分别使用通用计量器具来测量。对于采用包容要求的孔、轴，它们的实际尺寸和形状误差的综合结果应该使用光滑极限量规检验。最大实体要求应用于被测要素和基准要素时，它们的实际尺寸和几何误差的综合结果应该使用功能量规检验。

孔、轴实际尺寸使用通用计量器具按两点法进行测量，测量结果能够获得实际尺寸的具体数值。几何误差使用通用计量器具测量，测量结果也能获得几何误差的具体数值。

量规是一种没有刻度而用以检验孔、轴实际尺寸和几何误差综合结果的专用计量器具，用它检验的结果可以判断实际孔、轴合格与否，但不能获得孔、轴实际尺寸和几何误差的具体数值。量规的使用极为方便，检验效率高，因而量规在机械产品生产中得到了广泛应用。

我国发布了国家标准 GB/T 3177—2009《产品几何技术规范（GPS） 光滑工件尺寸的检验》和 GB/T 1957—2006《光滑极限量规 技术条件》、GB/T 8069—1998《功能量规》，作为贯彻执行《极限与配合》、《几何公差》以及《普通平键与键槽》、《矩形花键》等国家标准的基础保证。

第一节 孔、轴实际尺寸的验收

一、孔、轴实际尺寸的验收极限

按图样要求，孔、轴的实际尺寸必须位于规定的上极限尺寸和下极限尺寸范围内才算合格。考虑到车间实际情况，通常，工件的形状误差取决于加工设备及工艺装备的精度，工件合格与否只按一次测量来判断，对于温度、压陷效应以及计量器具和标准器（如量块）的系统误差均不进行修正。因此，测量孔、轴实际尺寸时，由于诸多因素的影响而产生了测量误差，测得的实际尺寸通常不是真实尺寸，即测得的实际尺寸 $D_a(d_a)$ = 真实尺寸 x_0 ± 测量误差 δ，如图 6-1 所示。

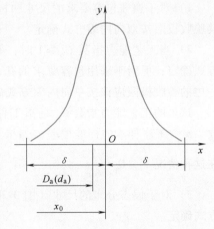

鉴于上述情况，测量孔、轴实际尺寸时，首先应确定判断其合格与否的尺寸界线，即验收极限。如果根据测得的实际尺寸是否超出极限尺寸来判断其合格性，即以孔、轴的极限尺寸作为孔、轴实际尺寸的验收极限，则很可能把真实尺寸位于公差带上、下两端

图 6-1 实际尺寸与真实尺寸的关系

外侧附近的不合格品误判为合格品而接受，这称为误收。但也有可能把真实尺寸位于尺寸公差带上、下两端内侧的合格品误判为不合格品而报废，这称为误废。误收会影响产品质量，误废会造成经济损失。为了保证产品质量，可以把孔、轴实际尺寸的验收极限从它们的上极限尺寸和下极限尺寸分别向内移动一段距离，这就能减少误收率或达到误收率为零，但会增加误废率。因此，正确地确定验收极限，具有重大的意义。

国家标准 GB/T 3177—2009 对如何确定验收极限规定了两种方式，并对如何选用这两种验收极限方式进行了具体规定。

1. 验收极限方式的确定

（1）内缩方式　内缩方式的验收极限是从规定的上极限尺寸和下极限尺寸分别向工件尺寸公差带内移动一个安全裕度 A 来确定。

由于测量误差的存在，一批工件（孔或轴）的实际尺寸是随机变量。表示一批工件实际尺寸分散极限的测量误差范围用测量不确定度表示。测量孔或轴的实际尺寸时，应根据孔、轴公差的大小规定测量不确定度允许值，以作为保证产品质量的措施，此允许值称为安全裕度 A。国家标准 GB/T 3177—2009 规定，A 值按实际尺寸公差 T 的 1/10 确定，即 $A = 0.1T$，其数值见附表 24。令 K_s 和 K_i 分别表示上、下验收极限，L_{max} 和 L_{min} 分别表示工件的上极限尺寸和下极限尺寸，如图 6-2 所示，则

$$\begin{cases} K_s = L_{max} - A \\ K_i = L_{min} + A \end{cases} \tag{6-1}$$

（2）不内缩方式　不内缩方式的验收极限是以图样上规定的上极限尺寸和下极限尺寸分别作为上、下验收极限，即安全裕度为零（$A = 0$），因此

$$K_s = L_{max}, \quad K_i = L_{min}$$

2. 验收极限方式的选择

选择哪种验收极限方式，应综合考虑被测工件的不同精度要求、标准公差等级的高低、加工后尺寸的分布特性和工艺能力等因素。具体原则如下：

1）对于遵守包容要求的尺寸和标准公差等级高的尺寸，其验收极限按双向内缩方式确定。

2）当工艺能力指数 $C_p \geq 1$ 时，验收极限可以按不内缩方式确定；但对于采用包容要求的孔、轴，其最大实体尺寸一边的验收极限应该按单向内缩方式确定。

这里的工艺能力指数 C_p 是指工件尺寸公差 T 与加工工序工艺能力 $c\sigma$ 的比值，c 为常数，σ 为工序样本的标准偏差。如果工序尺寸遵循正态分布，则该工序的工艺能力为 6σ。在这种情况下，$C_p = \dfrac{T}{6\sigma}$。

3）对于偏态分布的尺寸（图 3-20），其验收极限可以只对尺寸偏向的一边按单向内缩方式确定。

4）对于非配合尺寸和未注公差尺寸，其验收极限按不内缩方式确定。

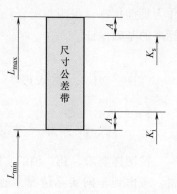

图 6-2　工件尺寸公差带及内缩方式的验收极限

二、计量器具的选择

表示一批工件实际尺寸分散极限的测量误差范围用测量不确定度 u' 表示。根据测量误差的来源，测量不确定度 u' 是由计量器具的测量不确定度 u_1' 和测量条件引起的测量不确定度 u_2' 组成的。

u_1' 是表征由计量器具内在误差所引起的测得的实际尺寸对真实尺寸可能分散的一个范围，其中还包括使用的标准器（如调整比较仪标尺示值零位时使用的量块，调整千分尺标尺示值零位时使用的校正棒）的测量不确定度。

测量时的标准温度为 20℃，标准测量力为零。u'_2 是表征测量过程中由温度、压陷效应及工件形状误差等因素所引起的测得的实际尺寸对真实尺寸可能分散的一个范围。

u'_1 与 u'_2 均为独立随机变量，因此，它们的和（测量不确定度 u'）也是随机变量。u' 是 u'_1 与 u'_2 的综合结果。

当验收极限采用内缩方式，且把安全裕度 A 取为工件尺寸公差 T 的 1/10 时，为了保证产品质量，测量不确定度允许值 u 应在安全裕度范围内，即 $u \leqslant A = 0.1T$。u 与计量器具的测量不确定度允许值 u_1 及测量条件引起的测量不确定度允许值 u_2 的关系，由独立随机变量合成规则，得 $u = \sqrt{u_1^2 + u_2^2}$。u_1 对 u 的影响比 u_2 大，一般按 2：1 的关系处理，因此，$u = \sqrt{u_1^2 + (0.5u_1)^2}$，得 $u_1 = 0.9u$，$u_2 = 0.45u$。

为了满足生产上对不同的误收、误废允许率的要求，国家标准 GB/T 3177—2009 将测量不确定度允许值 u 与工件尺寸公差 T 的比值分成三档。它们分别是：I 档，$u = A = T/10$，$u_1 = 0.9u = 0.09T$；II 档，$u = T/6 > A$，$u_1 = 0.9u = 0.15T$；III 档，$u = T/4 > A$，$u_1 = 0.9u = 0.225T$。相应地，计量器具的测量不确定度允许值 u_1 也分档：对于 IT6~IT11 的工件，u_1 分为 I、II、III 三档；对 IT12~IT18 的工件，u_1 分为 I、II 两档。三个档次 u_1 的数值见附表 24。

从附表 24 选用 u_1 时，一般情况下优先选用 I 档，其次选用 II 档、III 档。然后，按 GB/T 18779.2—2023 规定的方法评定通用计量器具的测量不确定度 u'_1 的数值（或参考附表 25~附表 27），选择具体的计量器具。所选择的计量器具的 u'_1 值应不大于 u_1 值。

当选用 I 档的 u_1 值且所选择的计量器具的 $u'_1 \leqslant u_1$ 时，$u = A = 0.1T$，根据国家标准 GB/T 3177—2009 中的理论分析，误收率为零，产品质量得到保证，而误废率为 6.98%（工件实际尺寸遵循正态分布）~14.1%（工件实际尺寸遵循偏态分布）。

当选用 II 档、III 档的 u_1 值且所选择的计量器具的 $u'_1 \leqslant u_1$ 时，$u > A$（$A = 0.1T$），误收率和误废率皆有所增大，u 对 A 的比值（大于 1）越大，则误收率和误废率增大的就越多。

当验收极限采用不内缩方式即安全裕度等于零时，计量器具的测量不确定度允许值 u_1 也分成 I、II、III 三档，从附表 24 中选用，亦应满足 $u'_1 \leqslant u_1$。在这种情况下，根据国家标准 GB/T 3177—2009 中的理论分析，工艺能力 C_p 越大，在同一工件尺寸公差的条件下，不同档次的 u_1 越小，则误收率和误废率就越小。

三、验收极限方式和计量器具的选择示例

例 6-1　试确定测量 $\phi 90f7(^{-0.036}_{-0.071})$ ⓔ 轴时的验收极限，并选择相应的计量器具。该轴可否使用标尺分度值为 0.01mm 的外径千分尺进行比较测量，并加以分析。

解：（1）$\phi 90f7$ⓔ 轴采用包容要求，因此验收极限应按双向内缩方式确定。根据该轴的尺寸公差 $T = IT7 = 0.035mm$，从附表 24 查得安全裕度 $A = 0.0035mm$。按式（6-1）确定上、下验收极限 K_s 和 K_i，得：

$$K_s = L_{max} - A = (89.964 - 0.0035)mm = 89.9605mm$$

$$K_i = L_{min} + A = (89.929 + 0.0035)mm = 89.9325mm$$

$\phi 90f7$ⓔ 轴的尺寸公差带及验收极限如图 6-3 所示。

（2）按 I 档选择计量器具　由附表 24 按优先选用 I 档的计量器具测量不确定度允许值 u_1 的原则，确定 $u_1 = 0.9 \times T/10 = 0.0032mm$。

由附表 26 选用标尺分度值为 0.005mm 的比较仪，其测量不确定度 $u_1' = 0.003\text{mm} < u_1$，能满足使用要求。

如果车间没有标尺分度值为 0.005mm 的比较仪或精度更高的量仪，可以使用车间最常用的标尺分度值为 0.01mm 的外径千分尺进行比较测量。

（3）用外径千分尺进行比较测量 从附表 25 可知，用外径千分尺对 90mm 的工件进行绝对测量时，千分尺的测量不确定度 $u_1' = 0.005\text{mm}$，它大于上述 0.0032mm 允许值。为了提高千分尺的使用精度，可以采用比较测量法。实践表明，当使用形状与工件形状相同的标准器进行比较测量时，千分尺的测量不确定度降为原来的 40%；当使用形状与工件形状不相同的标准器进行比较测量时，千分尺的测量不确定度降为原来的 60%。

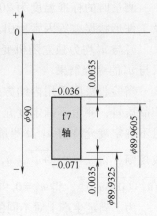

图 6-3 $\phi90\text{f7}Ⓔ$轴的尺寸公差带及验收极限

本例使用形状与轴的形状不相同的标准器（90mm 量块组）进行比较测量，因此千分尺的测量不确定度可以减小到 $u_1' = 0.005\text{mm} \times 60\% = 0.003\text{mm}$，它小于 0.0032mm 允许值。这就能满足使用要求（验收极限仍按图 6-3 的规定）。

（4）按 Ⅱ 档选择计量器具 本例中，按 $A = 0.1T = 0.0035\text{mm}$ 确定验收极限 $K_s = 89.9605\text{mm}$、$K_i = 89.9325\text{mm}$，现选用 Ⅱ 档的计量器具测量不确定度允许值 u_1，即 $u_1 = 0.9 \times T/6 = 0.0053\text{mm} > A$，则按附表 27 可以选用标尺分度值为 0.001mm 的指示表进行测量，其测量不确定度 $u_1' = 0.005\text{mm}$，它小于 0.0053 允许值。但根据国家标准 GB/T 3177—2009 中的理论分析，在这种情况下，若工件实际尺寸遵循正态分布，则误收率为 0.10%，误废率为 8.23%。

例 6-2 $\phi140\text{H9}({}^{+0.1}_{0})Ⓔ$孔的终加工工序的工艺能力指数 $C_p = 1.2$，试确定测量该孔时的验收极限，并选择相应的计量器具。

解：（1）确定验收极限 被测孔采用包容要求，但其 $C_p = 1.2$，因此其验收极限可以这样确定：最大实体尺寸（140mm）一边采用内缩方式，而最小实体尺寸（140.1mm）一边采用不内缩方式。

根据该孔的尺寸公差 IT9 = 0.1mm，从附表 24 查得安全裕度 $A = 0.01\text{mm}$。按式（6-1）确定下验收极限 $K_i = (140+0.01)\text{mm} = 140.01\text{mm}$，而上验收极限 $K_s = 140.1\text{mm}$。

$\phi140\text{H9}Ⓔ$孔的尺寸公差带及验收极限如图 6-4 所示。

（2）选择计量器具 由附表 24 按优先选用 Ⅰ 档的计量器具测量不确定度允许值 u_1 的原则，确定 $u_1 = 0.009\text{mm}$。

由附表 25 选用标尺分度值为 0.01mm 的内径千分尺，其测量不确定度 $u_1' = 0.008\text{mm} < u_1$，能满足使用要求。

例 6-3 $\phi45\text{h8}({}^{0}_{-0.039})Ⓔ$轴加工后尺寸遵守偏态分布（偏向最大实体尺寸一边），试确定其验收极限，并选择相应的计量器具。

解：（1）确定验收极限 被测轴加工后尺寸遵循偏态分布，因此其验收极限可以这样确定：其尺寸偏向 45mm 最大实体尺寸的一边采用内缩方式，而最小实体尺寸（44.961mm）一边采用不内缩方式。

根据该轴的尺寸公差 IT8 = 0.039mm，从附表 24 查得安全裕度 $A = 0.0039\text{mm}$。按式（6-1）确

定上验收极限 $K_s = (45-0.0039)\text{mm} = 44.9961\text{mm}$，而下验收极限 $K_i = 44.961\text{mm}$。

$\phi45h8ⓔ$ 轴的尺寸公差带及验收极限如图6-5所示。

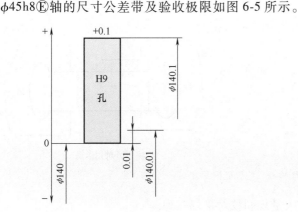

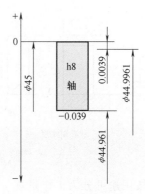

图 6-4　$\phi140H9ⓔ$ 孔的尺寸公差　　　　图 6-5　$\phi45h8ⓔ$ 轴的尺寸
带及验收极限　　　　　　　　　公差带及验收极限

（2）选择计量器具　由附表24按优先选用 I 档的计量器具测量不确定度允许值 u_1 的原则，确定 $u_1 = 0.0035\text{mm}$。

由附表26选用标尺分度值为 0.005mm 的比较仪，其测量不确定度 $u_1' = 0.003\text{mm} < u_1$，能满足使用要求。

第二节　光滑极限量规

一、光滑极限量规的功用和种类

要实现零部件的互换性，除了合理地规定公差外，还必须正确地进行加工和检测，只有检测合格的零件，才能满足产品的使用要求，进而保证其互换性。光滑极限量规是指被检验工件为光滑孔或光滑轴时所用的极限量规的总称，简称"量规"。

孔或轴采用包容要求时，它们应使用光滑极限量规来检测。它是一种没有刻度而用以检验孔或轴实际尺寸和几何误差综合结果的极限量规的总称。用它检验零件时，只能判断实际零件合格与否，但不能测出零件实际尺寸和几何误差的具体数值。光滑极限量规结构设计简单，使用极为方便、可靠，检验效率高，因而光滑极限量规在机械制造行业大批量生产中得到了广泛应用。

光滑极限量规分为塞规和环规（或卡规），检验孔的量规称为塞规，检验轴的量规称为环规或卡规，且都有通规与止规之分，如图6-6所示。通规是按孔或轴的最大实体尺寸制造，用来检验被测孔或轴的实际轮廓（实际尺寸和几何误差的综合结果）是否超出最大实体尺寸。止规是按孔或轴的最小实体尺寸制造，用来检验被测孔或轴的实际尺寸是否超出最小实体尺寸。

由此可见，量规的通规用于控制工件的作用尺寸，止规用于控制工件的实际尺寸。用光滑极限量规检验孔或轴时，如果通规能够自由通过，且止规不能通过，则表示被测孔或轴合格。如果通规不能通过，或者止规能够通过，则表示被测孔或轴不合格。因此，用量规检验工件时，通规和止规必须成对使用，才能判断被测孔或轴的尺寸是否在规定的极限尺寸范围内。

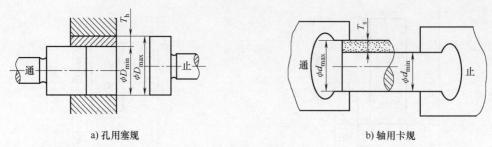

a) 孔用塞规   b) 轴用卡规

图 6-6   光滑极限量规

量规按用途可分为工作量规、验收量规和校对量规三种。

1. 工作量规

工作量规是加工零件过程中操作者检验工件时所使用的量规。通规用代号"T"表示，止规用代号"Z"表示。

2. 验收量规

验收量规是检验部门或用户代表来验收零件时所使用的量规。验收量规通常不需要另行制造，它是从磨损较多但没有超过磨损极限的通规中挑选出来的。这样，操作者用工作量规自检合格的零件，检验员用验收量规验收时也一定合格，从而保证了工件的合格率。

3. 校对量规

校对量规是用来检验工作量规或验收量规的量规。由于孔用工作量规便于用精密量仪测量，故国家标准没有规定校对量规，只对轴用量规规定了校对量规。

二、光滑极限量规的设计原理

设计光滑极限量规应遵守泰勒原则（极限尺寸判断原则），泰勒原则（图 6-7）是指孔或轴的实际尺寸和形状误差综合形成的体外作用尺寸（D_{fe}、d_{fe}）不允许超出最大实体尺寸（D_{min}、d_{max}），在孔或轴任何位置上的实际尺寸（D_a、d_a）不允许超出最小实体尺寸（D_{max}、d_{min}）。

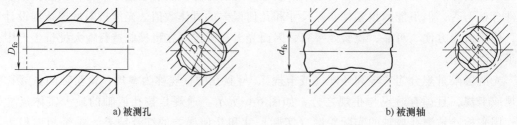

a) 被测孔   b) 被测轴

图 6-7   孔、轴体外作用尺寸 D_{fe}、d_{fe} 与实际尺寸 D_a、d_a

包容要求是从设计的角度出发，反映对孔、轴的设计要求。而泰勒原则是从验收的角度出发，反映对孔、轴的验收要求。从保证孔、轴的配合性质的要求来看，两者是一致的。

满足泰勒原则的量规通规工作部分应具有最大实体边界的形状，因而应与被测孔或轴成面接触（全形通规如图 6-8b、d 所示）且其定形尺寸等于被测孔或轴的最大实体尺寸。止规工作部分与被测孔或轴的接触为两个点的接触（两点式止规，图 6-8a 为点接触，图 6-8c 为线接触），且这两个点之间的距离即为止规定形尺寸，它等于被测孔或轴的最小实体尺寸。

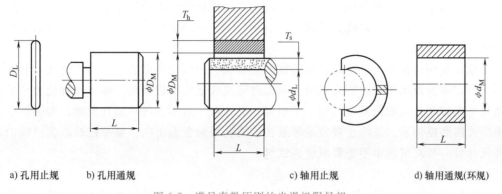

a) 孔用止规　　b) 孔用通规　　　　　　　c) 轴用止规　　　　d) 轴用通规(环规)

图 6-8　满足泰勒原则的光滑极限量规

D_M、D_L—孔最大、最小实体尺寸　　d_M、d_L—轴最大、最小实体尺寸　　L—配合长度

　　用符合泰勒原则的光滑极限量规检验孔或轴时，如果通规能通过而止规不能通过，则表示孔或轴合格；反之，则表示孔或轴不合格。如图 6-9 所示，孔的实际轮廓已经超出了零件尺寸公差带，应判为废品。用全形通规检验时不能通过（图 6-9a）；但是用两点式止规检验，虽然沿着 x 轴方向不能通过，却从 y 轴方向检验能通过（图 6-9c），于是该孔被正确地判为废品。反之，该孔用两点式通规检验（图 6-9b），则可能沿 y 轴方向通过；但是用全形止规检验，则不能通过（图 6-9d）。这样，由于量规的测量面形状不符合泰勒原则，就会误判为合格。

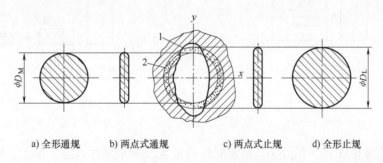

a) 全形通规　　b) 两点式通规　　　c) 两点式止规　　d) 全形止规

图 6-9　量规工作部分的形状对检验结果的影响

1—实际孔　2—尺寸公差带

　　在量规的使用过程中，因为量规的制造和使用方面的原因，要求量规的形状完全符合泰勒原则是有一定难度的。所以，国家标准规定，允许在被检验孔或轴的形状误差不影响配合性质的前提下，可以使用偏离泰勒原则的量规。例如对于大尺寸的孔或轴，为不使量规过于笨重，通常使用非全形通规进行检验。此外，全形环规不能检验正在顶尖上装夹的工件及曲轴零件时，可以用卡规检验。当采用不符合泰勒原则的量规检验工件时，必须做到操作正确，尽量减少由于检验操作不当而造成的误判。例如使用非全形通规检验孔或轴时，应该在被测孔或轴的全长范围内的多方位上做多次检验，并从工艺上采取措施以限制工件的形状误差。

三、光滑极限量规的定形尺寸公差带和各项公差

光滑极限量规是一种专用量具，其制造精度比被测孔或轴的精度高得多，但在制造时也不可避免地会产生误差。因此，国家标准 GB/T 1957—2006 规定了量规工作部分的定形尺寸公差带和各项公差。

通规在使用过程中经常通过合格的被测孔或轴，因而会逐渐磨损。为使通规具有一定的使用寿命，需要留出适当的磨损储量，因此对通规应规定磨损极限，即将通规公差带从最大实体尺寸向被测孔或轴公差带内缩一个距离；而止规一般不通过被测孔或轴，磨损极少，所以不需要留磨损储量，故将止规公差带放在被测孔或轴公差带内，紧靠在被测孔或轴的最小实体尺寸处。校对量规也不需要留磨损储量。

1. 工作量规的定形尺寸公差带和各项公差

国家标准 GB/T 1957—2006 规定量规定形尺寸公差带不得超过被测孔或轴的公差带。孔用和轴用工作量规定形尺寸公差带分别如图 6-10 和图 6-11 所示。其特点是：工作量规的公差带全部位于被测孔或轴的公差带内，能有效地保证产品的质量与互换性。但有时会把一些合格的工件检验成不合格，实质上缩小了工件的公差范围，提高了工件的制造精度。

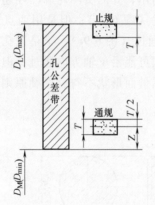

图 6-10 孔用工作量规定形
尺寸公差带示意图

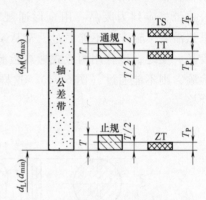

图 6-11 轴用工作量规及其校对量规
定形尺寸公差带示意图

图 6-10 和图 6-11 中，D_M、D_L 为被测孔的最大、最小实体尺寸，D_{max}、D_{min} 为被测孔的上、下极限尺寸，d_M、d_L 为轴的最大、最小实体尺寸，d_{max}、d_{min} 为被测轴的上、下极限尺寸；T 为量规定形尺寸公差，Z 为通规定形尺寸公差带中心到被测孔或轴最大实体尺寸之间的距离，T 和 Z 值取决于工件公差的大小；T_P 为校对量规的尺寸公差。国家标准规定的 T 和 Z 值可从附表 28 中查出。通规的磨损极限等于被测孔或轴的最大实体尺寸。

测量极限误差一般取为被测孔、轴尺寸公差的 1/10 ~ 1/3。对于标准公差等级相同而公称尺寸不同的孔、轴，这个比值基本上相同。随着孔、轴，标准公差等级的降低，这个比值逐渐减小。量规定形尺寸公差带的大小和位置就是按照这一原则规定的。通规和止规定形尺寸公差和磨损储量的总和占被测孔、轴尺寸公差（标准公差 IT）的百分比见表 6-1。

国家标准 GB/T 1957—2006 对公称尺寸至 500mm、标准公差等级为 IT6 ~ IT16 孔和轴规定了通规和止规工作部分定形尺寸的公差及通规定形尺寸公差带中心到工件最大实体尺寸之间的距离。它们的数值见附表 28。此外，还规定了通规和止规的代号，它们分别为 T 和 Z。

表 6-1　量规定形尺寸公差和磨损储量的总和占标准公差的百分比

被测孔或轴的标准公差等级	IT6	IT7	IT8	IT9	IT10	IT11	IT12	IT13	IT14	IT15	IT16
$\frac{T+(Z+T/2)}{IT}(\%)$	40	32.9	28	23.5	19.7	16.9	14.4	13.8	12.9	12	11.5

　　量规工作部分的形状误差应控制在定形尺寸公差带的范围内，即采用包容要求。其几何公差为定形尺寸公差的 50%。考虑到制造和测量的困难，当量规定形尺寸公差小于或等于 0.002mm 时，其几何公差取为 0.001mm。

　　根据被测孔、轴的标准公差等级的高低和量规测量面定形尺寸的大小，量规测量面的表面粗糙度轮廓幅度参数 Ra 的上限值为 $0.05\sim0.8\mu m$，见附表 29。

　　2. 校对量规的定形尺寸公差带和各项公差

　　仅轴用环规才使用校对量规（塞规）。校对量规有下列三种，它们的定形尺寸公差带如图 6-11 所示。轴用卡规通常使用量块测量。

　　（1）校通-通（代号 TT）　用在轴用通规制造时，用以防止通规尺寸小于其下极限尺寸，因此其公差带是从通规的下极限偏差起向轴用通规公差带内分布。使用时，轴用通规能被该校对量规通过，则表示该通规制造合格，否则应判断该轴用通规不合格。

　　（2）校止-通（代号 ZT）　用在轴用止规制造时，用以防止止规尺寸小于其下极限尺寸，因此其公差带是从止规的下极限偏差起向轴用通规公差带内分布。使用时，轴用止规能被该校对量规通过，则表示该止规制造合格。否则应判断该轴用止规不合格。

　　（3）校通-损（代号 TS）　用于检验使用中的轴用通规是否磨损到极限状态，用以防止轴用通规在使用中超出磨损极限尺寸。因此其公差带是从被测轴的上极限偏差起向通规公差带内分布的。使用时，通规应不能被 TS 校对量规通过；如果通规被 TS 通过，则表示该通规已磨损到极限，应予报废。

　　校对量规的定形尺寸公差 T_p 为工作量规定形尺寸公差 T 的一半，其形状和位置误差应控制在其定形尺寸公差带的范围内。其工作面的表面粗糙度轮廓幅度参数 Ra 值比工作量规小。

　　四、光滑极限量规工作部分极限尺寸的计算和各项公差的确定示例

　　光滑极限量规工作部分极限尺寸的计算步骤如下：

　　1）查出孔或轴的上、下极限偏差，确定通规和止规以及校对量规工作部分的定形尺寸；

　　2）查出量规定形尺寸公差 T 和位置要素 Z 值；

　　3）画出工件和量规的公差带图；

　　4）确定量规的极限偏差；

　　5）确定量规的极限尺寸以及磨损极限尺寸；

　　6）绘制并标注量规简图。

　　例 6-4　计算检验 $\phi60H7Ⓔ$ 孔的工作量规工作部分的极限尺寸，并确定工作量规的几何公差和表面粗糙度参数值，画出量规简图。

　　解：1）由附表 9 查出孔的极限偏差为 $ES=+0.03mm$，$EI=0$，即 $\phi60^{+0.03}_{0}mm$。因此，

孔用工作量规通规和止规的定形尺寸分别为 $D_M = 60\mathrm{mm}$ 和 $D_L = 60.03\mathrm{mm}$。

2）由附表 28 查出量规定形尺寸公差 $T = 3.6\mu\mathrm{m}$，通规定形尺寸公差带的中心到被测孔的最大实体尺寸之间的距离 $Z = 4.6\mu\mathrm{m}$。

3）画出工件和量规的公差带示意图，如图 6-12 所示。

4）确定量规的极限偏差。

① 通规（T）：

$$上极限偏差 = (Z + T/2) = +0.0064\mathrm{mm}$$
$$下极限偏差 = (Z - T/2) = +0.0028\mathrm{mm}$$

② 止规（Z）：

$$上极限偏差 = 0$$
$$下极限偏差 = -T = -0.0036\mathrm{mm}$$

因此，检验孔的通规工作部分按 $\phi60^{+0.0064}_{+0.0028}$Ⓔmm 即 $\phi60.0064^{\ 0}_{-0.0036}$Ⓔmm 制造，允许磨损到 $\phi60\mathrm{mm}$；止规工作部分按 $\phi60.03^{\ 0}_{-0.0036}$Ⓔmm 制造。量规定形尺寸公差带示意图如图 6-12 所示。

量规工作部分采用包容要求，还要给出更严格的几何公差。塞规圆柱形工作面的圆柱度公差值和相对素线间的平行度公差值皆不得大于塞规定形尺寸公差值的一半，即它们皆等于 $0.0036/2\mathrm{mm} = 0.0018\mathrm{mm}$。

根据量规工作部分对表面粗糙度轮廓的要求，由附表 29 查得塞规工作面的轮廓算数平均偏差 Ra 的上限值不得大于 $0.1\mu\mathrm{m}$。

检验 $\phi60\mathrm{H7}$Ⓔ孔用塞规工作部分各项公差的标注如图 6-13 所示。

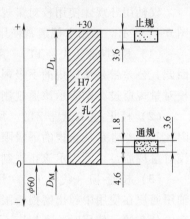

图 6-12　$\phi60\mathrm{H7}$ 孔用工作量规公差带示意图

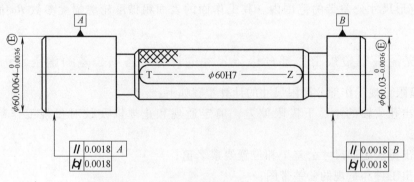

图 6-13　$\phi60\mathrm{H7}$Ⓔ孔用工作量规简图

例 6-5　计算检验 $\phi35\mathrm{k6}$Ⓔ轴颈的工作量规（卡规）工作部分的极限尺寸，并确定其几何公差和表面粗糙度轮廓幅度参数值，画出量规简图。

解：1）由附表 10 查出轴的极限偏差为 $es = +0.018\mathrm{mm}$，$ei = +0.002\mathrm{mm}$，即 $\phi35^{+0.018}_{+0.002}\mathrm{mm}$。因此，轴颈用工作量规通规和止规的定形尺寸分别为 $d_M = 35.018\mathrm{mm}$ 和 $d_L = 35.002\mathrm{mm}$。

2）由附表 28 查出量规定形尺寸公差 $T = 2.4\mu m$，通规定形尺寸公差带中心到被测孔的最大实体尺寸之间的距离 $Z = 2.8\mu m$。

3）画出工件和量规的公差带示意图，如图 6-14 所示。

4）确定量规的极限偏差。

① 通规（T）：

$$上极限偏差 = -(Z - T/2) = -0.0016mm$$

$$下极限偏差 = -(Z + T/2) = -0.0040mm$$

② 止规（Z）：

$$上极限偏差 = +T = 0.0024mm$$

$$下极限偏差 = 0$$

因此，检验 $\phi35k6\textcircled{E}$ 轴颈的通规工作部分按 $\phi35.018^{-0.0016}_{-0.0040}\textcircled{E}$ mm 即按 $\phi35.014^{+0.0024}_{0}$ $\textcircled{E}$ mm 制造，允许磨损到 $\phi35.018$ mm；止规工作部分按 $\phi35.002^{+0.0024}_{0}\textcircled{E}$ mm 制造。量规定形尺寸公差带示意图如图 6-14 所示。

量规工作部分采用包容要求，还要给出更严格的几何公差。卡规两平行平面的平面度公差值和平行度公差值皆不得大于卡规定形尺寸公差值的一半，即它们皆等于 $0.0024/2$ mm $= 0.0012$ mm。

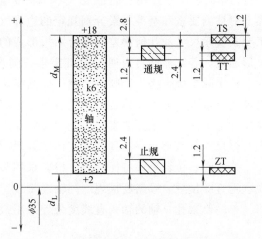

图 6-14 $\phi35k6\textcircled{E}$ 轴用工作量规公差带示意图

根据量规工作部分对表面粗糙度轮廓的要求，由附表 29 查得卡规工作面的轮廓算数平均偏差 Ra 的上限值不得大于 $0.1\mu m$。

检验 $\phi35k6\textcircled{E}$ 轴颈用的卡规工作部分各项公差的标注如图 6-15 所示。

例 6-6 计算 $\phi35k6\textcircled{E}$ 轴颈用工作环规的校对量规（塞规）工作部分的极限尺寸。

解：$\phi35k6\textcircled{E}$ 轴颈用工作环规的校对量规的定形尺寸公差 $T_p = T/2 = 1.2\mu m$。由图 6-11 可知，TT 和 TS 校对量规的定形尺寸皆为 35.018mm，ZT 校对量规的定形尺寸为 35.002mm；相对于量规定形尺寸，TT 校对量规的上极限偏差为 $-Z = -2.8\mu m$，下极限偏差为 $-(Z + T_p) = -4.0\mu m$；TS 校对量规的上极限偏差为 0，下极限偏差为 $-T_p = -1.2\mu m$；ZT 校对量规的上极限偏差为 $+T_p = +1.2\mu m$，下极限偏差为 0。

因此，TT 校对量规按 $\phi35.018^{-0.0028}_{-0.0040}$ $\textcircled{E}$ mm 制造即 $\phi35.0152^{0}_{-0.0012}\textcircled{E}$ mm 制造。TS 校对量规按 $\phi35.018^{0}_{-0.0012}\textcircled{E}$ mm 制造。ZT 校对量规按 $\phi35.002^{+0.0012}_{0}\textcircled{E}$ mm 制造即 $\phi35.0032^{0}_{-0.0012}\textcircled{E}$ mm 制造。校对量规定形尺寸公差带示意图如图 6-14 所示。

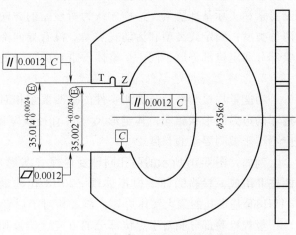

图 6-15 $\phi35k6\textcircled{E}$ 轴颈用工作量规简图

第三节　功能量规

一、功能量规的功用和种类

被测要素的方向、位置公差与其尺寸公差的关系及与基准要素尺寸公差的关系皆采用最大实体要求时，即被测要素方向、位置公差框格中公差值后面标注符号Ⓜ和基准字母后面标注符号Ⓜ时，应该使用功能量规（本节简称量规）检验。功能量规的工作部分模拟体现图样上对被测要素和基准要素分别规定的边界（最大实体实效边界或最大实体边界），检验完工要素实际尺寸和几何误差的综合结果形成的实际轮廓是否超出该边界。因此，功能量规是全形通规。若它能够自由通过完工要素，则表示该完工要素的实际轮廓在规定的边界范围内，该实际轮廓合格，否则不合格。应当指出，完工要素合格与否，还需检测其实际尺寸。当被测要素采用最大实体要求而没有附加采用可逆要求时，实际尺寸应限制在最大与最小实体尺寸范围内。当被测要素采用最大实体要求并附加采用可逆要求时，实际尺寸允许超出最大实体尺寸，甚至允许达到最大实体实效尺寸，但不允许超出最小实体尺寸。

按方向、位置公差特征项目，检验采用最大实体要求的关联要素的功能量规有平行度量规、垂直度量规、倾斜度量规、同轴度量规、对称度量规和位置度量规等几种。

单一要素孔、轴的轴线直线度公差采用最大实体要求时，也应使用功能量规检验。

二、功能量规的设计原理

1. 功能量规工作部分的组成

功能量规的工作部分由检验部分、定位部分和导向部分（或者相应的检验元件、定位元件和导向元件）组成。检验部分和定位部分分别与被测要素和基准要素相对应，分别模拟体现被测要素应遵守的边界和基准（或基准体系），它们之间的关系应保持零件图上所给定的被测要素与基准要素间的几何关系。导向部分是为了在检验时引导活动式检验元件进入实际被测要素，或者引导活动式定位元件进入实际基准要素，以及在检验时便于被测零件定位而设置的。检验时，功能量规的检验部分和定位部分应能分别自由通过被测零件的实际被测要素和实际基准要素，这样才认为所检验的方向、位置精度是合格的。功能量规的结构有两种类型：固定式类型和活动式类型。没有导向部分的功能量规的结构为固定式类型，其检验部分和定位部分属于同一个整体。带导向部分的功能量规的结构为活动式类型。

2. 功能量规检验部分的形状和尺寸

功能量规检验部分与被测零件的被测要素相对应。量规检验部分的形状应与被测要素应遵守的边界的形状相同，其定形尺寸（直径或宽度）应等于被测要素的边界尺寸，其长度应不小于被测要素的长度。

例如，图 6-16 所示的两孔同轴度量规（塞规）为固定式量规，它由检验圆柱 I 和定位圆柱 II 组成。检验圆柱 I 模拟体现 $\phi20H8$ 孔的最大实体实效边界，定位圆柱 II 模拟体现 $\phi15H8$Ⓔ基准孔的最大实体边界，前者相对于后者应同轴线。

量规检验部分相对于定位部分的方向、位置和位置尺寸，应按照零件图上规定的被测要素与基准要素间的方向、位置关系和位置尺寸来确定。

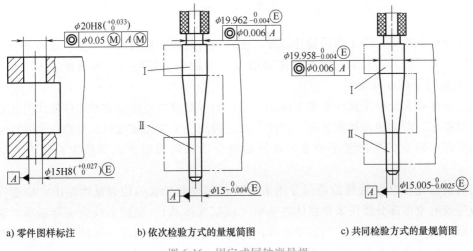

a) 零件图样标注   b) 依次检验方式的量规简图   c) 共同检验方式的量规简图

图 6-16   固定式同轴度量规

3. 功能量规定位部分的形状和尺寸

功能量规定位部分与被测零件的基准要素相对应，零件基准要素通常为平面、基准轴线对应的圆柱面和基准中心平面对应的两平行平面。

零件基准要素为平面时，量规定位部分也为平面。量规定位平面本身无厚度尺寸，不必考虑其定位尺寸，只要求其长度、宽度或直径不小于对应基准要素的尺寸。三基面体系中各个定位平面间应保持互相垂直的几何关系。

零件基准要素为圆柱面或两平行平面时，量规定位部分的形状需与基准要素应遵守的边界的形状相同，如图 6-16b、c 所示同轴度量规的定位圆柱 Ⅱ，其定位尺寸应等于该边界的尺寸，其长度应不小于基准要素的长度。当基准要素本身采用最大实体要求（几何公差值后面标有符号Ⓜ）时，量规定位部分的定形尺寸等于基准要素的最大实体实效尺寸；当基准要素本身采用包容要求（图 6-16a）或独立原则时，量规定位部分的定形尺寸等于基准要素的最大实体尺寸。

如果零件图上标注的某项位置公差中基准要素同时也是被测要素，例如图 6-17 所示的箱体零件上支撑同一根轴的两个轴承孔的轴线分别相对于它们的公共轴线的同轴度公差项目中，这两个轴承孔既是被测要素，也是基准要素，则量规定位部分也就是其检验部分，两者的定形尺寸相同。

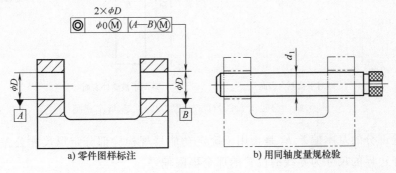

a) 零件图样标注   b) 用同轴度量规检验

图 6-17   两孔轴线相对于其公共轴线的同轴度误差的检验

三、功能量规工作部分的定形尺寸公差带和各项公差

设计功能量规时，除了结构设计以外，更重要的是确定量规检验部分、定位部分和导向部分的定形尺寸及其公差带、几何公差值和应遵守的公差原则等。国家标准 GB/T 8069—1998 对此进行了相应的规定。

零件基准要素是确定被测要素方向或位置的参考对象的基础，它在零件使用时还有其本身的功能要求，即它也是被测要素。因此，按是否用一个功能量规同时检验一个零件上的实际被测要素和对应的实际基准要素，功能量规分为共同检验方式和依次检验方式的量规两类。

共同检验是指功能量规检验部分用来检验实际被测要素的轮廓是否超出它应遵守的边界，该量规的定位部分既用来模拟体现基准（或基准体系），又用来检验实际基准要素的轮廓是否超出它应遵守的边界。例如图 6-16c 所示，同轴度量规的定位圆柱 Ⅱ 既用来模拟体现基准孔，又用来代替光滑极限量规的通规，检验实际基准孔的轮廓是否超出它应遵守的最大实体边界。

依次检验是指功能量规检验部分用来检验实际被测要素的轮廓是否超出它应遵守的边界，该量规的定位部分只用来模拟体现基准（或基准体系）。至于实际基准要素的轮廓是否超出它应遵守的边界，则用另一个功能量规或光滑极限量规通规来检验。

1. 功能量规检验部分的定形尺寸公差带和极限尺寸

功能量规检验部分模拟体现被测要素应遵守的边界。为了确保产品质量，国家标准 GB/T 8069—1998 规定：量规检验部分的定形尺寸公差带及允许磨损量以被测要素应遵守的边界的尺寸为零线，配置于该边界之内。它的位置由量规检验部分的基本偏差 F_I 确定。对于被测内表面（量规检验部分为外表面），该基本偏差为上极限偏差；对于被测外表面（量规检验部分为内表面），该基本偏差为下极限偏差，如图 6-18 所示。

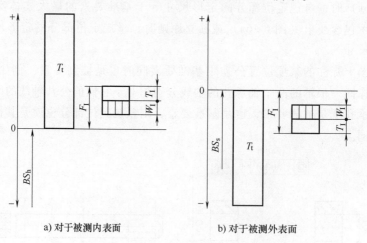

a) 对于被测内表面　　　　　　　　b) 对于被测外表面

图 6-18　功能量规检验部分定形尺寸公差带示意图

量规检验部分的基本偏差 F_I 是指用于确定功能量规检验部分定形尺寸公差带相对于以被测要素遵守边界的尺寸为零线的位置的那个极限偏差。

对于被测内表面，量规检验部分为外表面，它的极限尺寸 d_I 根据式（6-2）确定

（图 6-18a）：

$$d_I = (BS_h + F_I)_{-T_I}^{0} \tag{6-2}$$

式中　BS_h——被测内表面应遵守边界的尺寸；

T_I——量规检验部分定形尺寸的制造公差。

对于被测外表面，量规检验部分为内表面，它的极限尺寸 D_I 根据式（6-3）确定（图 6-18b）：

$$D_I = (BS_s - F_I)_0^{+T_I} \tag{6-3}$$

式中　BS_s——被测外表面应遵守边界的尺寸；

T_I——量规检验部分定形尺寸的制造公差。

图 6-18 中，T_t 为被测要素的综合公差，W_I 为量规检验部分的允许磨损量。因此，量规的外检测表面的磨损极限尺寸 $d_{IW} = (BS_h + F_I) - (T_I + W_I)$；量规的内检验表面的磨损极限尺寸 $D_{IW} = (BS_s - F_I) + (T_I + W_I)$。

F_I 和 T_I、W_I 的数值按被测要素的综合公差 T_t 分别从附表 30 和附表 31 中查取。当被测要素采用最大实体要求时，T_t 等于被测要素的尺寸公差与对应的带Ⓜ的方向或位置公差之和。当被测要素采用最大实体要求而标注零几何公差时，T_t 等于被测要素的尺寸公差。

2. 功能量规定位部分的定形尺寸公差带和极限尺寸

（1）共同检验方式的功能量规定位部分的极限尺寸　这类量规的定位部分也是检验被测零件实际基准要素用的检验部分，因此这类量规定位部分极限尺寸和磨损极限尺寸的确定皆与量规检验部分相同，其定形尺寸公差带的配置采用量规检验部分的方式（图 6-18），而且其基本偏差 F_L、制造公差 T_L 和允许磨损量 W_L 皆分别采用相当于量规检验部分的基本偏差 F_I、制造公差 T_I 和允许磨损量 W_I。它们的数值按基准要素的综合公差 T_t 分别从附表 30 和附表 31 中查取。当基准要素本身采用最大实体要求时，T_t 等于基准要素尺寸公差与对应的带Ⓜ的几何公差之和；当基准要素本身采用最大实体要求而标注零几何公差、包容要求或独立原则时，T_t 等于基准要素的尺寸公差。

应当指出，共同检验方式的功能量规的检验部分和定位部分相当于两个皆无基准要求的检验部分，按特定的几何关系（如平行、同轴线、对称）构成一个整体或连接在一起。

（2）依次检验方式的功能量规定位部分的极限尺寸　这类量规的定位部分仅用于模拟体现基准或基准体系。国家标准 GB/T 8069—1998 规定：其定形尺寸公差带和允许磨损量配置于基准要素应遵守的边界之外。这样配置就使按照零件图上给定的尺寸公差和几何公差检测合格的实际基准要素都能顺利地被量规定位部分通过。在这种情况下，量规定位部分的基本偏差 F_L 为零，如图 6-19 所示。

对于基准内表面，量规定位部分为外表面，它的极限尺寸 d_L 根据式（6-4）确定（图 6-19a）：

$$d_L = BS_{h\ -T_L}^{\quad 0} \tag{6-4}$$

式中　BS_h——基准内表面应遵守边界的尺寸；

T_L——量规定位部分定形尺寸的制造公差。

对于基准外表面，量规定位部分为内表面，它的极限尺寸 D_L 根据式（6-5）确定（图 6-19b）：

$$D_{\mathrm{L}} = BS_{\mathrm{s}}{}^{+T_{\mathrm{L}}}_{\ \ 0} \tag{6-5}$$

式中　BS_{s}——基准外表面应遵守边界的尺寸；

　　　T_{L}——量规定位部分定形尺寸的制造公差。

图 6-19 中，T_{t} 为基准要素的综合公差，W_{L} 为量规定位部分的允许磨损量。因此，量规的外定位表面的磨损极限尺寸 $d_{\mathrm{LW}} = BS_{\mathrm{h}} - (T_{\mathrm{L}} + W_{\mathrm{L}})$，量规的内定位表面的磨损极限尺寸 $D_{\mathrm{LW}} = BS_{\mathrm{s}} + (T_{\mathrm{L}} + W_{\mathrm{L}})$。

依次检验方式的功能量规的定位部分制造公差 T_{L} 和允许磨损量 W_{L} 的数值皆按被测要素的综合公差 T_{t} 从附表 31 中查取。

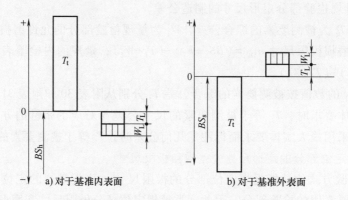

图 6-19　依次检验方式的功能量规的定位部分定形尺寸公差带示意图

3. 功能量规工作部分的几何公差和表面粗糙度轮廓要求

功能量规工作部分为圆柱面或两平行平面时，其形状公差与定形尺寸公差的关系应采用包容要求。

功能量规检验、定位、导向部分的方向、位置公差 t_{I}、t_{L}、t_{G}，按对应被测要素或基准要素的综合公差 T_{t} 从附表 31 中查取，通常采用独立原则。

功能量规定位平面的平面度公差可取为量规检验部分方向、位置公差 t_{I} 的 1/3~1/2。

功能量规工作部分的表面粗糙度轮廓要求可从附表 29 中查取，轮廓算数平均偏差 Ra 的上限值为 $0.05 \sim 0.8 \mu\mathrm{m}$。

四、功能量规设计计算示例

功能量规的设计计算通常按下列步骤进行：

1）按被测零件的结构及被测要素和基准要素的技术要求确定量规的结构（选择固定式量规或活动式量规，确定相应的检验部分、定位部分和导向部分）；

2）选择检验方式（共同检验或依次检验）；

3）按国家标准 GB/T 8069—1998 利用式（6-2）~式（6-5）和附表 30、附表 31 计算量规工作部分的极限尺寸，并确定它们的几何公差和应遵守的公差原则；按附表 29 确定表面粗糙度轮廓幅度参数 Ra 值。

此外，还要确定量规非工作部分的各项公差。

下面以同轴度量规为例，阐述功能量规的设计计算和使用。

例 6-7　同轴度量规的设计计算。图 6-16a 所示的零件图上，标注 $\phi 20H8$ 被测孔的轴线对 $\phi 15H8$Ⓔ基准孔的轴线的同轴度公差，最大实体要求应用于被测要素和基准要素，基准要素本身采用包容要求。

图 6-16b 和 c 为所使用固定式同轴度量规的简图。它的检验圆柱 I 与定位圆柱 II 应同轴线。用该量规检验时，如果定位圆柱 II 和检验圆柱 I 能够同时自由通过被测零件的实际基准孔和实测被测孔，则表示该零件的同轴度误差合格。

解：下面分别按依次检验方式和共同检验方式的功能量规进行设计，它们的各个工作部分的极限尺寸和几何公差的确定方式如下：

（1）依次检验方式的同轴度量规

1）检验圆柱 I 的极限尺寸 d_I。由式（6-2）知 $d_I = (BS_h + F_I)_{-T_I}^{\ 0}$。按图 6-16a 的标注，被测孔最大实体实效边界的尺寸 $BS_h = (20 - 0.05)\text{mm} = 19.95\text{mm}$，被测要素综合公差 $T_t = (0.033 + 0.05)\text{mm} = 0.083\text{mm}$。从附表 30 查得：$F_I = 0.012\text{mm}$；从附表 31 查得：$T_I = W_I = 0.004\text{mm}$。因此，$d_I = \phi 19.962_{-0.004}^{\ 0}$Ⓔ mm。磨损极限尺寸 $d_{IW} = (BS_h + F_I) - (T_I + W_I) = [19.962 - (0.004 + 0.004)]\text{mm} = 19.954\text{mm}$。

2）定位圆柱 II（仅用来模拟体现 $\phi 15H8$Ⓔ基准孔）的极限尺寸 d_L。由式（6-4），$d_L = BS_{h-T_L}^{\ 0}$（基本偏差 F_L 为零）。按图 6-16a 的标注，基准孔最大实体尺寸 $BS_h = 15\text{mm}$。从附表 31，按被测要素综合公差 $T_t = 0.083\text{mm}$ 查得：$T_L = W_L = 0.004\text{mm}$。因此，$d_L = \phi 15_{-0.004}^{\ 0}$Ⓔ mm。磨损极限尺寸 $d_{LW} = BS_h - (T_L + W_L) = [15 - (0.004 + 0.004)]\text{mm} = 14.992\text{mm}$。

3）检验圆柱 I 轴线对定位圆柱 II 轴线的同轴度公差 t_I。按被测要素综合公差 $T_t = 0.083\text{mm}$，从附表 31 查得：$t_I = 0.006\text{mm}$。

依次检验方式的同轴度量规各项主要公差的标注如图 6-16b 所示。在这种情况下，被测零件的实际基准孔需要用光滑极限塞规检验。

（2）共同检验方式的同轴度量规

1）检验圆柱 I 的极限尺寸 d_I。由式（6-2）知 $d_I = (BS_h + F_I)_{-T_I}^{\ 0}$。按图 6-16a 所示的标注，被测孔最大实体实效边界的尺寸 $BS_h = (20 - 0.05)\text{mm} = 19.95\text{mm}$，被测要素综合公差 $T_t = (0.033 + 0.05)\text{mm} = 0.083\text{mm}$。从附表 30 查得：$F_I = 0.008\text{mm}$；从附表 31 查得：$T_I = W_I = 0.004\text{mm}$。因此，$d_I = \phi 19.958_{-0.004}^{\ 0}$Ⓔ mm。磨损极限尺寸 $d_{IW} = (BS_h + F_I) - (T_I + W_I) = [19.958 - (0.004 + 0.004)]\text{mm} = 19.95\text{mm}$。

2）定位圆柱 II（不仅用来模拟体现基准孔，而且是检验实际基准孔的光滑极限量规通规）的极限尺寸 d_L。由式（6-2），按图 6-16a 所示的标注，基准孔最大实体实效边界尺寸 $BS_h = 15\text{mm}$，基准要素综合公差 $T_t = 0.027\text{mm}$。从附表 30 查得：$F_L = F_I = 0.005\text{mm}$；从附表 31 查得：$T_L = W_L = 0.0025\text{mm}$。因此，$d_L = \phi 15.005_{-0.0025}^{\ 0}$Ⓔ mm。磨损极限尺寸 $d_{LW} = (BS_h + F_I) - (T_L + W_L) = [15.005 - (0.0025 + 0.0025)]\text{mm} = 15\text{mm}$。

3）检验圆柱 I 轴线对定位圆柱 II 轴线的同轴度公差 t_I。按被测要素综合公差 $T_t = 0.083\text{mm}$，从附表 31 查得：$t_I = 0.006\text{mm}$。

共同检验方式的同轴度量规各项主要公差的标注如图 6-16c 所示。

习　题

6-1　试确定测量 $\phi20g8$Ⓔ轴时的验收极限，并选择相应的计量器具。该轴可否使用标尺分度值为 0.01mm 的外径千分尺进行比较测量？试加以分析。

6-2　$\phi50h9$Ⓔ轴的终加工工序的工艺能力指数 $C_{p} = 1.2$，试确定测量该轴时的验收极限，并选择相应的计量器具。

6-3　$\phi50H8$ 孔加工后尺寸遵循偏态分布（偏向最大实体尺寸），试确定其验收极限，并选择相应的计量器具。

6-4　量规的通规和止规按工件的什么尺寸制造？分别控制工件的什么尺寸？

6-5　用量规检验工件时，为什么总是成对使用？被检验工件合格的标志是什么？

6-6　试计算遵守包容要求的 $\phi40H7/m6$ 工作量规的工作尺寸，并画出量规公差带图。

第七章　常用连接件的公差与检测

工业生产中常用的连接件有键、螺纹、轴承及齿轮等，其中键、螺纹、轴承属于标准件，它们主要起着传递动力、运动导向、连接和支承作用，影响设备的使用性能和使用寿命。21 世纪以来，我国连接件的设计质量和制造精度都得到了长足发展，"中国制造"的影响力正在世界范围内扩展。比如，被称为"高端产品关节"的轴承，从材料到制造工艺都取得了重大突破，高端轴承的含氧量达到了 10^{-4}% 以下，炼钢中加入稀土，使得稀土轴承寿命比其他轴承高出了 50%，达到了世界先进水平；齿轮制造领域的核心技术方面也取得了突破，拥有了具有自主知识产权的国际领先的齿轮制造技术，例如重庆机床集团生产的YS3116CNC7 七轴四联动数控高速干切自动滚齿机和 YKS3132 六轴四联动数控滚齿机，以其先进的技术水平和柔性化加工特点，提升了制齿行业技术创新能力，为加速我国汽车、摩托车行业设备升级换代做出了贡献。

第一节　单键、花键的公差与检测

单键（也称键）连接和花键连接是一种可拆连接，广泛用于轴与齿轮、链轮、带轮或联轴器之间，用以传递转矩，也可用作轴上传动件的导向，例如变速箱中变速齿轮内花键与外花键的连接。

一、单键结合的公差与配合

单键根据其结构形式和功能要求不同，可分为多种类型，常见的有平键、半圆键、楔键和切向键等几种，其中平键应用最为广泛，具有连接制造简单，装拆方便等特点。平键又可分为普通平键、薄型平键和导向平键三种，普通平键和薄型平键用于静连接，导向平键用于动连接。

1. 平键和键槽的尺寸

平键连接由键、轴槽和轮毂槽三部分组成，如图 7-1 所示。由于平键连接通过键的侧面与轴槽和轮毂槽的侧面相互接触来传递转矩，因此键和轴槽和轮毂槽的宽度尺寸 b 是配合尺寸，应规定较为严格的极限偏差；其余尺寸，如键高度 h、键长度 L、轴 t_1、毂 t_2 都属于非配合尺寸，可规定较松的极限偏差。

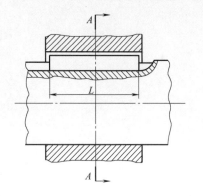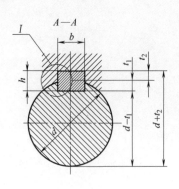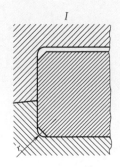

图 7-1　普通平键键槽的剖面尺寸

平键连接的剖面尺寸已标准化，见附表32。

2. 平键和键槽配合尺寸的公差带和配合种类

平键由型钢制成，是标准件，在键宽与键槽宽的配合中，键和键槽宽度 b 的配合采用基轴制。国家标准 GB/T 1096—2003《普通型　平键》对键宽 b 规定极限偏差为 h8。国家标准 GB/T 1095—2003《平键　键槽的剖面尺寸》规定轴槽和轮毂槽的极限偏差如图 7-2 所示，构成了松连接、正常连接和紧密连接三种不同性质的配合，以满足不同用途的需要。三种配合的应用见表 7-1。

3. 平键和键槽非配合尺寸的极限偏差

平键连接中的其他非配合尺寸的极限偏差见表 7-2。轴槽深 t_1、轮毂槽深 t_2 的极限偏差由国家标准 GB/T 1095—2003《平键　键槽的剖面尺寸》专门规定，见附表32。

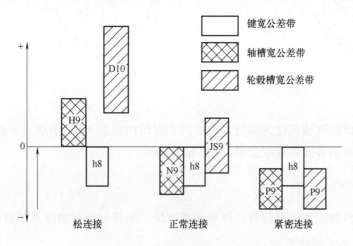

图 7-2　键宽与键槽宽的公差带

表 7-1　平键连接的三种配合及其应用

配合类型	宽度 b 的极限偏差			应　　用
	键	轴	毂	
松连接		H9	D10	用于导向平键,轮毂可在轴上移动
正常连接	h8	N9	JS9	键在轴槽和轮毂槽中均固定,用于载荷不大的场合
紧密连接		P9	P9	键牢固地固定在轴槽和轮毂槽中,用于载荷较大、有冲击和双向转矩的场合

表 7-2　普通型平键的非配合尺寸的极限偏差

各部分尺寸	键高度 h		键长度 L	轴槽长度 L
	矩形截面	方形截面	h14	H14
极限偏差	h11	h8		

4. 键槽的几何公差及表面粗糙度

为了保证键宽与键槽宽之间具有足够的接触面积和可装配性，对键和键槽的位置误差要加以控制，应分别规定轴槽对轴的基准轴线和轮毂槽对孔的基准轴线的对称度公差。根据不同的功能要求，轴槽及轮毂槽的宽度 b 对轴及轮毂轴心线的对称度按国家标准 GB/T 1184—1996《形状和位置公差　未注公差值》中的规定，对称度公差选取 7~9 级。对称度公差与键槽宽度公差的关系以及孔、轴尺寸公差的关系可以采用独立原则（图 7-3）或采用最大实体要求（图 7-4）。

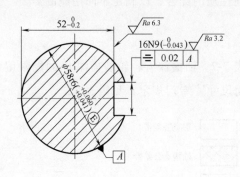

图 7-3　轴槽尺寸和公差的标注示例

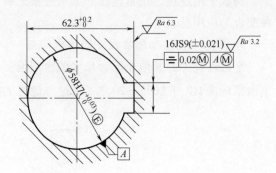

图 7-4　轮毂槽尺寸和公差的标注示例

　　轴槽和轮毂槽的键槽宽度方向的两侧面的表面粗糙度值 Ra 一般取为 1.6~3.2μm，轴槽底面和轮毂槽底面的表面粗糙度值 Ra 一般取 6.3μm。

二、单键的检测

键连接需要检测的主要项目有：键和键槽宽度、轴槽和轮毂槽深及键槽的对称度误差。

1. 键和键槽宽度的检测

在单件、小批量生产中，一般用游标卡尺、千分尺等通用量具来测量；在大批大量生产中，则可用量块或光滑极限量规来检测。

2. 轴槽和轮毂槽深的检测

在单件、小批量生产时，一般用游标卡尺或外径千分尺测量轴的尺寸 $d-t_1$，用游标卡尺或内径千分尺测量轮毂尺寸 $d+t_2$。在大批量生产时，用专用量规，如轮毂槽深度极限量规和轴槽深极限量规测量。

3. 对称度误差的检测

当键槽中心平面对基准轴线的对称度公差遵守独立原则，且为单件小批生产时用通用量仪测量。图 7-5 所示为轴槽对称度误差测量示意图，被测轴 3 的被测轴槽中心平面和基准轴线用定位块 2（或量块）和 V 形支承座 1 模拟体现。将置于平板 4 上的指示表的测头与定位块 2 的顶面接触，沿定位块 2 的一个横截面移动，并转动 V 形支承座 1 上的被测轴来调整定位块 2 的位置，使定位块 2 的这个横截面的素线与平板 4 平行。然后用指示表在轴槽的 A 部位测量定位块表面 P 到平板的距离 h_{AP}，将工件翻转 180°，重复上述步骤，测得定位块表面 Q 到平板的距离 h_{AQ}。P 和 Q 两面对应点的读数差为 $a=h_{AP}-h_{AQ}$，根据几何关系，该截面的对称度误差为

$$f_1 = \frac{a\dfrac{t_1}{2}}{\dfrac{d}{2}-\dfrac{t_1}{2}} = \frac{at_1}{d-t_1} \qquad (7\text{-}1)$$

式中　d——被测轴的直径，单位为 mm；

　　t_1——轴槽深度，单位为 mm。

再沿键槽的长度方向测量，在长度方向 A、B 两点最大差值为

$$f_2 = |h_{AP} - h_{BP}|$$

取 f_1、f_2 中的最大值作为该轴槽的对称度误差。

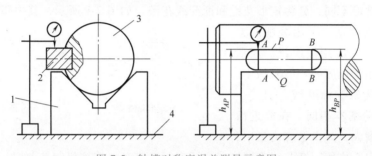

图 7-5　轴槽对称度误差测量示意图

1—V 形支承座　2—定位块　3—被测轴　4—平板

在大批量生产或对称度公差采用相关原则时，一般用综合量规检验，如对称度极限量规，只要量规通过即为合格。图 7-6 和图 7-7 所示分别为轮毂槽和轴槽对称度公差采用相关原则时，用于检验对称度的量规。

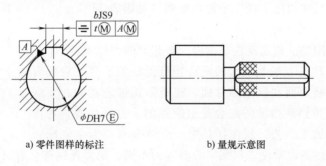

a) 零件图样的标注　　　　　　　b) 量规示意图

图 7-6　轮毂槽对称度量规

三、花键的公差与配合

花键连接是轴径向均匀分布的外花键（花键轴）和内花键（花键孔）相配合的可拆卸连接，与单键连接相比，花键连接承载能力更强，定心精度更高、导向性更好。由于键与轴或孔成为一体，轴和轮毂上承受的载荷分布较均匀，因此，可传递较大的转矩，连接强度高，工作可靠。花键连接可作固定连接，也可作滑动连接，在机械结构中应用较多。

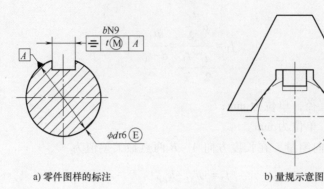

a) 零件图样的标注　　　　　　　　b) 量规示意图

图 7-7　轴槽对称度量规

花键按其键形不同，分为矩形花键和渐开线花键，如图 7-8 所示，其中矩形花键的键侧边为直线，加工方便，可用磨削的方法获得较高精度，应用最广泛。矩形花键连接主要用于机床和一般机械中。渐开线花键的齿廓为渐开线，加工工艺与渐开线齿轮基本相同。在靠近齿根处齿厚逐渐增大，减少了应力集中，

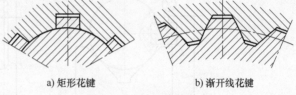

a) 矩形花键　　　　　b) 渐开线花键

图 7-8　花键连接的种类

且能起到自动定心作用。渐开线花键连接广泛应用于汽车、拖拉机制造业中。

本节只介绍矩形花键的公差与配合。

1. 矩形花键的基本尺寸

国家标准 GB/T 1144—2001《矩形花键尺寸、公差和检验》规定矩形花键的基本尺寸有三个，即大径 D、小径 d 和键宽（键槽宽）B，如图 7-9 所示。键数 N 规定为偶数，常用的有 6、8、10 三种，以便于加工和检测。按承载能力，矩形花键尺寸规定了轻、中两个系列（见附表 33）。

2. 矩形花键连接的定心方式

矩形花键的使用要求和互换性是由内、外花键的大径 D，小径 d 和键宽（键槽宽）B 三个基本尺寸的配合精度保证的。其结合面有大径结合面、小径结合面和键侧结合面。在矩形花键连接中，要保证三个结合面同时达到高精度的配合是很困难的，也没必要。为保证使用性能，改善加工工艺，只选择其中一个结合面作为主要配合

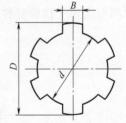

图 7-9　矩形花键的
基本尺寸

面，对其尺寸规定较高的精度。根据定心要求的不同，矩形花键连接有三种定心方式：大径定心、小径定心和键侧（键槽侧）定心，如图 7-10 所示。

国家标准 GB/T 1144—2001 规定矩形花键连接采用小径定心。即对小径选用公差等级较高的小间隙配合。大径 D 为非定心尺寸，公差等级较低，而且大径表面间要有足够大的间隙，以保证它们不接触。键和键槽两侧面的宽度 B 虽然也是非定心结合面，但因它们要传递转矩和导向，所以它们的配合应具有足够的精度。

当前，内、外花键一般都要求表面淬硬（硬度为 40HRC 以上），以提高花键连接的力学强度、硬度和耐磨性，淬硬的表面需磨削加工才能保证其定心表面的精度要求，从加工工艺看，小径定心便于花键小径的磨削加工（内花键小径表面可在内圆磨床上磨削，外花键

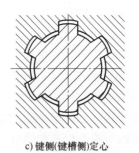

a) 小径定心   b) 大径定心   c) 键侧(键槽侧)定心

图 7-10 矩形花键连接的定心方式

小径表面可用成形砂轮磨削），使小径达到更高的尺寸精度、形状精度和更细的表面粗糙度要求。因此，采用小径定心可使花键连接获得更高的定心精度，较好的定心稳定性，并可延长其使用寿命。

3. 矩形花键连接的公差与配合

（1）尺寸公差与配合及其选择　国家标准 GB/T 1144—2001 规定了矩形花键有滑动、紧滑动和固定三种装配形式。当定位精度要求高、传递转矩大或需要正反转经常变动时，应选择紧一些的配合，反之选择松一些的配合。当内外花键需要频繁相对滑动或移动长度较长时，可选择松一些的配合。

按精度高低，内、外花键的定心小径、非定心大径和键（键槽）宽的尺寸公差带分为一般用和精密传动用两类，见表 7-3。内花键和外花键的尺寸公差带应符合国家标准 GB/T 1800.1—2020《产品几何技术规范（GPS）　线性尺寸公差 ISO 代号体系 第 1 部分：公差、偏差和配合的基础》的规定，并按表 7-3 取值。花键尺寸公差带选用的一般原则是：定心精

表 7-3 矩形花键的尺寸公差带和装配形式（摘自 GB/T 1144—2001）

内花键				外花键			装配形式
小径 d	大径 D	键槽宽 B		小径 d	大径 D	键宽 B	
		拉削后不热处理	拉削后热处理				
一 般 用							
H7	H10	H9	H11	f7	a11	d10	滑动
				g7		f9	紧滑动
				h7		h10	固定
精密传动用							
H5	H10	H7、H9		f5	a11	d8	滑动
				g5		f7	紧滑动
				h5		h8	固定
H6				f6		d8	滑动
				g6		f7	紧滑动
				h6		h8	固定

注：1. 精密传动用的内花键，当需要控制键侧配合间隙时，槽宽 B 可选 H7，一般情况下可选 H9。

2. d 为 H6 和 H7 的内花键，允许与提高一级的外花键配合。

度要求高或传递转矩大时，应选用精密传动用的尺寸公差带；反之，可选用一般用的尺寸公差带。

为减少专用刀具、量具的数量，矩形花键的公差与配合采用基孔制配合。

（2）几何公差　矩形花键的几何误差对花键连接的质量影响很大，为保证花键连接的精度和强度，内、外花键定心小径 d 表面的形状公差和尺寸公差的关系遵守包容要求。同时，为便于装配，并使键侧面和键槽侧面受力均匀，应控制花键的对称度误差和等分度误差。花键的对称度误差和等分度误差通常用位置度公差予以综合控制，位置度公差值见附表34。矩形花键的位置度公差标注如图 7-11 所示，位置度公差与键或键槽宽度公差及小径定心表面尺寸公差的关系皆采用最大实体要求，用花键量规检验。

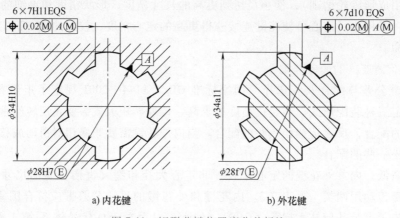

a) 内花键　　　　　　　b) 外花键

图 7-11　矩形花键位置度公差标注

在单件、小批生产，采用单项测量时，应规定键（键槽）两侧面的中心平面对定心表面轴线的对称度公差，对称度公差值见附表35。对称度公差与键（键槽）宽度公差及小径定心表面尺寸公差的关系遵守独立原则，矩形花键的对称度公差标注如图 7-12 所示。

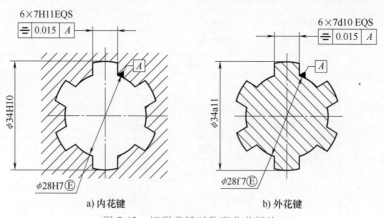

a) 内花键　　　　　　　b) 外花键

图 7-12　矩形花键对称度公差标注

对较长的花键，可根据产品性能自行规定键两侧面对定心表面轴线的平行度公差。

（3）矩形花键表面粗糙度　小径定心时，矩形花键结合表面的表面粗糙度 Ra 参考值为：内花键小径表面不大于 $0.8\mu m$，键槽侧面不大于 $3.2\mu m$，大径表面不大于 $6.3\mu m$。外花键小径表面不大于 $0.8\mu m$，键侧面不大于 $0.8\mu m$，大径表面不大于 $3.2\mu m$。

（4）矩形花键的图样标注　矩形花键的标记代号应按顺序包括下列内容：键数 N，小径 d，大径 D，键宽 B，基本尺寸及配合公差带代号和标准号。

例如花键 $N=8$；$d=32\dfrac{H7}{f7}$；$D=36\dfrac{H10}{a11}$；$B=7\dfrac{H11}{d10}$ 的标记为

花键规格：$N×d×D×B$。

$8×32×36×7$。

花键副：$8×32\dfrac{H7}{f7}×36\dfrac{H10}{a11}×7\dfrac{H11}{d10}$ GB/T 1144—2001。

内花键：$8×32H7×36H10×7H11$ GB/T 1144—2001。

外花键：$8×32f7×36a11×7d10$ GB/T 1144—2001。

此外，在零件图上，除了标注花键的公差带代号（或极限偏差）外，还应标注几何公差和公差原则的要求，标注示例如图 7-11 和图 7-12 所示。

四、花键的检测

花键的检测包括尺寸检验和几何误差检验，分为单项检测和综合检测两种。

1. 单项检测

单项检测是对花键的大径、小径和键宽（键槽宽）等尺寸和位置误差分别测量。

当花键小径定心表面采用包容要求，各键（键槽）的对称度公差及花键各部位的公差均遵守独立原则时，通常采用单项检测。检测时，小径定心表面应采用光滑极限量规检验。大径和键宽（键槽宽）的尺寸在单件、小批生产时，使用游标卡尺、千分尺等普通计量器具采用两点法测量；在成批、大量生产中，可使用专用极限量规检验。检验花键各要素极限尺寸的量规如图 7-13 所示。

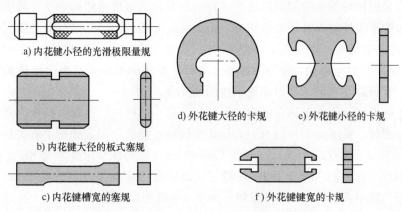

a) 内花键小径的光滑极限量规
b) 内花键大径的板式塞规
c) 内花键槽宽的塞规
d) 外花键大径的卡规
e) 外花键小径的卡规
f) 外花键键宽的卡规

图 7-13　检验花键各要素极限尺寸的量规

花键的位置误差很少采用单项检测，一般只在分析花键工艺误差，如花键刀具、花键量规的误差或者进行首件检测时才进行测量。若需分项测量位置误差，也都是使用普通的计量器具进行测量，如可用万能工具显微镜或光学分度头来测量。

2. 综合检测

综合检测是对花键的尺寸、几何误差按最大实体实效边界要求，用综合量规进行检验。当花键小径定心表面采用包容要求，各键（键槽）位置度公差与键宽（键槽宽）的尺寸公差关系采用最大实体要求，且该位置度公差与小径定心表面尺寸公差的关系也采用最大实体要求时，采用综合检测。验收内、外花键首先使用花键塞规和花键环规（均为全形通规），如图 7-14 所示，分别检验内、外花键的实际尺寸和几何误差的综合结果。即同时检验花键的大径、小径、键宽（键槽宽）表面的实际尺寸和几何误差以及各键（键槽）的位置误差，大径轴线对小径轴线的同轴度误差等综合结果。

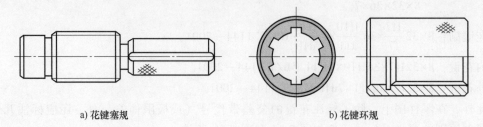

a) 花键塞规　　　　　　　　　　　　　　　b) 花键环规

图 7-14　花键综合量规

实际被测花键用花键量规检验合格后，还要采用相应的单项止端量规（或其他计量器具）来检验大径、小径和键宽（键槽宽）的实际尺寸是否超出各自的最小实体尺寸。

综合检测内、外花键时，若综合量规和单项止端量规都能通过，花键合格。若综合量规不能通过，则花键不合格。

第二节　普通螺纹结合的公差与检测

一、概念

螺纹结合是机械设备中应用最广泛的一种结合形式，是机械结构中不可缺少的可拆卸连接，它对机器的使用性能有着重要的影响。例如三峡升船机采用的是目前升船机最安全的长螺母-短螺杆式安全机构，在船厢正常升降时，短螺杆在螺母柱中空转，相互之间保留有 60mm 间隙，而一旦发生事故，驱动系统停止运行，船厢的平衡状态变化将造成安全机构螺纹间隙变小，直到最终锁定，从而确保了船厢的安全。

螺纹属于标准件，由相互结合的内、外螺纹组成，通过内、外螺纹的旋合实现零部件的连接、紧固、密封、传递运动与动力。为保证螺纹的互换性，国家颁布了有关标准，主要有 GB/T 14791—2013《螺纹　术语》、GB/T 196—2003《普通螺纹　基本尺寸》、GB/T 197—2018《普通螺纹　公差》、GB/T 192—2003《普通螺纹　基本牙型》、GB/T 193—2003《普通螺纹　直径与螺距系列》、GB/T 15756—2008《普通螺纹　极限尺寸》。

1. 螺纹的种类及使用要求

螺纹按用途可分为以下三类：

（1）紧固螺纹　紧固螺纹也称为普通螺纹，其基本牙型是三角形，用于连接或紧固各种机械零件，是应用最广泛的一种螺纹。紧固螺纹的使用要求是保证旋合性和连接强度。

同一公称直径普通螺纹按螺距大小，分为粗牙和细牙螺纹两种。细牙螺纹的螺距小，升角小，自锁性好，连接强度高，因牙细不耐磨，容易滑扣。一般用于薄壁零件或受交变载荷、振动及冲击的连接中，也可用于精密机构的调整件上。一般连接多用粗牙螺纹。

（2）传动螺纹　传动螺纹用于传递运动或动力，实现回转运动与直线运动间的转换。传动螺纹的牙型有梯形、矩形、锯齿形和三角形等，如机床传动丝杠和千分尺的测微丝杆上的螺纹。传动螺纹的使用要求是保证传递动力的可靠性和传递位移的准确性。

（3）管螺纹　管螺纹用于密封连接，例如水管和煤气管道中的管件连接。管螺纹的使用要求是保证密封性和连接强度。

2. 普通螺纹的基本牙型及几何参数

（1）普通螺纹的基本牙型　普通螺纹的基本牙型是指在通过螺纹轴线的剖面内，截去原始正三角形的顶部 $\dfrac{H}{8}$ 和底部 $\dfrac{H}{4}$ 后所形成的内、外螺纹共有的理论牙型，如图 7-15 所示。由于理论牙型上的尺寸均为螺纹的基本尺寸，因而称为基本牙型。

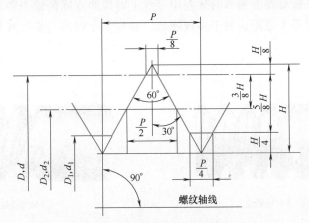

图 7-15　普通螺纹的基本牙型

D—内螺纹基本大径　d—外螺纹基本大径　D_2—内螺纹基本中径　d_2—外螺纹基本中径

D_1—内螺纹基本小径　d_1—外螺纹基本小径　P—螺距　H—原始三角形高度

（2）普通螺纹的主要几何参数

1）大径（D，d）。大径是指与外螺纹牙顶或内螺纹牙底相切的假想圆柱的直径。内螺纹大径用 D 表示，外螺纹大径用 d 表示，相互结合的内、外螺纹的大径基本尺寸是相等的，即 $D=d$。外螺纹的大径又称外螺纹的顶径，内螺纹的大径又称内螺纹的底径。国家标准规定，普通螺纹的大径尺寸为螺纹公称直径。

2）小径（D_1，d_1）。小径是指与外螺纹牙底或内螺纹牙顶相切的假想圆柱的直径。内螺纹小径用 D_1 表示，外螺纹小径用 d_1 表示，相互结合的内、外螺纹的小径基本尺寸相等，即 $D_1=d_1$。内螺纹的小径 D_1 又称内螺纹顶径，外螺纹的小径 d_1 又称外螺纹底径。

3）中径（D_2，d_2）。中径是指一个假想圆柱的直径，该圆柱的母线通过螺纹牙型上沟槽和凸起宽度相等的地方，此假想圆柱称为中径圆柱。内螺纹中径用 D_2 表示，外螺纹中径用 d_2 表示，相互结合的内、外螺纹中径的基本尺寸相等，即 $D_2=d_2$。

普通螺纹的大径、小径和中径如图 7-16 所示。

4）螺距（P）和导程（P_h）。螺距是指螺纹相邻两牙在中径线上对应两点的轴向距离，螺距的基本值用 P 表示。

普通螺纹的大径、中径、小径和螺距已标准化，见附表 36。

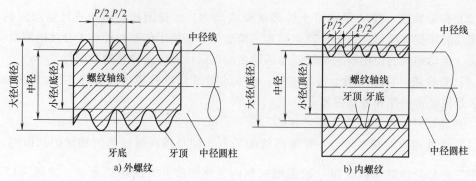

图 7-16 普通螺纹的大径、小径和中径

导程是指同一条螺旋线上相邻两牙在中径线上对应两点间的轴向距离，如图 7-17 所示。对于单线螺纹，导程等于螺距；对于多线螺纹，导程等于螺距与螺纹线数的乘积 $P_h = nP$，n 为线数。

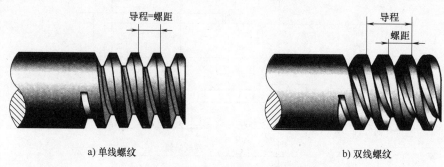

图 7-17 螺纹的线数、导程与螺距

5）单一中径（D_{2s}，d_{2s}）。单一中径是指一个假想圆柱的直径，该圆柱的母线通过牙型上沟槽宽度等于螺距基本尺寸一半的地方，当没有螺距偏差时，中径就是单一中径，当螺距有偏差时，单一中径与中径数值不相等，ΔP 为螺距偏差，如图 7-18 所示。

单一中径测量简便，可用三针法测得。单一中径代表螺纹中径的实际尺寸，螺纹单项测量中所测得的中径尺寸一般为单一中径。

6）牙型角（α）和牙侧角（α_1，α_2）。牙型角是指在螺纹牙型上，相邻两牙侧间的夹角，如图 7-19a 所示，用 α 表示。普通螺纹的理论牙型角为 60°。牙型半角是指牙型角的一半。

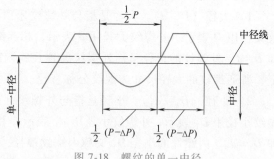

图 7-18 螺纹的单一中径

牙侧角是指在螺纹牙型上，某一牙侧与螺纹轴线的垂线间的夹角，如图 7-19b 所示，左、右牙侧角分别用 α_1、α_2 表示。普通螺纹的牙侧角为 30°。

7）螺纹接触高度。螺纹接触高度是指相互结合的内、外螺纹，在牙型上相互重合的部分在垂直于螺纹轴线方向上的距离，如图 7-20 所示。普通螺纹的螺纹接触高度的基本值为 $\frac{5}{8}H$。

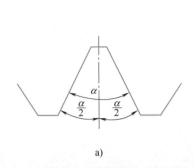
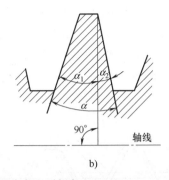

a)　　　　　　　　　　　　　　　　b)

图 7-19　牙型角、牙型半角和牙侧角

8）螺纹旋合长度。螺纹旋合长度是指两个相结合的内、外螺纹沿螺纹轴线方向相互旋合部分的长度，如图 7-20 所示。

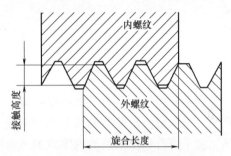

图 7-20　螺纹的接触高度和旋合长度

二、螺纹几何参数偏差对螺纹互换性的影响

普通螺纹在加工过程中，其主要几何参数不可避免地要产生偏差，这些偏差会影响螺纹的旋合性和螺纹连接强度，从而影响螺纹的互换性。螺纹的旋合性是指相互结合的内、外螺纹能够自由旋合并获得所需要的配合性质；连接强度是指内、外螺纹的牙侧能够均匀接触，有足够的承载能力。

1. 螺纹直径偏差的影响

螺纹直径偏差是指螺纹加工后其大径、中径和小径的实际尺寸与其对应基本尺寸之差。由于相互结合的内、外螺纹直径的基本尺寸相等，因此，若外螺纹的直径偏差大于内螺纹的直径偏差，则不能保证其旋合性；反之，若外螺纹的直径偏差过小，内螺纹的直径偏差过大，虽然它们能够旋入，但会减小螺纹的接触高度，从而影响螺纹的连接可靠性。由于螺纹的配合面是牙侧面，所以中径偏差比大径、小径偏差对螺纹互换性的影响更显著。因此，根据螺纹使用的不同要求国家标准对中径规定了不同的公差。

从加工工艺上和使用强度上考虑，实际加工出的内螺纹大径和外螺纹小径的牙底处均略呈圆弧形状。为了保证旋合性，螺纹结合时规定在大径和小径处应分别留有适当间隙，因此，规定内螺纹的大、小径的实际尺寸分别大于外螺纹的大、小径的实际尺寸。但是，内螺纹的小径过大或外螺纹的大径过小，会影响螺纹的连接可靠性，因此对螺纹的顶径，即内螺纹的小径和外螺纹的大径规定了公差。

2. 螺距偏差的影响

螺距偏差包括两部分，即单个螺距偏差 ΔP 和累积螺距偏差 ΔP_{Σ}。单个螺距偏差 ΔP 是螺距的实际值与其基本值之差，与旋合长度无关。累积螺距偏差 ΔP_{Σ} 是在规定的螺纹长度内，任意两牙体间的实际累积螺距值与其基本累积螺距值之差中绝对值最大的那个偏差，与旋合长度有关。螺距偏差使内、外螺纹的结合发生干涉，影响其旋合性，且在螺纹旋合长度内使实际接触的牙数减少，影响螺纹连接的强度。从互换性角度看，螺距的累积偏差影响是主要的。

假定内螺纹具有理想的牙型（基本牙型），外螺纹的中径和牙侧角与理想的内螺纹相同，但螺距有偏差，外螺纹的螺距比内螺纹的小，在 n 个螺距长度上，螺距的累积偏差 $\Delta P_\Sigma = nP_内 - nP_外$，$\Delta P_\Sigma$ 会造成内、外螺纹牙侧产生干涉（图中阴影重叠部分）而无法自由旋合，如图 7-21 所示。

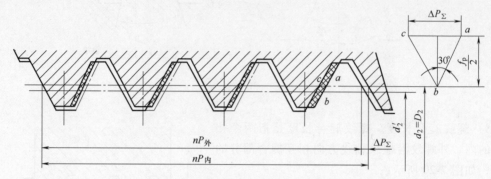

图 7-21　螺距偏差对旋合性的影响

在实际生产中，为了使有螺距偏差的外螺纹旋入理想的内螺纹中，一般将外螺纹的中径减小一个数值 f_p，使外螺纹轮廓刚好能被内螺纹轮廓包容，保证其能自由旋入内螺纹。同理，为了使有螺距偏差的内螺纹旋入标准的外螺纹，应将内螺纹的中径加大一个数值 F_p。这个 f_p（或 F_p）值称为螺距偏差的中径当量。由图 7-21 中的 $\triangle abc$ 的几何关系可得

$$f_p(或 F_p) = \Delta P_\Sigma \cot 30° = 1.732 \Delta P_\Sigma \tag{7-2}$$

需要指出，虽然增大内螺纹中径或减小外螺纹中径可以消除累积螺距偏差 ΔP_Σ 对旋合性的不利影响，但 ΔP_Σ 会使内、外螺纹实际接触的牙数减少，降低螺纹的连接强度。

3. 牙侧角偏差的影响

牙侧角偏差是指牙侧角的实际值与其基本值之差，它包括牙侧的形状误差和牙侧相对于螺纹轴线的垂线的位置误差。

根据牙侧角的定义可知，螺纹的牙型角正确，牙侧角不一定正确，而牙侧角偏差会直接影响螺纹的旋合性和牙侧接触面积，因此，对其应加以限制。假设内螺纹为理想螺纹，外螺纹的中径和螺距与内螺纹相同，仅有牙侧角偏差，则内、外螺纹的牙侧产生干涉（图中阴影部分）而不能自由旋合，如图 7-22 所示。

当 $\Delta\alpha_1 < 0$ 时，如图 7-22a 所示，在螺纹牙顶部分的牙侧发生干涉；当 $\Delta\alpha_1 > 0$ 时，如图 7-22b 所示，在螺纹牙底部分的牙侧有干涉现象。当螺纹左、右牙侧角偏差不同时，如图 7-22c 所示，两侧干涉区的干涉量也不相同。

为使有牙侧角偏差的外螺纹能够旋入理想的内螺纹，保证旋合性，应将外螺纹的干涉部分切掉，使中径减小一个数值 f_α。同理，当内螺纹存在牙侧角偏差时，应将内螺纹的中径加大一个数值 F_α。f_α（或 F_α）称为牙侧角偏差的中径当量。

根据三角形的正弦定理，可得外螺纹牙侧角偏差的中径当量 f_α：

$$f_\alpha = 0.073P(K_1|\Delta\alpha_1| + K_2|\Delta\alpha_2|) \tag{7-3}$$

式中　　P——螺距，单位为 mm；

$\Delta\alpha_1$、$\Delta\alpha_2$——左、右牙侧角偏差，单位为（′）；

K_1、K_2——系数。

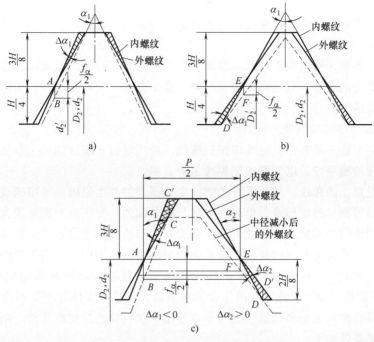

图 7-22 牙侧角偏差对旋合性的影响

当假设外螺纹为理想螺纹，而内螺纹存在牙侧角偏差时，式（7-3）对内螺纹同样适用。系数 K_1、K_2 的取值见表 7-4。

表 7-4 K_1、K_2 的取值

内螺纹				外螺纹			
$\Delta\alpha_1 > 0$	$\Delta\alpha_1 < 0$	$\Delta\alpha_2 > 0$	$\Delta\alpha_2 < 0$	$\Delta\alpha_1 > 0$	$\Delta\alpha_1 < 0$	$\Delta\alpha_2 > 0$	$\Delta\alpha_2 < 0$
K_1		K_2		K_1		K_2	
3	2	3	2	2	3	2	3

4. 作用中径对螺纹旋合性的影响

综上所述，影响螺纹旋合性和连接强度的主要因素有中径偏差、螺距偏差和牙侧角偏差。它们的综合作用结果可以用作用中径表示。

作用中径的实质是在螺纹配合中实际起作用的中径。当普通螺纹没有螺距偏差和牙侧角偏差时，内、外螺纹旋合时起作用的中径就是螺纹的实际中径。当有螺距偏差和牙侧角偏差的外螺纹与基本牙型的内螺纹旋合时，总是使旋合变紧，相当于外螺纹的中径增大了，这个增大了的假想中径称为外螺纹的作用中径，它是与内螺纹旋合时实际起作用的中径，其值等于外螺纹的实际中径与螺距偏差及牙侧角偏差的中径当量之和，即

$$d_{2m} = d_{2s} + (f_p + f_\alpha) \tag{7-4}$$

同理，当有螺距偏差和牙侧角偏差的内螺纹与基本牙型的外螺纹旋合时，旋合也变紧了，相当于内螺纹中径减小了，这个减小了的假想中径称为内螺纹的作用中径，它是与外螺纹旋合时实际起作用的中径，其值等于内螺纹的实际中径与螺距偏差及牙侧角偏差的中径当量之差，即

$$D_{2m} = D_{2s} - (F_p + F_\alpha) \tag{7-5}$$

显然，作用中径是用来判断螺纹可否旋合的中径，即要保证内、外螺纹的旋合性，就必须满足条件：$D_{2m} > d_{2m}$。

由于螺距偏差和牙侧角偏差的影响都可折算为中径当量，所以国家标准没有规定普通螺纹的螺距及牙侧角的公差，只规定了中径公差，这个公差可同时用来限制实际中径、螺距及牙侧角三个要素的偏差。

5. 普通螺纹合格性的判断

螺纹的检测方法多种多样，通常应根据螺纹的使用场合和螺纹的加工条件，由设计者自己决定采用何种检测手段，以判断被测螺纹是否合格。

对于生产批量小的螺纹，或为了查找螺纹加工误差的产生原因，可用螺纹千分尺、三针法、工具显微镜等测量螺距偏差、单一中径和牙侧角偏差。对于生产批量较大的螺纹，可以按泰勒原则使用螺纹量规检验，以此判断螺纹旋合性和连接强度是否符合要求。

对螺纹来说，要保证螺纹的旋合性就必须控制螺纹的作用中径，即螺纹的作用中径不能超出最大实体牙型的中径；而为了保证螺纹的连接强度就必须控制任意位置的实际中径（单一中径）不能超出最小实体牙型的中径。所谓最大与最小实体牙型是指在螺纹中径公差范围内，分别具有材料量最多和最少且与基本牙型形状一致的螺纹的牙型。用公式表示普通螺纹中径的合格条件如下：

对外螺纹

$$d_{2m} \leq d_{2max} \text{ 且 } d_{2s} \geq d_{2min}$$

即外螺纹中径上极限尺寸控制作用中径，外螺纹中径下极限尺寸控制实际中径（或单一中径）。

对内螺纹

$$D_{2m} \geq D_{2min} \text{ 且 } D_{2s} \leq D_{2max}$$

即内螺纹中径下极限尺寸控制作用中径，内螺纹中径上极限尺寸控制实际中径（或单一中径）。

三、普通螺纹的公差与配合

国家标准 GB/T 197—2018《普通螺纹 公差》中对公称直径 1~355mm、螺距基本值为 0.2~8mm 的普通螺纹规定了最小配合间隙为零，以及保证间隙的螺纹公差带、旋合长度和螺纹公差精度。螺纹的公差带由公差带大小（公差等级）和公差带位置（基本偏差）决定，螺纹公差精度由螺纹的公差带和旋合长度构成，如图 7-23 所示。螺纹公差精度是衡量螺纹质量的综合指标，分为精密、中等和粗糙三级。

1. 普通螺纹的公差带

普通螺纹的公差带是沿基本牙型的牙顶、牙底和牙侧的公差带，由基本偏差和公差等级两个基本要素构成。

（1）螺纹的基本偏差 普通螺纹的基本偏差决定了公差带相

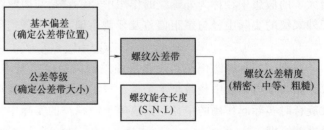

图 7-23 普通螺纹的公差结构

对于基本牙型的位置。在普通螺纹标准中，内螺纹的基本偏差是下极限偏差 EI，有 G、H 两种基本偏差；外螺纹基本偏差是上极限偏差 es，有 a、b、c、d、e、f、g、h 八种基本偏差，如图 7-24 所示。

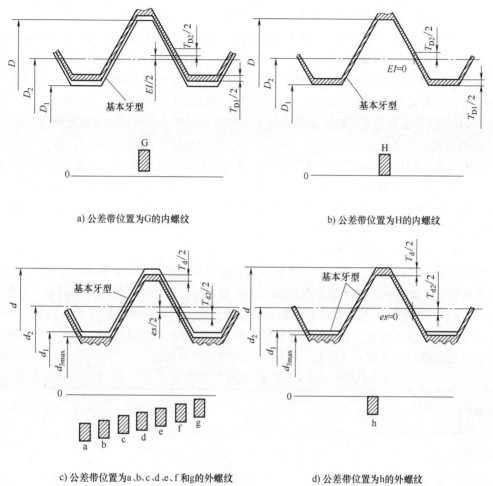

a) 公差带位置为G的内螺纹　　　　　　　　　　b) 公差带位置为H的内螺纹

c) 公差带位置为a、b、c、d、e、f和g的外螺纹　　　　d) 公差带位置为h的外螺纹

图 7-24　内、外螺纹公差带位置

内、外螺纹的基本偏差数值见附表 37。

（2）螺纹的公差等级　螺纹的公差等级用来确定公差带的大小，国家标准 GB/T 197—2018 规定了螺纹的中径和顶径的若干公差等级，见表 7-5。3 级精度最高，9 级精度最低，6 级为基本级。

表 7-5　螺纹公差等级（摘自 GB/T 197—2018）

螺纹类型	螺 纹 直 径		公 差 等 级
内螺纹	中径	D_2	4、5、6、7、8
	小径（顶径）	D_1	4、5、6、7、8
外螺纹	中径	d_2	3、4、5、6、7、8、9
	大径（顶径）	d	4、6、8

螺纹公差值除与公差等级有关外，还与基本螺距有关。考虑到内、外螺纹加工的工艺等价性，在公差等级和螺距的基本值都一样的情况下，内螺纹的公差值比外螺纹的公差值大。国家标准对内、外螺纹的中径和顶径规定了公差值，内、外螺纹顶径的公差值 T_{D1}、T_d 见附表 38；内、外螺纹中径的公差值 T_{D2}、T_{d2} 见附表 39。

（3）螺纹公差带代号　螺纹公差带代号由螺纹中径、顶径的公差等级和基本偏差代号（内螺纹用大写字母，外螺纹用小写字母）构成，标注时中径公差带代号在前，顶径公差带代号在后，例如 5h6h 表示外螺纹中径公差带代号为 5h，顶径公差带代号为 6h。当中径和顶径公差带代号相同时，则只标注一个公差带代号，例如 5H 表示内螺纹中径和顶径公差带代号都为 5H。需要注意的是，螺纹公差带代号写法是公差等级在前，基本偏差代号在后。

2. 螺纹的旋合长度

国家标准 GB/T 197—2018 按螺纹基本大径和螺距基本值规定了三种旋合长度组，即短旋合长度组（S）、中等旋合长度组（N）、长旋合长度组（L）。各组的螺纹旋合长度见附表 40，一般采用中等旋合长度组。当强度和结构有特殊要求时，可采用长旋合长度组或短旋合长度组。

3. 螺纹的公差精度和公差带的选用

螺纹的公差精度与螺纹直径公差等级和螺纹旋合长度有关。当公差等级一定时，旋合长度越长的螺纹，加工时产生的累积螺距偏差和牙侧角偏差就越大，加工也越困难。因此，国家标准 GB/T 197—2018 按螺纹公差带和旋合长度规定了三种公差精度等级：精密、中等和粗糙，精度依次由高到低。表 7-6 为国家标准推荐的不同公差精度的内、外螺纹公差带。同一公差精度的螺纹的旋合长度越长，螺纹的公差等级就越低。

表 7-6　内、外螺纹的推荐公差带（摘自 GB/T 197—2018）

公差精度	内螺纹公差带			外螺纹公差带		
	S	N	L	S	N	L
精密	4H	5H	6H	（3h4h）	**4h** （4g）	（5h4h） （5g4g）
中等	**5H** （5G）	6H **6G**	**7H** （7G）	（5g6g） （5h6h）	**6e** **6f** 6g 6h	（7e6e） （7g6g） （7h6h）
粗糙	—	7H （7G）	8H （8G）	—	8g	（9e8e） （9g8g）

注：1. 优先选用粗字体公差带，其次选用一般字体公差带，最后选用括号内公差带；
　　2. 带方框的粗字体公差带用于大量生产的紧固件螺纹。

选择螺纹公差精度时，对于一般用途的螺纹广泛采用中等级；对于精密螺纹以及要求配合性质稳定和保证定位精度的螺纹，应采用精密级；对于不重要的螺纹以及制造螺纹有困难的场合，宜采用粗糙级，如在热轧棒料上和深不通孔内加工螺纹。为了减少螺纹刀具和螺纹量规的规格和数量，必须对螺纹公差等级和基本偏差组合的种类加以限制，国家标准规定应优先按表 7-6 选取螺纹公差带。除特殊情况，表 7-6 以外的公差带不宜选用。

由表 7-6 所列的内、外螺纹公差带可以组成各种螺纹配合，但为了保证内、外螺纹间有足够的螺纹接触高度，推荐完工后的螺纹零件宜优先组成 H/g、H/h 或 G/h 配合。对于公称直径小于和等于 1.4mm 的螺纹，应选用 5H/6h、4H/6h 或更精密的配合。

对于涂镀螺纹公差，如无其他特殊说明，推荐公差带适用于涂镀前螺纹。涂镀后，螺纹实际牙型轮廓上的任何点不应超越按公差位置 H 或 h 所确定的最大实体牙型。

4. 螺纹标记

完整的螺纹标记由螺纹特征代号、尺寸代号、公差带代号及其他有必要做进一步说明的个别信息组成。各代号间用短横线"-"隔开。螺纹特征代号用字母"M"表示。

（1）单线螺纹标记　单线螺纹的尺寸代号为"公称直径×螺距"，公称直径和螺距数值的单位为 mm。对于粗牙螺纹，可以省略标注其螺距项。

例如：

公称直径为 8 mm、螺距为 1 mm 的单线细牙螺纹的标记为 M8×1；

公称直径为 8 mm、螺距为 1.25 mm 的单线粗牙螺纹的标记为 M8。

螺纹的公差带代号包含中径公差带代号和顶径公差带代号。中径公差带代号在前，顶径公差带代号在后。如果中径公差带代号与顶径公差带代号相同，则只标注一个公差带代号。

例如：

中径公差带代号为 5g、顶径公差带代号为 6g 的细牙外螺纹的标记为 M10×1-5g6g；

中径公差带代号和顶径公差带代号为 6g 的粗牙外螺纹的标记为 M10-6g；

中径公差带代号和顶径公差带代号为 6H 的粗牙内螺纹的标记为 M10-6H。

表示内、外螺纹配合时，内螺纹公差带代号在前，外螺纹公差带代号在后，中间用斜线"/"分开。

例如：

公差带代号为 6H 的内螺纹与公差带代号为 5g6g 的外螺纹组成配合的标记为 M20×2-6H/5g6g；

公差带代号为 6H 的内螺纹与公差带代号为 6g 的外螺纹组成配合（中等公差精度、粗牙）的标记为 M6-6H/6g。

在下列情况下，中等公差精度螺纹的公差带代号可以省略：内螺纹的公差带代号为 5H，公称直径小于或等于 1.4mm 时；内螺纹的公差带代号为 6H，公称直径大于或等于 1.6mm 时；外螺纹的公差带代号为 6h，公称直径小于或等于 1.4mm 时；外螺纹的公差带代号为 6g，公称直径大于或等于 1.6mm 时。

例如：

中径公差带和顶径公差带代号为 6g、中等公差精度的粗牙外螺纹的标记为 M10；

中径公差带和顶径公差带代号为 6H、中等公差精度的粗牙内螺纹的标记为 M10。

标记内有必要说明的其他信息包括螺纹的旋合长度组别和旋向。

对短旋合长度组和长旋合长度组的螺纹，在公差带代号后分别标注"S"和"L"代号。中等旋合长度组螺纹不标注旋合长度代号"N"。

例如：

短旋合长度的内螺纹：M20×2-5H-S；

长旋合长度的内、外螺纹：M6-7H/7g6g-L；

中等旋合长度的外螺纹（粗牙、中等精度的 6g 公差带）：M6。

（2）多线螺纹标记　多线螺纹的尺寸代号为"公称直径×Ph 导程 P 螺距"，公称直径、导程和螺距数值的单位为 mm。如果要进一步表明螺纹的线数，可在后面增加括号说明（使用英语进行说明，例如双线为 two starts；三线为 three starts；四线为 four starts）。

例如：

公称直径为 16 mm、螺距为 1.5 mm、导程为 3 mm 的双线螺纹的标记为

$$M16×Ph3P1.5 \text{ 或 } M16×Ph3P1.5(\text{two starts})$$

（3）左旋螺纹标记　对左旋螺纹，应在螺纹标记的最后标注代号"LH"。与前面用短横线"-"分开。右旋螺纹不标注旋向代号。

例如：

左旋螺纹的标记为 M8×0.75-5h6h-S-LH；M14×Ph6P2-7H-L-LH 或 M14×Ph6P2（three starts)-7H-L-LH；

右旋螺纹的标记为 M6（螺距、公差带代号、旋合长度代号和旋向代号被省略）。

（4）涂镀螺纹标记　涂镀螺纹公差标注包括涂镀前螺纹公差带代号和涂镀后螺纹最大实体公差带位置代号。涂镀前螺纹公差带的标注方法符合单线螺纹标记的规定。涂镀后螺纹最大实体处于 H 或 h 公差带位置时，一般不标注涂镀后螺纹的最大实体公差带位置代号（H 或 h）；涂镀后螺纹最大实体处于 H 或 h 以外其他公差带位置时，涂镀后螺纹最大实体公差带位置标注由涂镀后英文缩写"AFT"和公差带位置代号组成，两者之间用短横线"-"分开，如 AFT-g 和 AFT-G。

例如：

外螺纹镀前公差带为 6f，镀后最大实体公差带位置为 g 的标记为 M10-6f；AFT-g。

5. 螺纹的表面粗糙度轮廓要求

螺纹表面粗糙度主要根据中径公差来确定。附表 41 列出了螺纹牙侧表面粗糙度参数的推荐值。

例 7-1　有一螺纹配合为 M30×2-6H/5g6g，试查表求出内、外螺纹的大径、中径和小径的极限偏差，并计算内、外螺纹的大径、中径和小径的极限尺寸。

解：本题采用列表法将各计算值列出。

（1）确定内、外螺纹的大径、中径和小径的基本尺寸　由已知条件可知，公称直径即为螺纹大径的基本尺寸，即 $D=d=30$mm，由图 7-15 中普通螺纹基本牙型的关系可知 $D=D_1+\frac{10}{8}H$，$H=\frac{P}{2}\cot\frac{\alpha}{2}$。

由题知螺距 $P=2$mm，$\frac{\alpha}{2}$ 为牙型半角，其值为 30°。

则有

$$D_1=d_1=D-1.0825P=(30-1.0825×2)\text{mm}=27.835\text{mm}$$
$$D_2=d_2=D-0.6495P=(30-0.6495×2)\text{mm}=28.701\text{mm}$$

实际设计工作中可直接查有关表格确定大径、中径和小径的基本尺寸。

（2）确定内、外螺纹的极限偏差　根据螺纹的公称直径、螺距和内、外螺纹的公差带代号，由附表 37~附表 39 查出内、外螺纹的极限偏差，具体见表 7-7。

（3）计算内、外螺纹的极限尺寸　根据内、外螺纹的基本尺寸和各自的极限偏差算出

的各自极限尺寸见表7-7。

表 7-7 螺纹 M30×2-6H/5g6g 的极限尺寸 　　　　　　　　　（单位：mm）

名称		内螺纹			外螺纹
基本尺寸	大径	$D = d = 30$			
	中径	$D_2 = d_2 = 28.701$			
	小径	$D_1 = d_1 = 27.835$			
极限偏差		ES	EI	es	ei
由附表37~附表39得	大径	—	0	−0.038	−0.318
	中径	0.224	0	−0.038	−0.170
	小径	0.375	0	−0.038	按牙底形状
极限尺寸		上极限尺寸	下极限尺寸	上极限尺寸	下极限尺寸
大径		—	30	29.962	29.682
中径		28.925	28.701	28.663	28.531
小径		28.210	27.835	<27.797	牙底轮廓不超出 $H/8$ 削平线

例 7-2　某企业加工后测得某 M24×2-6h 外螺纹的尺寸如下：单一中径 $d_{2s} = 21.95\text{mm}$，累积螺距偏差 $\Delta P_\Sigma = |-50| \mu\text{m}$，左、右牙侧角偏差 $\Delta\alpha_1 = -80'$，$\Delta\alpha_2 = +60'$。试计算该外螺纹的作用中径，并判断该外螺纹的中径是否合格。

解：（1）确定中径的极限尺寸　由附表 36 查得基本中径 $d_2 = 22.701\text{mm}$；

由附表 37、附表 39 查得 $es = 0$，$T_{d2} = 170\mu\text{m}$；

由此，可得中径的极限尺寸为

$$d_{2\max} = d_2 + es = 22.701\text{mm}$$

$$d_{2\min} = d_{2\max} - T_{d2} = (22.701 - 0.17)\text{mm} = 22.531\text{mm}$$

（2）计算作用中径　由式（7-2）计算螺距偏差中径当量，得

$$f_p = 1.732\Delta P_\Sigma = 1.732 \times 0.050\text{mm} = 0.087\text{mm}$$

由式（7-3）计算牙侧角偏差中径当量，得

$$f_\alpha = 0.073P(K_1|\Delta\alpha_1| + K_2|\Delta\alpha_2|) = 0.073 \times 2(3 \times |-80'| + 2 \times |+60'|)\mu\text{m} = 52.56\mu\text{m} = 0.053\text{mm}$$

由式（7-4）计算作用中径，得

$$d_{2m} = d_{2s} + (f_p + f_\alpha) = [21.95 + (0.087 + 0.053)]\text{mm} = 22.09\text{mm}$$

（3）判断被测外螺纹的中径是否合格

$$d_{2s} = 21.95\text{mm} < d_{2\min} = 22.531\text{mm}$$

$$d_{2m} = 22.09\text{mm} < d_{2\max} = 22.701\text{mm}$$

按极限尺寸判断原则可知螺纹的连接强度不合格，螺纹的旋合性合格。

四、螺纹的检测

普通螺纹是多参数要素，其检测方法有两种，即综合检验和单项测量。

1. 综合检验

综合检验是同时测量螺纹的几个参数，检验用的量规是按泰勒原则设计的螺纹量规和光滑极限量规，它们都由通规（通端）和止规（止端）组成。螺纹量规的通规用于检验内、

外螺纹作用中径及底径的合格性，止规用于检验内、外螺纹单一中径的合格性，光滑极限量规用于检验内、外螺纹顶径尺寸的合格性。这种检验方法的检验效率高，适用于成批生产的中等精度的螺纹。

螺纹量规通规体现的是被测螺纹的最大实体牙型边界，具有完整的牙型，并且其长度应等于被测螺纹的旋合长度，以用于正确的检验作用中径，如图 7-25 和图 7-26 所示。若被测螺纹的作用中径未超过螺纹的最大实体牙型中径，且被测螺纹的底径也合格，那么螺纹通规就会在旋合长度内与被测螺纹顺利旋合。螺纹量规的止规用于检验被测螺纹的单一中径是否超出其最小实体牙型的中径。为了消除牙侧角偏差及累积螺距偏差对检验的影响，止规的牙型常做成截短牙型，并且只有 2~3 个螺距的螺纹长度，以使止规只在单一中径处与被测螺纹的牙侧接触。

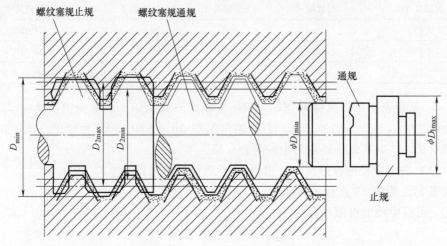

图 7-25　用螺纹塞规和光滑极限塞规综合检验内螺纹

用螺纹量规检验时，若通规能顺利与被测螺纹旋合，而止规不能旋合或不完全旋合，则螺纹合格。反之，则说明内螺纹过小，外螺纹过大，螺纹应予以退修。当止规与工件能旋合，则表示内螺纹过大，外螺纹过小，螺纹是废品。

2. 单项测量

螺纹的单项测量指分别测量螺纹的各个实际几何参数，主要是中径、螺距、牙型半角和顶径，用测得的实际值判断螺纹的合格性。单项测量主要用于测量精密螺纹、螺纹刀具及螺纹量规等。常用的单项测量方法有三针法、影像法和用螺纹千分尺测量外螺纹中径。

（1）三针法　三针法主要用于测量精密外螺纹（如丝杠、螺纹塞规等）的单一中径，其方法简便，测量精度高，故生产中应用广泛。测量时，将三根直径均为 d_0 的精密圆柱量针，放在被测螺纹的牙槽中，然后用光学或机械式量仪测出针距 M，如图 7-27 所示。根据被测螺纹的螺距 P、牙型半角 $\dfrac{\alpha}{2}$ 和量针直径 d_0，计算出被测螺纹的单一中径 d_{2s}，见式（7-6）。

$$d_{2s} = M - d_0\left(1 + \dfrac{1}{\sin\dfrac{\alpha}{2}}\right) + \dfrac{P}{2}\cot\dfrac{\alpha}{2} \tag{7-6}$$

为了防止牙型半角误差对测量结果的影响，应使量针在中径线上与牙侧接触，如

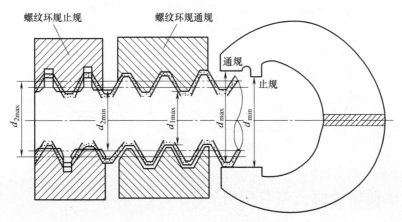

图 7-26 用螺纹环规和光滑极限卡规综合检验外螺纹

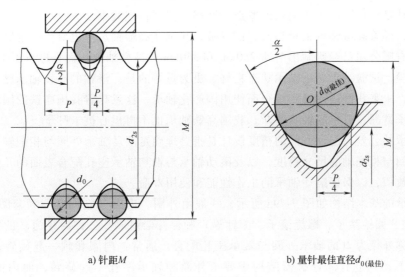

a) 针距M   b) 量针最佳直径$d_{0(最佳)}$

图 7-27 三针法测量外螺纹单一中径

图 7-27b 所示，可得最佳量针直径

$$d_{0(最佳)} = \frac{P}{2\cos\dfrac{\alpha}{2}} \tag{7-7}$$

用三针法测量外螺纹单一中径时，应尽量选用最佳量针直径。

（2）影像法 影像法测量外螺纹几何参数是用工具显微镜将被测外螺纹牙型轮廓放大成像，按被测外螺纹的影像来测量螺纹的大径、中径、小径、螺距、牙型半角等几何参数。影像法主要应用于工厂的计量室中。

（3）用螺纹千分尺测量外螺纹中径 螺纹千分尺是生产车间测量低精度外螺纹中径的常用量具。螺纹千分尺的结构与一般外径千分尺相似，只是两个测量面可以根据不同螺纹牙型和螺距选用不同的测量头，如图 7-28 所示。螺纹千分尺测量头是成对配套使用的，每对测量头只能测量螺距在一定范围内的螺纹。当被测外螺纹存在螺距偏差和牙型半角误差时，测量头就不能很好地与被测外螺纹吻合，螺纹千分尺的测量精度较低。

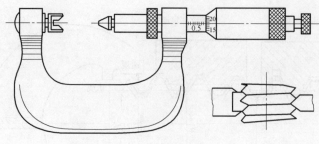

图 7-28　螺纹千分尺

第三节　滚动轴承的公差与配合

滚动轴承是由专业化的滚动轴承制造厂生产的高精度标准部件，在机器中起着支承作用，使用滚动轴承可以减小运动副的摩擦、磨损，提高机械效率。

近年来，随着高端轴承钢材料研究的突破，我国在高端轴承上也有了一定突破。洛阳轴承集团股份有限公司已经研制出时速 250km 和 350km 的高铁轴承，而且进行了 120 万 km 耐久性台架试验，试验结果显示轴承状态良好，更为重要的是，洛轴的高铁轴承已经符合批量生产的条件，未来我国高铁将实现全面使用国产化轴承，这意味着我国高铁的国产率再上一层楼，打破了欧洲、日本的轴承垄断，我国高铁轴承也不再担心被卡脖子。

滚动轴承的公差与配合方面的精度设计是指合理确定滚动轴承外圈与相配轴承座孔的尺寸精度，内圈与相配轴的尺寸精度，以及滚动轴承与轴和轴承座孔配合表面的几何公差和表面粗糙度参数值，以保证滚动轴承的工作性能和使用寿命。

滚动轴承的基本结构如图 7-29a 所示，一般由外圈、内圈（它们统称为套圈）、滚动体（钢球或滚柱、圆锥滚子、螺旋滚子、滚针等）和保持架组成。公称内径为 d 的轴承内圈与轴配合，公称外径为 D 的轴承外圈与轴承座孔配合。通常，内圈和轴一起旋转，外圈和轴承座孔固定不动。也有部分机器结构中要求外圈和轴承座孔一起旋转，而内圈和轴固定不动。

图 7-29b 所示为滚动轴承与轴和轴承座孔的配合。为了便于在机器上安装轴承和从机器上更换新轴承，轴承内圈内孔和外圈外圆柱面应具有完全互换性。除此之外，基于技术经济上的考虑，对于轴承的装配，轴承某些零件的特定部位可以不具有完全互换性。

滚动轴承工作时应保证轴承的工作性能，因此必须满足两项要求：其一，必要的旋转精度，轴承工作时轴承的内、外圈和端面的跳动应控制在允许的范围内，以保证传动零件的回转精度；其二，合适的游隙，指滚动体与内、外圈之间的径向游隙和轴向游隙。轴承工作时

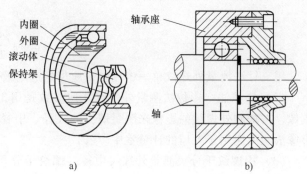

图 7-29　滚动轴承以及与其配合的轴和轴承座孔

这两种游隙的大小皆应保持在合适的范围内，以保证轴承正常运转和使用寿命。

一、滚动轴承的精度等级

滚动轴承的精度等级是轴承的外形尺寸公差和旋转精度决定的。轴承的外形尺寸公差是指成套轴承的内径、外径和宽度尺寸公差；旋转精度主要指轴承内、外圈的径向跳动，端面对滚道的跳动和端面对内孔的跳动等。

国家标准 GB/T 307.3—2017《滚动轴承 通用技术规则》规定，轴承按尺寸公差和旋转精度分级。公差等级依次由低到高排列。向心轴承（圆锥滚子轴承除外）分为普通级、6、5、4、2共五级；圆锥滚子轴承分为普通级、6X、5、4、2共五级；推力轴承分为普通级、6、5、4共四级。

各个精度等级的滚动轴承的应用范围见表7-8。

表7-8 各个精度等级的滚动轴承的应用范围

滚动轴承的精度等级	应用范围
普通级	广泛用于低、中速及旋转精度和运转平稳性要求不高的一般旋转机构中。例如普通机床的变速箱、进给箱的轴承，汽车、拖拉机变速器的轴承，普通电动机、水泵、压缩机等旋转机构中的轴承等
6级、6X级（中级）5级（较高级）	用于转速较高、旋转精度和运转平稳性要求较高的旋转机构中。例如普通机床的主轴轴系（前支承采用5级，后支承采用6级）、比较精密的仪器、仪表及其他机械旋转机构
4级（高级）	用于转速很高、旋转精度要求也很高的机床和旋转机构中。例如高精度磨床和车床、精密螺纹车床和齿轮磨床等的主轴轴承、精密仪器仪表的主要轴承等
2级（精密级）	用于精密机械的旋转机构中。例如高精度齿轮磨床、精密坐标镗床的主轴轴承，高精度仪器仪表及其他高精度精密机械的主要轴承

二、滚动轴承内径与外径的公差带及其特点

滚动轴承是标准件，为了便于互换，轴承内圈内径与轴采用基孔制配合，外圈外径与轴承座孔采用基轴制配合。

国家标准 GB/T 307.1—2017《滚动轴承 向心轴承 产品几何技术规范（GPS）和公差值》规定：轴承内圈基准孔公差带位于公称内径 d 为零线的下方，且上极限偏差为零，下极限偏差为负值，如图7-30所示。这种规定不同于 GB/T 1800.1—2020《产品几何技术规范（GPS） 线性尺寸公差 ISO 代号体系 第1部分：公差、偏差和配合的基础》中基本偏差代号为 H 的基准孔公差带，主要是考虑轴承配合的特殊需要。因为在多数情况下轴承内圈与轴一起旋转，二者之间配合必须有一定过盈，但过盈量又不宜过大，以保证轴承拆卸方便，防止薄壁的内圈产生较大的变形。内圈基准孔的公差带在零线下方，当其与基本偏差代号为 k、m、n 等轴配合时，将形成小过盈配合，而不是过渡配合。当与基本

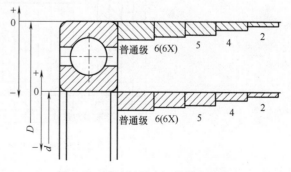

图7-30 滚动轴承内、外径公差带

偏差代号为 g、h 等轴配合时不再是间隙配合，而成为过渡配合。与轴承内圈相配的轴的公差带从国家标准 GB/T 1800.1—2020 中规定的轴常用公差带中选取。

轴承外圈安装在机器的轴承座孔中，通常固定不动，考虑到机器工作时由于温度升高会使轴热膨胀而产生轴向移动，因此，应使外圈和轴承座孔的配合稍微松一点，以便能够补偿轴的热胀伸长量，允许轴连同轴承一起轴向移动。否则，轴会弯曲而造成轴承内、外圈之间的滚动体被卡住，影响正常运转。为此，国家标准 GB/T 307.1—2017 规定：轴承外圈外圆柱面公差带位于公称外径 D 为零线的下方，如图 7-30 所示，与基本偏差为 h 的公差带相类似，但公差值不同。因此，与轴承外圈相配合的轴承座孔公差带从国家标准 GB/T 1800.1—2020 中规定的孔常用公差带中选取，它们形成的配合基本保持了国家标准 GB/T 1800.1—2020 中同名配合的配合性质。

滚动轴承的内、外圈皆为薄壁零件，在制造过程中与保管过程中都容易变形。如变形不大，与之相配的轴和轴承座孔的形状较正确，则内、外圈安装在相配合的零件上时，其变形容易得到矫正。因此，国家标准 GB/T 307.1—2017 规定，在轴承内、外圈任一横截面内测得的最大与最小直径平均值对公称直径的偏差分别在内、外径公差带内，就认为是合格的。

三、滚动轴承与轴和轴承座孔的配合

1. 轴承与轴和轴承座孔配合的常用公差带

由于滚动轴承内圈内径和外圈外径的公差带在生产轴承时已经确定，因此轴承在使用时，它与轴和轴承座孔的配合面间所要求的配合性质需分别由轴和轴承座孔的公差带确定。为了实现各种松紧程度的配合性质要求，国家标准 GB/T 275—2015《滚动轴承 配合》中规定了普通级和 6（6X）级轴承与轴和轴承座孔配合时轴和轴承座孔的常用公差带。该国家标准对轴规定了 17 种公差带，对轴承座孔规定了 16 种公差带。这些公差带分别选自国家标准 GB/T 1800.1—2020 中规定的轴公差带和孔公差带，图 7-31 所示为普通级轴承与轴和轴承座孔配合的常用公差带。

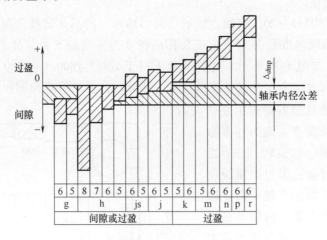

a) 普通级轴承与轴配合的常用公差带关系图

图 7-31　普通级轴承与轴和轴承座孔配合的常用公差带

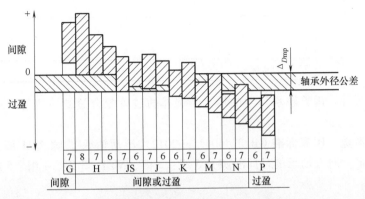

b) 普通级轴承与轴承座孔配合常用公差带关系图

图 7-31　普通级轴承与轴和轴承座孔配合的常用公差带（续）

2. 轴承与轴和轴承座孔配合选择的基本原则

　　滚动轴承的配合是指成套轴承的内孔与轴、外径与轴承座孔的尺寸配合。正确地选择轴承配合，对保证机器运转质量和提高轴承使用寿命，充分发挥轴承的承载能力至关重要。国家标准 GB/T 275—2015 规定，选择轴承配合时，应综合考虑以下因素：运转条件、载荷大小、轴承尺寸、轴承游隙、温度、旋转精度、轴和轴承座的结构及材料、安装及拆卸等。

　　（1）运转条件　套圈相对于载荷方向旋转或摆动时，应选择过盈配合；套圈相对于载荷方向固定时，可选择间隙配合，见表 7-9；载荷方向难以确定时，宜选择过盈配合。

表 7-9　套圈运转及承载情况

套圈运转情况	典型示例	示意图	套圈承载情况	推荐的配合
内圈旋转 外圈静止 载荷方向恒定	皮带驱动轴 传动轴		内圈承受旋转载荷 外圈承受静止载荷	内圈过盈配合 外圈间隙配合
内圈静止 外圈旋转 载荷方向恒定	传送带托辊 汽车轮毂轴承		内圈承受静止载荷 外圈承受旋转载荷	内圈间隙配合 外圈过盈配合
内圈旋转 外圈静止 载荷随内圈旋转	离心机、振动筛、振动机械		内圈承受静止载荷 外圈承受旋转载荷	内圈间隙配合 外圈过盈配合
内圈静止 外圈旋转 载荷随外圈旋转	回转式破碎机		内圈承受旋转载荷 外圈承受静止载荷	内圈过盈配合 外圈间隙配合

　　（2）载荷大小　轴承与轴和轴承座孔的配合松紧程度取决于套圈承受载荷的大小。载荷越大，选择的配合过盈量应越大。当承受冲击载荷或重载荷时，一般应选择比正常、轻载荷时更紧的配合。对向心轴承，载荷的大小可用径向当量动载荷 P_r 与径向额定动载荷 C_r 的比值来区分，见表 7-10。

表 7-10　向心轴承载荷大小

载荷大小	P_r/C_r	载荷大小	P_r/C_r
轻载荷	≤0.06	重载荷	>0.12
正常载荷	>0.06~0.12		

（3）轴承尺寸　随着轴承尺寸的增大，选择的过盈配合过盈量应越大或间隙配合间隙量应越大。

（4）轴承游隙　国家标准 GB/T 4604.1—2012《滚动轴承 游隙 第 1 部分：向心轴承的径向游隙》规定，向心轴承的径向游隙分 5 组：2 组、N 组、3 组、4 组、5 组，游隙的大小依次由小到大。

径向游隙的大小应适度，以保证轴承正常运转和使用寿命。游隙过大，会使转轴产生较大的径向和轴向跳动，导致轴承工作中产生较大的振动和噪声。游隙过小，使过盈配合的轴承中滚动体和套圈产生较大的接触应力，增加轴承工作时的摩擦发热，降低轴承寿命。

（5）温度　轴承在运转时，由于摩擦发热和其他热源的影响，使得轴承套圈的温度通常要比相邻零件的温度高，造成轴承内圈与轴的配合变松，外圈可能因为热膨胀而影响轴承在轴承座中的轴向移动。因此，应考虑轴承与轴和轴承座孔的温差和热的流向。

（6）旋转精度　对旋转精度和运转平稳性有较高要求的场合，一般不采用间隙配合。而对一些精密机床的轻载荷轴承，为了避免轴和轴承座孔的形状误差对轴承精度的影响，常采用较小的间隙配合。

（7）轴和轴承座的结构及材料　对于剖分式轴承座，外圈不易采用过盈配合。当轴承用于空心轴或薄壁、轻合金轴承座时，应采用比实心轴、厚壁钢或铸铁轴承座更紧的过盈配合。

（8）安装和拆卸　间隙配合更易于轴承的安装和拆卸，对于要求采用过盈配合且便于安装和拆卸的应用场合，可采用可分离轴承或锥孔轴承。

3. 轴和轴承座孔的尺寸公差带的确定

轴和轴承座孔的标准公差等级应与轴承本身的公差等级相协调。与普通、6（6X）级轴承配合的轴，其标准公差等级一般为 IT6，轴承座孔的标准公差等级一般为 IT7。对旋转精度和运转平稳性要求较高的场合，轴的标准公差等级应为 IT5，轴承座孔的标准公差等级应为 IT6。在提高轴承公差等级的同时，轴承配合部位也应相应提高精度。向心轴承和轴、轴承座孔的配合，轴和孔的尺寸公差带可根据附表 42 和附表 43 选择确定。

4. 轴和轴承座孔的几何公差和表面粗糙度的选用

为了保证轴承与轴和轴承座孔的配合性质，轴和轴承座孔应分别采用包容要求，并对轴和轴承座孔表面提出圆柱度要求。为避免轴承装配后滚道位置不正确，旋转不平稳，应规定轴肩和轴承座孔肩的端面对基准轴线的轴向圆跳动公差，其公差值见附表 44。

表面粗糙度的大小会影响配合性质和连接强度，轴和轴承座孔的表面粗糙，会使轴承实际过盈量减小，接触刚度下降。为此国家标准 GB/T 275—2015 还规定了与轴承配合的轴和轴承座孔的表面粗糙度值要求，见附表 45。

四、滚动轴承与轴和轴承座孔的精度设计实例

例 7-3　某企业的一圆柱齿轮减速器，要求小齿轮有较高的旋转精度，装有普通级单列

深沟球轴承，轴承尺寸为 50mm×110mm×27mm，轴承的额定动载荷 $C_r = 36000N$，轴承承受的径向当量动载荷 $P_r = 4000N$。试确定轴和轴承座孔的公差带代号、几何公差值和表面粗糙度参数值，将它们分别标注在装配图和零件图上。

解：1）由圆柱齿轮减速器的工作状况可知，内圈为旋转载荷，外圈为静止载荷，因此内圈与轴的配合应紧一些，外圈与轴承座孔的配合应松一些。

2）由已知条件可得 $P_r = 0.111C_r$，属于正常载荷。

3）根据 1）分析的轴承外圈为静止载荷，查附表 42 可得轴承座孔公差带为 G7 或 H7。根据已知条件要求小齿轮有较高的旋转精度，可知轴的旋转精度要求也较高，故轴承座孔公差带选用比 G7 或 H7 更紧一些的配合，本例轴承座孔公差带选为 J7（基轴制配合）更为合适。

查附表 43 得轴公差带为 k5，考虑到轴承精度为普通级，故选用轴公差带为 k6（基孔制配合）。

4）根据已知条件给定的轴承的内、外圈的基本尺寸，查附表 44 可得几何公差值如下：轴圆柱度公差为 0.004mm，轴承座孔圆柱度公差为 0.010mm；轴肩轴向圆跳动公差为 0.012mm，轴承座孔肩轴向圆跳动公差为 0.025mm。

5）查附表 45 可得表面粗糙度参数值如下：轴表面粗糙度 Ra 的上限值为 0.8μm，轴肩端面表面粗糙度 Ra 的上限值为 3.2μm；轴承座孔表面粗糙度 Ra 的上限值为 1.6μm，轴承座孔肩端面表面粗糙度 Ra 的上限值为 3.2μm。

6）将确定好的上述各项公差标注在图样上，如图 7-32 所示。由于滚动轴承是标准部件，因此，在装配图上只需标注出轴和轴承座孔的尺寸公差带代号。

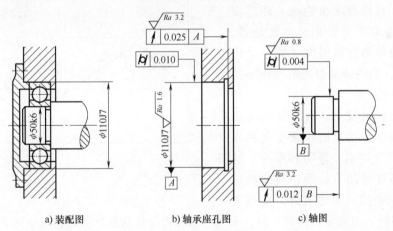

a) 装配图　　　　b) 轴承座孔图　　　　c) 轴图

图 7-32　轴和轴承座孔公差在图样上标注示例

第四节　渐开线圆柱齿轮传动精度及检测

齿轮传动在机器和仪器仪表中应用极为广泛，是一种重要的机械传动形式，通常用来传递运动或动力。

世界上规模最大的三峡升船机承船厢可载 3000t 级船舶，最大爬升吨位 1.55 万 t，最大爬升高度 113m，其动力驱动方式采用的是齿轮齿条垂直爬升式，在船厢两侧的四个侧翼结构上分别铺设一条驱动机构齿条和一条安全机构螺母柱，通过驱动机构小齿轮沿齿条的运转，实现船厢的垂直升降，当遇到平衡被破坏的事故时，通过螺母柱将船厢锁定在塔柱结构上，保证了船厢运行的安全稳定性，使船舶过坝时间由通过永久船闸的 3.5h 缩短为约 40min。

齿轮传动的质量和效率主要取决于齿轮的制造精度和齿轮副的安装精度，因此为了保证齿轮传动质量，就要规定相应的公差，并进行合理的检测，对齿轮的质量进行有效的监控。由于渐开线圆柱齿轮应用最广，本章主要介绍渐开线圆柱齿轮的精度设计和检测方法。

一、对齿轮传动的基本要求

由于齿轮传动的应用场合不同，对齿轮传动的使用要求也不同，但对齿轮传动的基本要求可归纳为以下四个方面：

1. 传递运动的准确性

传递运动的准确性要求齿轮在一转范围内传动比变化要小，以保证从动齿轮与主动齿轮的运动准确协调。也就是说，在齿轮一转中，最大的转角误差应限制在一定的范围内。

理论上，设计中的渐开线齿轮传动过程中，主、从动轮之间的传动比是恒定的，但实际上由于齿轮的制造误差和齿轮副的安装误差的存在，齿轮在旋转一转的过程中就形成了转角误差。齿轮在一转过程中产生的最大转角误差为 $\Delta\varphi_\Sigma$，它表现为转角误差曲线的低频成分，如图 7-33 所示。

2. 传动的平稳性

传动的平稳性要求齿轮在一转范围内，瞬时传动比变化要小。也就是说，齿轮在一个较小角度范围内（如一个齿距角范围内），它的转角误差的变化不得超过一定的限度。

在齿轮运转过程中，特别是高速运动的齿轮，瞬时传动比的频繁变化将导致齿轮传动产生冲击、振动和噪声。这主要是由于若理想的主动齿轮与具有每转一齿出现误差的从动轮啮合，则当主

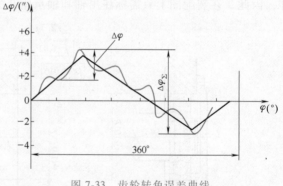

图 7-33　齿轮转角误差曲线

动轮匀速回转时，主动轮每转过一齿，在同一时间内，从动轮也随之转过一齿，因此从动轮会或快或慢地不均匀旋转，在从动轮一个齿距角范围内的传动比会多次变化，造成传动不平稳，易产生振动和噪声。传动的平稳性表现为转角误差曲线中的高频成分，如图 7-33 所示的 $\Delta\varphi$。

应当指出，传递运动不准确和传动不平稳都是由于齿轮传动比变化引起的，两者在齿轮回转过程中往往是同时存在的，如图 7-33 所示。

引起传递运动不准确的传动比的最大变化量是以齿轮一转为周期的，波幅大；影响齿轮传动平稳性的瞬时传动比的变化则是由齿轮每个齿距角范围内的单齿误差引起的，在齿轮一转内，单齿误差频繁出现，波幅小。

3. 载荷分布的均匀性

载荷分布的均匀性要求齿轮啮合时，工作齿面接触良好，使齿面上的载荷分布均匀，以避免载荷集中于局部齿面，使齿面局部磨损加剧或折断，从而保证齿轮传动有较大的承载能力和较长的使用寿命。重型机械的传动齿轮对此比较偏重。

4. 侧隙

侧隙即齿侧间隙，是指齿轮啮合时，相邻的两个非工作齿面间应留有一定的间隙。侧隙是在齿轮、轴、箱体和其他零部件装配成减速器、变速箱或其他传动装置后自然形成的。适当的齿侧间隙可用来储存润滑油，补偿齿轮受力后的弹性变形、塑性变形、受热变形以及制造和安装中产生的误差，防止齿轮在传动中发生齿面烧蚀和卡死，保证齿轮正常运转。但侧隙又不能太大，对经常正反转的齿轮会产生空程和引起换向冲击，所以要保证侧隙在一个合理的数值范围之内。

由于齿轮传动的工作条件和使用用途不同，齿轮及齿轮副对齿轮上述四个方面的要求也各不相同。例如，精密机床的分度机构和仪器仪表中读数机构的齿轮传动，其重点要求是传递运动的准确性，以保证主、从动齿轮的运动协调，同时对传动平稳性和侧隙也有一定的要求，以减小反转时的回程误差，而对载荷分布均匀性要求不高；对于机床和汽车变速箱中的齿轮传动，其主要要求是传动的平稳性，以降低振动和噪声，对传递运动的准确性要求可相应低些；对于矿山机械、起重机械和轧钢机等传递动力的低速重载齿轮，主要要求啮合齿面接触良好，载荷分布均匀，以保证承载能力；汽轮机和涡轮机中的高速重载齿轮，对传递运动的准确性、平稳性和载荷分布的均匀性均有较高的要求，同时侧隙也应大一些，以补偿较大的变形和使润滑油通过。因此对不同用途和使用要求的齿轮，应规定不同的精度等级，以获得最佳的技术经济效益。

二、齿轮精度评定指标及检测

齿轮的主要加工误差来源于加工工艺系统，如机床的传动链误差、刀具制造与安装误差、齿坯的制造与安装误差等，另外，加工中还会产生受力变形、受热变形等，也会使制造出的齿轮的几何精度存在误差。

根据加工后齿轮各项误差对齿轮传动使用性能的主要影响，从传递运动的准确性、传动的平稳性、载荷分布的均匀性及侧隙四个方面来介绍齿轮精度的评定指标及检测方法。国家标准 GB/T 10095.1—2022《圆柱齿轮 ISO 齿面公差分级制 第1部分：齿面偏差的定义和允许值》、国家标准 GB/T 10095.2—2008《圆柱齿轮 精度制 第2部分：径向综合偏差和径向跳动的定义和允许值》、GB/Z 18620.1~4—2008《圆柱齿轮 检验实施规范》已分别给出了渐开线圆柱齿轮评定指标的允许值，并规定了检测齿轮精度的实施规范。

1. 影响齿轮传递运动准确性的评定指标及其检测

影响齿轮传递运动准确性的误差主要是长周期误差，是齿轮齿距分布不均匀而产生的以齿轮一转为周期的误差，主要来源于齿轮几何偏心和运动偏心。

为保证运动准确性，国家标准规定的强制性检验项目有齿距累积偏差和齿距累积总偏差。

（1）齿距累积偏差 F_{pk} 及其检测 齿距累积偏差 F_{pk} 是指在齿轮端平面上，在接近齿高中部的一个与齿轮轴线同心的圆上，任意 k 个齿距的实际弧长与理论弧长的代数差，如

图 7-34 所示，图中 $\widehat{p}_t$ 表示理论齿距。理论上，齿距累积偏差 F_{pk} 等于 k 个齿距偏差的代数和。国家标准规定 F_{pk} 值被限定在不大于 1/8 的圆弧上评定，因此，齿距累积偏差 F_{pk} 的允许值适用于齿距数 k 为 $2 \sim z/8$ 的弧段内，通常 F_{pk} 取 $k \approx z/8$（z 为被评定齿轮的齿数）就足够了。如果对于特殊的应用（如高速齿轮）还需检验较小弧段，并规定相应的 k 值。

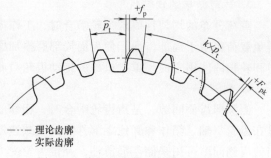

图 7-34　齿距累积偏差和单个齿距偏差

齿距累积偏差测量方法有直接法和相对法。

1）直接法。直接法测量原理如图 7-35 所示。以被测齿轮回转轴线为基准，测头的径向位置在齿高中部与齿面接触，应保证测头定位系统径向和切向定位的重复性。被测齿轮一次安装进行 10 次重复测量，其重复性应不大于国家标准 GB/T 10095.1—2022 和 GB/T 10095.2—2008 中规定的允许值的 1/5。圆分度装置（如圆光栅、分度盘等）对被测齿轮按理论齿距角进行分度，由测头读数系统得到测得值（圆周方向的角度值或线值），按偏差定义进行处理，求得单个齿距偏差 f_p、齿距累积偏差 F_{pk} 和齿距累积总偏差 F_p。

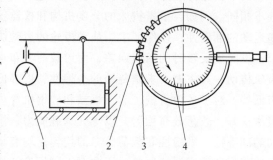

图 7-35　直接法测量原理图
1—测头读数系统　2—测头　3—被测齿轮　4—分度装置

直接法的测量仪器有齿距测量仪、万能齿轮测量机、齿轮测量中心、坐标测量仪、分度头和万能工具显微镜等。

2）相对法。相对法测量原理如图 7-36 所示。活动测头 1 与指示表 5 相连，被测齿轮 3 装在心轴上，在重锤 4 的作用下靠在固定测头 2 上。测量时，活动测头 1 和固定测头 2 在接近齿高中部分别与相邻同侧齿面（或相邻的几个齿面）接触，并处于齿轮轴线同心圆及同一端截面上。先以被测齿轮上任一实际齿距为基准，将指示表调零，然后沿整个齿圈依次测出其他实际齿距与作为基准的齿距的差值（称为相对齿距偏差），按国家标准 GB/T 10095.1—2022 规定的齿距偏差的定义，对数据进行处理，求得单个齿距偏差 f_p、齿距累积偏差 F_{pk} 和齿距累积总偏差 F_p。定义中的"理论齿距"在采用相对法测量时为所有实际齿距的平均值。

相对法的测量仪器有万能测齿仪、半自动齿距仪、上置式齿距仪和旁置式齿距仪等。

（2）齿距累积总偏差 F_p 及其检测　齿距累积总偏差 F_p 是指齿轮同侧齿面任意弧段

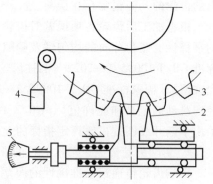

图 7-36　相对法测量原理图
1—活动测头　2—固定测头　3—被测齿轮
4—重锤　5—指示表

（$k=1$ 至 $k=z$）内的最大齿距累积偏差，它表现为齿距累积偏差曲线的总幅值，如图 7-37 所示。

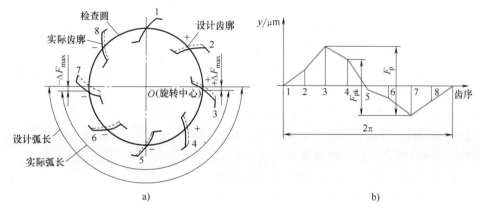

图 7-37　齿距累积总偏差

齿距累积总偏差 F_p 的测量方法与齿距累积偏差 F_{pk} 的测量方法相同，测量原理如图 7-35、7-36 所示。

国家标准规定的非强制性检验项目有切向综合总偏差、径向综合总偏差和齿轮径向跳动。

（1）切向综合总偏差 F_{is} 及其检测　切向综合总偏差 F_{is} 是指被测齿轮与测量齿轮单面啮合检验时，被测齿轮一转内，齿轮分度圆上实际圆周位移与理论圆周位移的最大差值。测量记录如图 7-38 所示。

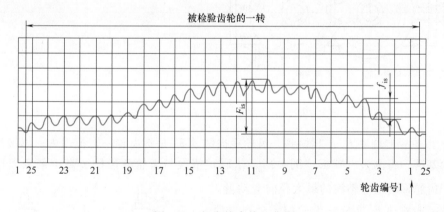

图 7-38　切向综合偏差曲线

图 7-39 所示为单啮仪测量的基本原理图。电动机通过传动系统带动标准蜗杆（也可用标准齿轮）和圆光栅盘 1 转动，标准蜗杆与被测齿轮啮合，带动被测齿轮及其同轴的圆光栅盘 2 转动，圆光栅盘 1 和 2 分别通过信号发生器将标准蜗杆和被测齿轮的角位移变成电信号 f_1 和 f_2，并经分频器进行分频变成同频信号，将这两列同频信号输入相位计进行比较。当被测齿轮有误差时，将引起被测齿轮回转角误差，此回转角的微小误差将变为两路电信号的相位差。通过相位计进行比较，记录器将此误差记录在与被测齿轮同步旋转的圆形记录纸上，得到被测齿轮的切向综合偏差曲线，如图 7-38 所示。

由于单啮仪制造精度高，价格贵，因此仅用于评定高精度的齿轮。

（2）径向综合总偏差 F_{id} 及其检测　径向综合总偏差 F_{id} 是在径向（双面）综合检验时，被测齿轮的左右齿面同时与测量齿轮接触，在被测齿轮转过一整圈时出现的中心距最大值和最小值之差。测量记录如图 7-40b 所示。

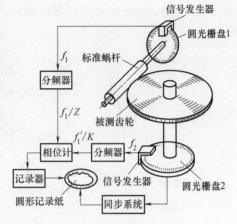

图 7-39　光栅式单啮仪
测量的基本原理图

径向综合总偏差 F_{id} 的测量方法为直接测量法。直接法可用齿轮双面啮合检查仪来测量，其工作原理如图 7-40a 所示，测量时被测齿轮安装在固定心轴上，测量齿轮安装在可径向移动的滑座轴上。以被测齿轮回转轴线为基准，通过径向拉力弹簧使被测齿轮与测量齿轮做无侧隙的双面啮合运动。两齿轮双面啮合时的中心距 a'' 称为双啮合中心距。当齿轮啮合传动时，啮合中心距的连续变动通过测量滑架和测微装置反映出来，其变动量即为径向综合总偏差 F_{id}。将这种变动按被测齿轮回转一周（360°）排列，记录成径向综合偏差曲线，如图 7-40b 所示，在该曲线上按偏差定义得到 F_{id} 和 f_{id}。

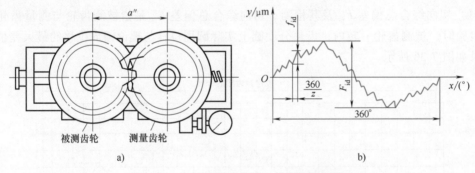

a)

b)

图 7-40　齿轮双面啮合检查仪测量原理图

（3）齿轮径向跳动 F_r 及其检测　齿轮径向跳动 F_r 是指齿轮一转范围内，以被测齿轮回转轴线为基准，将测头（球形、圆锥形、砧形）依次与齿轮各齿槽齿高中部双面接触，测头相对于齿轮回转基准轴线的最大径向变动量。

齿轮径向跳动 F_r 能反映齿轮加工过程中由几何偏心引起的径向偏差，不能反映运动偏心所造成的切向偏差，所以只能作为齿轮传递运动准确性的一个单项评定参数。

径向跳动的测量方法为直接法。齿轮径向跳动 F_r 可在齿轮径向跳动检查仪上进行检测，如图 7-41 所示。检测时，以被测齿轮回转轴线为基准，将测头依次与齿轮各齿槽齿高中部双面接触，测头相对于齿轮回转基准轴线的最大

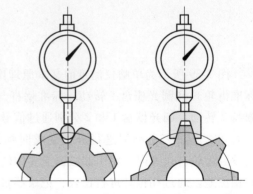

图 7-41　齿轮径向跳动检测

径向变动量为径向跳动 F_r。

2. 影响齿轮传动平稳性的评定指标及其检测

影响齿轮传动平稳性的主要误差是同侧相邻齿廓间的齿距偏差和齿形误差，主要来源于齿轮刀具和机床分度蜗杆的制造误差和安装误差等。

为保证齿轮传动平稳性，国家标准规定的强制性检验项目有单个齿距偏差和齿廓总偏差。

（1）单个齿距偏差 f_p 及其检测　单个齿距偏差 f_p 是指端平面上，在接近齿高中部的一个与齿轮轴线同心的圆上，实际齿距与理论齿距的代数差，如图 7-34 所示。

单个齿距偏差 f_p 的测量方法与齿距累积偏差 F_{pk} 的测量方法相同，只是数据处理方法不同。用相对法测量时，如图 7-36 所示，理论齿距是按所有实际齿距的平均值计算的。当齿轮存在齿距偏差时，说明齿廓在圆周上分布不均，f_p 不管是正值还是负值都会在一对齿啮合结束而另一对齿进入啮合时，造成主动齿与从动齿发生冲撞，影响齿轮传动平稳性，因此必须限制单个齿距偏差 f_p。

（2）齿廓总偏差 F_α 及其检测　齿廓偏差是指实际齿廓偏离设计齿廓的量，该量在齿轮端平面内且垂直于渐开线齿廓的方向计值。

齿廓总偏差 F_α 是指在端截面上齿形工作部分内（从齿廓有效长度内扣除齿顶倒棱部分），包容实际齿形且距离为最小的两条设计齿形之间的法向距离，如图 7-42 所示。

齿廓偏差的检测方法有坐标法和展成法。

坐标法的测量仪器有齿轮测量中心、齿轮渐开线测量装置、万能齿轮测量机、上置式直角坐标测量仪及三坐标测量机等。

展成法的测量仪器有单盘式渐开线检查仪、万能渐开线检查仪（圆盘杠杆式、正弦杠杆式、靠模式等）和渐开线螺旋线检查仪（万能式、单盘式、分级圆盘式）等。

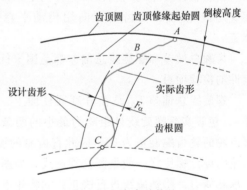

图 7-42　齿廓总偏差
AC—齿廓有效长度　AB—倒棱部分
BC—齿形工作部分

图 7-43 所示为单圆盘渐开线检查仪的工作原理图。按照被测齿轮 2 的基圆直径精确制造的基圆盘 1 与被测齿轮 2 同轴安装，并使基圆盘 1 与装在滑座上的直尺 3 相切，杠杆 4 安装在直尺 3 上，并随直尺 3 一起移动，杠杆 4 一端的测量头与被测齿面接触，另一端与指示表 7 的测头接触。当滑座移动时，直尺 3 靠摩擦力带动基圆盘 1 和被测齿轮 2 无滑动地转动，测量头与被测齿轮 2 的相对运动轨迹是理想渐开线。如果被测齿轮 2 齿形没有误差，则指示表 7 的测头不动，即表针的读数为零；如果被测齿轮 2 齿形有误差，指示表 7 读数的最大差值就是齿廓总偏差 F_α。

国家标准规定的非强制性的检验项目有一齿切向综合偏差和一齿径向综合偏差。

（1）一齿切向综合偏差 f_{is} 及其检测　一齿切向综合偏差 f_{is} 是指被测齿轮与测量齿轮单面啮合时，在被测齿轮转过一个齿距范围内的实际圆周位移与理论圆周位移的最大差值，如图 7-38 所示。

在单面啮合仪上测量切向综合偏差 F_{is} 的同时，可测出一齿切向综合偏差 f_{is}，如图 7-39 所示。

（2）一齿径向综合偏差 f_{id} 及其检测　一齿径向综合偏差 f_{id} 是指被测齿轮与测量齿轮双面啮合检验时，在被测齿轮一转中对应一个齿距角（360°/z）范围内的双啮中心距的最大变动量，测量记录如图 7-40b 所示。

一齿径向综合偏差 f_{id} 测量时使用双啮仪，如图 7-40a 所示。f_{id} 由于测量时受左、右齿面误差的共同影响，因此，用 f_{id} 评定齿轮传动的平稳性不如一齿切向综合偏差 f_{is} 精确。

3. 影响载荷分布均匀性的评定指标及其检测

影响载荷分布均匀性的误差主要有两个方面：在齿宽方向上是实际螺旋线对设计螺旋线的偏离量，即螺旋线偏差；在齿高方向上是齿廓偏差。这些误差主要是由机床刀架导轨与工作台回转轴线不平行，齿坯端面的跳动或心轴歪斜等因素产生的。

齿轮载荷分布均匀性在齿宽方向上的评定指标为螺旋线总偏差 F_β，在齿高方向用传动平稳性的指标来评定。

齿廓总偏差和螺旋线总偏差都是国家标准规定的强制性的检验项目。

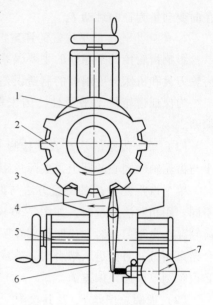

图 7-43　单圆盘渐开线检查仪的工作原理图

1—基圆盘　2—被测齿轮　3—直尺
4—杠杆　5—丝杠　6—拖板
7—指示表

螺旋线总偏差 F_β 是在分度圆柱面上，齿宽有效部分范围内（端部倒角或修圆部分除外），包容实际螺旋线且距离为最小的两条设计螺旋线之间的法向距离，如图 7-44a 所示。直齿轮的轮齿螺旋角为 0°，因此直齿轮的设计螺旋线是与齿轮基准轴线平行的直线，而斜齿轮的设计螺旋线一般是圆柱螺旋线，如图 7-44b 所示。为了改善齿轮接触状况，提高齿轮的承载能力，将螺旋线进行修正，如将轮齿加工成鼓形齿，如图 7-44c 所示，或将齿轮两端修薄，如图 7-44d 所示。

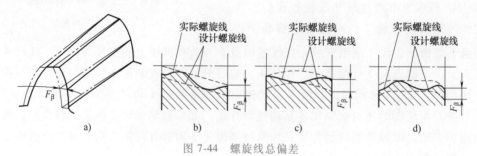

图 7-44　螺旋线总偏差

直齿圆柱齿轮的螺旋线总偏差 F_β 的测量较为简单，如图 7-45a 所示，被测齿轮连同测量心轴安装在具有前后顶尖的仪器上，将直径 $d = 1.68m$（m 为被测齿轮模数）的精密量棒放入齿槽中，精密量棒与两侧齿廓在分度圆附近接触，移动指示表，由指示表读出量棒两端 A、B 处的高度差 Δh，若被测齿轮的齿宽为 b，A、B 两点的距离为 l，螺旋线总偏差 F_β 为

$F_\beta = \dfrac{b}{l}\Delta h$。一般在齿圈上每隔 $90°$ 或 $120°$ 各测一次，取其中最大误差值作为齿轮的螺旋线总偏差 F_β。为了避免被测齿轮在顶尖上的安装偏差对测量结果的影响，可将精密量棒放入相隔 $180°$ 的两齿槽中测量（齿轮的位置不变），取其平均值作为测量结果。

斜齿轮的螺旋线总偏差 F_β 可用齿向仪、导程仪或螺旋角检查仪测量。图 7-45b 所示为用导程仪测量斜齿轮的螺旋线总偏差 F_β 的示意图。当纵向滑板 1 平行于齿轮轴线方向移动时，装在纵向滑板 1 上的正弦规 3 带动横向滑板 4 做径向运动，横向滑板 4 又带动与被测齿轮 6 同轴的圆盘 5 转动，从而使被测齿轮 6 与圆盘同步转动，此时装在纵向滑板 1 的测头 2 相对于齿轮的运动轨迹为理论螺旋线，将该螺旋线与齿轮齿面实际螺旋线进行比较即可测出螺旋线或导程偏差，由指示表 7 指示出来或由记录器画出偏差曲线，按照 F_β 的定义从偏差曲线上求出 F_β 值。

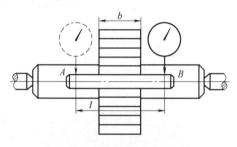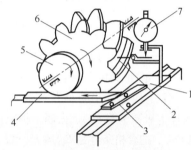

a) 直齿圆柱齿轮的螺旋线总偏差检测   b) 斜齿轮的螺旋线总偏差检测

图 7-45 齿轮螺旋线总偏差的检测

1—纵向滑板 2—测头 3—正弦规 4—横向滑板 5—圆盘 6—被测齿轮 7—指示表

4. 齿轮侧隙的评定指标及其检测

齿轮上影响侧隙大小和不均匀性的主要误差是齿厚偏差和齿厚变动量。为了得到设计所需要的最小极限侧隙，必须规定齿厚的最小减薄量，即齿厚上极限偏差；又为了保证侧隙不致过大和保证齿轮的强度，必须规定齿厚公差。由此影响侧隙的评定指标主要有两个：

（1）齿厚偏差及其检测 对于直齿轮，齿厚偏差 E_{sn} 是指在分度圆柱面上，实际齿厚值与公称齿厚值之差，如图 7-46 所示；对于斜齿轮，齿厚偏差是指法向实际齿厚与公称齿厚之差。为了

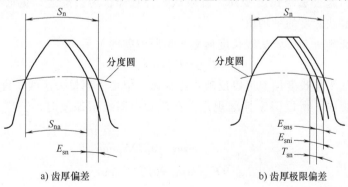

a) 齿厚偏差   b) 齿厚极限偏差

图 7-46 齿厚偏差和齿厚极限偏差

S_n—公称齿厚 S_{na}—实际齿厚 E_{sn}—齿厚偏差 E_{sns}—齿厚上极限偏差

E_{sni}—齿厚下极限偏差 T_{sn}—齿厚公差

得到一定的最小侧隙，轮齿齿厚要有一定的减薄量，因此，齿厚偏差一般是负值。

根据定义，齿厚以分度圆弧长计值（弧齿厚），但弧长不便于测量。因此，一般用游标齿厚卡尺或光学齿轮卡尺来测量分度圆弦齿厚，如图 7-47 所示。直齿分度圆弦齿厚 S_{nc} 与弦齿高 h_a 可按式（7-8）和式（7-9）计算：

$$S_{nc} = mz\sin\delta \qquad (7-8)$$

$$h_a = r_a - \frac{mz}{2}\cos\delta \qquad (7-9)$$

式中　m——被测齿轮的模数，单位为 mm；

　　　z——被测齿轮的齿数；

　　　r_a——齿顶圆半径，单位为 mm；

　　　δ——分度圆弦齿厚一半所对应的中心角，$\delta = \frac{\pi}{2z} + \frac{2x}{z}\tan\alpha$，单位为°；

　　　α——标准压力角，单位为°；

　　　x——齿轮变位系数。

图 7-47 上应标注出公称弦齿高 h_a、弦齿厚 S_{nc} 及齿厚上极限偏差 E_{sns}、齿厚下极限偏差 E_{sni}。齿厚偏差 E_{sn} 的合格条件是 $E_{sni} \leqslant E_{sn} \leqslant E_{sns}$。

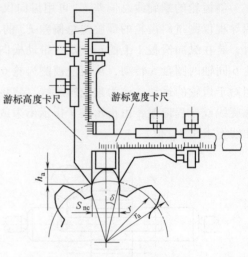

游标高度卡尺　　游标宽度卡尺

图 7-47　齿厚测量

由于测量弦齿厚以齿顶圆作为测量基准，因受齿顶圆偏差影响，测量精度较低，因此适用于测量精度较低的齿轮或测量模数较大的齿轮。对较高精度的齿轮及中、小模数齿轮，为测量方便，可用公法线长度偏差来代替齿厚偏差。

（2）公法线平均长度偏差及其检测　公法线平均长度偏差 E_{wm} 是指齿轮一周范围内，实际公法线长度平均值与公称值之差。公法线长度是指在基圆柱切平面（公法线平面）上，跨 k 个齿（对外齿轮）或 k 个齿槽（对内齿轮），在接触到一个齿的右齿面和另一个齿的左齿面的两个平行平面之间的距离。

公法线长度偏差可以在测量公法线长度变动的同时测得。由于测量公法线长度不受齿顶圆偏差的影响，且测量精度较高，因此，常用公法线长度偏差作为齿轮的侧隙评定指标。但由于运动偏心会引起公法线长度变动，且服从正弦规律，为去除运动偏心对侧隙评定的影响，故取实际公法线长度的平均值。

由齿轮传动原理可知，公法线长度偏差与齿厚偏差的关系为

$$E_{wm} = E_{sn}\cos\alpha_n \qquad (7-10)$$

因此，公法线平均长度偏差可以反映齿厚偏差，但由于测量公法线长度反映不出齿圈径向跳动对侧隙的影响，所以国家标准规定，在已知齿厚极限偏差时，公法线长度的极限偏差为

$$\begin{cases} E_{wms} = E_{sns}\cos\alpha_n - 0.72F_r\sin\alpha_n \\ E_{wmi} = E_{sni}\cos\alpha_n + 0.72F_r\sin\alpha_n \end{cases} \qquad (7-11)$$

式中　α_n——法向压力角。

控制公法线平均长度偏差，要控制公法线平均长度上极限偏差 E_{wms} 和下极限偏差 E_{wmi}，它们的差值即为公法线平均长度的公差。公法线平均长度偏差 E_{wm} 合格条件为 $E_{wmi} \leqslant$

$E_{wm} \leqslant E_{wms}$。

对于直齿圆柱齿轮，公法线长度尺寸公称值由式（7-12）给出

$$W_k = m_n \cos\alpha_n [\pi(k-0.5)+zinv\alpha]+2xm\sin\alpha_n \qquad (7-12)$$

式中　m_n——法向模数，单位为 mm；

　　　x——变位系数；

　　　k——测量公法线长度时的跨齿数；

　invα——渐开线函数，inv20° = 0.014904。

跨齿数 k 按量具量仪的测量面与被测齿面在齿高中部（分度圆附近）接触来确定。

对于标准齿轮：　　　　　　　　　$k = z\alpha_n/180°+0.5$

对于变位齿轮：　　　　　　　　　$k = z\alpha_m/180°+0.5$

式中，$\alpha_m = \arccos[d_b/(d+2xm)]$，$d_b$ 和 d 分别为被测齿轮的基圆直径和分度圆直径。

对于标准圆柱齿轮，变位系数 $x=0$，当 $\alpha_n = 20°$ 时，则公法线长度尺寸值为

$$W_k = m[1.476(2k-1)+0.014z] \qquad (7-13)$$

$$k = z/9+0.5$$

计算的 k 值通常不是整数，应将它化整为最接近计算值的整数。

实际公法线长度测量可用公法线千分尺或公法线长度指示卡规进行测量。图 7-48a 所示为用公法线千分尺测量公法线长度。图 7-48b 所示为用公法线长度指示卡规测量公法线长度。图 7-48b 中固定量爪 3 固定在开口弹性套筒 2 上，并可随开口弹性套筒 2 沿空心杆 1 做轴向运动，以调节固定量爪 3 与活动量爪 4 之间的距离。测量时，可先按公法线长度公称值 W_k 组合量块，让量爪 3、4 的测头与量块组接触，再将指示表 5 指针调零，然后逐一测出公法线长度偏差，取平均值即可。

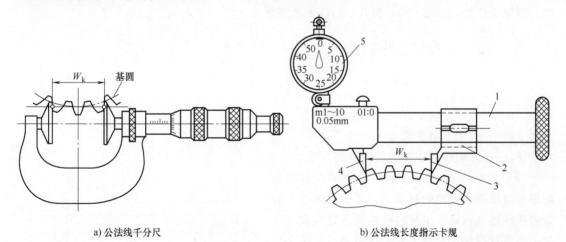

a) 公法线千分尺　　　　　　　　　　　　　b) 公法线长度指示卡规

图 7-48　公法线长度测量

1—空心杆　2—开口弹性套筒　3—固定量爪　4—活动量爪　5—指示表

三、齿轮副和齿坯的精度

1. 齿轮副的精度

（1）中心距极限偏差　中心距极限偏差 f_a 是指在齿轮副的齿宽中间平面内，实际中心

距与公称中心距之差，如图 7-49 所示。其大小不但会影响齿轮侧隙，而且对齿轮的重合度也有影响。在实际生产中，通常对齿轮箱体支承孔中心距进行测量。在图样上需标注公称中心距及上、下极限偏差，如 $a±f_a$。$±f_a$ 的数值可按齿轮精度等级从附表 46 中选取。

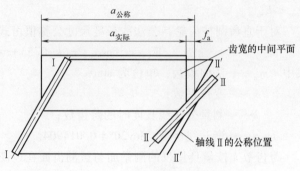

图 7-49　齿轮副中心距偏差

（2）轴线平行度偏差　齿轮副的轴线平行度偏差是指公共平面上一对齿轮的轴线平行度误差，分为轴线平面上的平行度偏差 $f_{\Sigma\delta}$ 和垂直平面上的平行度偏差 $f_{\Sigma\beta}$。$f_{\Sigma\delta}$ 是指轴线 2 在轴线平面上的投影对基准轴线 1 的平行度偏差；$f_{\Sigma\beta}$ 是指轴线 2 在垂直平面上的投影对基准轴线 1 的平行度偏差，如图 7-50 所示。

这里基准轴线是根据两对轴承跨距 L 的长短选取的，通常选取跨距较大的轴线为基准轴线，若两个轴承的跨距相同，可取任一条轴线为基准轴线。轴线平面是指包含基准轴线并通过被测轴线与一个轴承中间平面的交点的平面，如图 7-50 所示。垂直平面是指通过上述交点的垂直于轴线平面且平行于基准轴线的平面。

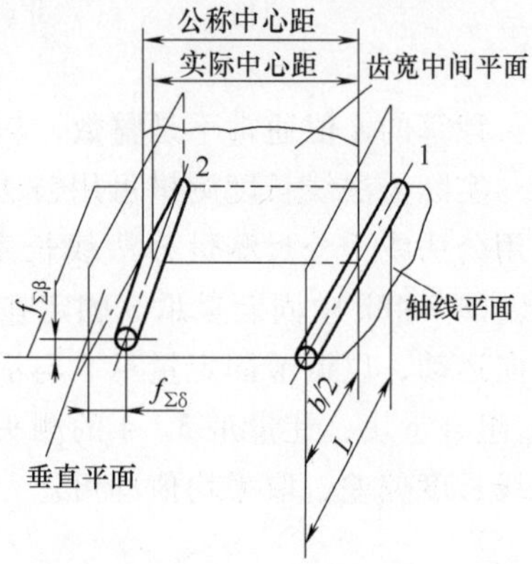

轴线平行度偏差会影响齿轮副的接触精度和齿侧间隙，因此必须加以控制。$f_{\Sigma\delta}$ 和 $f_{\Sigma\beta}$ 的最大推荐值为

$$f_{\Sigma\beta} = 0.5\left(\frac{L}{b}\right)F_\beta \qquad (7\text{-}14)$$

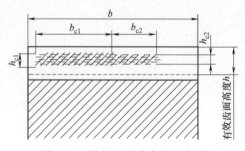

图 7-50　轴线平行度偏差

$$f_{\Sigma\delta} = \left(\frac{L}{b}\right)F_\beta = 2f_{\Sigma\beta} \qquad (7\text{-}15)$$

式中　L——箱体上轴承跨距；单位为 mm；

　　　b——齿宽，单位为 mm；

　　　F_β——齿轮螺旋线总偏差允许值，单位为 μm。

（3）接触斑点　齿轮副的接触斑点是指装配好的齿轮副在轻微的制动下，运转后齿面上分布的接触擦亮痕迹。也可以将被测齿轮安装在机架上与测量齿轮在轻载下测量接触斑点。图 7-51 为齿面展开图上接触斑点分布示意图，它可以充分反映齿面接触的均匀性。接触痕迹的大小由齿高方向和齿长方向的百分数表示。图 7-51 中，b_{c1}、b_{c2} 分别为齿长方向接触斑点的较大接触长度和较小接触长度，h_{c1}、h_{c2} 分别为齿高方向接

图 7-51　接触斑点分布的示意图

触斑点的较大接触高度和较小接触高度。在齿轮装配后（空载）检测时，齿轮不同精度等

级和接触斑点分布之间的关系见附表 47。

接触痕迹的百分数直观地反映了载荷分布的均匀性，测量齿轮副的接触斑点可评估齿轮在装配后的螺旋线和齿廓精度。接触斑点的检验方法比较简单，对大规格齿轮更具有现实意义，因为对较大规格的齿轮副一般是在安装好的传动中检验的。对成批生产的汽车、拖拉机、机床等中、小齿轮可在啮合机上与精确齿轮啮合检验。

（4）齿轮副侧隙及齿厚极限偏差　齿轮侧隙是齿轮副装配后自然形成的，适当的侧隙可以通过把齿轮轮齿切薄或改变齿轮副中心距大小来获得。当中心距不能改变时，就必须在加工齿轮时按规定的齿厚极限偏差将轮齿切薄。通常齿厚上极限偏差可以根据齿轮副所需的最小侧隙通过类比法或计算法确定。齿厚下极限偏差是按照齿轮精度等级、齿轮加工时的径向进刀公差和几何偏心确定。

1）齿轮副侧隙。法向侧隙是在相互啮合齿轮齿面的法平面上或沿啮合线测量获得的，通常用塞尺测量。最小法向侧隙 j_{bnmin} 是指在标准温度下（20℃），齿轮副无载荷时所需的最小限度的法向侧隙。

① 补偿齿轮传动时温升使齿轮和箱体产生热变形所需的法向侧隙 j_{bn1}

法向侧隙 j_{bn1} 可按式（7-16）计算：

$$j_{bn1} = a(\alpha_1 \Delta t_1 - \alpha_2 \Delta t_2) \times 2\sin\alpha_n \tag{7-16}$$

式中　　a——齿轮传动的中心距，单位为 mm；

α_1、α_2——齿轮和箱体材料的线膨胀系数；

Δt_1、Δt_2——齿轮温度和箱体温度分别对 20℃ 的偏差；

α_n——法向压力角。

② 保证正常润滑条件所需的法向侧隙 j_{bn2}

法向侧隙 j_{bn2} 可根据润滑方式和齿轮的圆周速度通过查表 7-11 获得。

齿轮副最小法向侧隙为

$$j_{bnmin} = j_{bn1} + j_{bn2} \tag{7-17}$$

表 7-11　保证正常润滑条件所需的法向侧隙 j_{bn2}

润滑方式	齿轮的圆周速度 $v/(\text{m/s})$			
	$v \leqslant 10$	$10 < v \leqslant 25$	$25 < v \leqslant 60$	$v > 60$
喷油润滑	$0.01m_n$	$0.02m_n$	$0.03m_n$	$(0.03 \sim 0.05)m_n$
油池润滑	$(0.005 \sim 0.01)m_n$			

注：m_n 为齿轮法向模数，单位为 mm。

2）齿厚上极限偏差的确定。齿厚上极限偏差 E_{sns} 即为齿厚的最小减薄量。齿厚上极限偏差不仅要保证齿轮副传动所需的最小法向侧隙 j_{bnmin}，同时还要补偿齿轮和箱体的制造误差和安装误差引起的侧隙的减小量 J_{bn}。

为计算简便，当 $\alpha_n = 20℃$ 时，J_{bn} 可采用式（7-18）计算：

$$J_{bn} = \sqrt{1.76f_p^2 + \left[2 + 0.34(L/b)^2\right]F_\beta^2} \tag{7-18}$$

为方便设计和计算，令主动轮与从动轮取相同的齿厚上极限偏差，其计算公式为

$$E_{sns} = -\left(\frac{j_{bnmin} + J_{bn}}{2\cos\alpha_n} + f_a\tan\alpha_n\right) \tag{7-19}$$

3）齿厚下极限偏差的确定。齿厚下极限偏差由齿厚公差 T_{sn} 和齿厚上极限偏差 E_{sns} 求出：

$$E_{sni}=E_{sns}-T_{sn} \tag{7-20}$$

齿厚公差的大小主要取决于齿轮加工过程中径向进刀公差 b_r 及齿圈径向跳动公差 F_r。其计算公式为

$$T_{sn}=2\tan\alpha_n\sqrt{b_r^2+F_r^2} \tag{7-21}$$

式中 F_r——齿圈径向跳动公差；

b_r——切齿径向进刀公差，其推荐值按表 7-12 选取，表中 IT 值按齿轮分度圆直径查表获得。

表 7-12 切齿径向进刀公差 b_r

齿轮传递运动准确性精度等级	4 级	5 级	6 级	7 级	8 级	9 级
b_r	1.26IT7	IT8	1.26IT8	IT9	1.26IT9	IT10

2. 齿坯的精度

齿坯是齿形加工前的工件，齿坯的加工精度影响齿轮的加工、检测和安装精度，因此，在一定的加工条件下，用控制齿坯精度来保证和提高齿轮的加工精度是一项有效的措施。

齿坯精度通过给出相应的齿坯公差项目来保证，齿坯公差项目指齿坯的尺寸公差及几何公差。

（1）盘形齿轮的齿坯公差　盘形齿轮的基准表面是内孔表面、端面和齿顶圆柱面，如图 7-52 所示。国家标准规定的相应的公差项目有：基准孔的尺寸公差并采用包容要求，齿顶圆柱面的尺寸公差及对基准孔轴线的径向圆跳动公差，定位端面对基准孔轴线的轴向圆跳动公差。

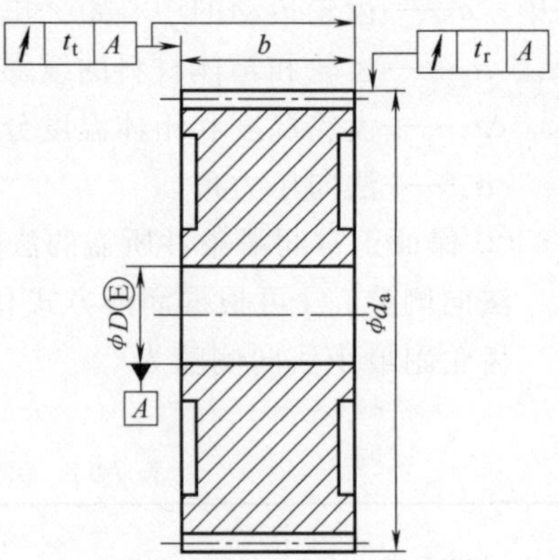

图 7-52　盘形齿轮的齿坯公差

基准孔和齿顶圆的尺寸公差按齿轮精度等级从附表 48 中选取。

定位端面对基准孔轴线的轴向圆跳动公差为

$$t_t=0.2(D_d/b)F_\beta \tag{7-22}$$

齿顶圆柱面对基准孔轴线的径向圆跳动公差为

$$t_r=0.3F_p \tag{7-23}$$

式中 D_d——基准端面的直径，单位为 mm；

b——齿宽，单位为 mm；

F_β——螺旋线总偏差允许值，单位为 μm；

F_p——齿距累积总偏差允许值，单位为 μm。

当齿顶圆柱面不作为基准面时，图样上不必给出 t_r。

（2）齿轮轴的齿坯公差　齿轮轴的基准表面是安装滚动轴承的两个轴颈面和齿顶圆柱面（作测量基准），如图 7-53 所示。

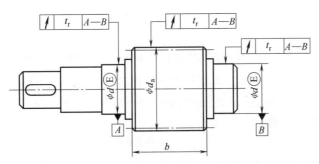

图 7-53　齿轮轴的齿坯公差

主要公差项目有：两个轴颈的尺寸公差并采用包容要求，通常按滚动轴承的公差等级确定；齿顶圆柱面的尺寸公差，按齿轮精度等级从附表 48 中选取。

两个轴颈分别对基准轴线的径向圆跳动公差和齿顶圆柱面对基准轴线的径向圆跳动公差按式 $t_r = 0.3F_p$ 计算确定。只有当以齿顶圆柱面作为齿厚测量的基准时，才需标注齿顶圆柱面对基准轴线的径向圆跳动公差 t_r，否则不需标出。

3. 齿轮齿面和齿坯基准面的表面粗糙度轮廓要求

齿轮齿面、盘形齿轮的基准孔、基准端面、径向找正用的圆柱面、作为测量基准的齿顶圆柱面和齿轮轴的轴颈的表面粗糙度轮廓幅度参数 Ra 的上限值可从附表 49 中查取。

四、渐开线圆柱齿轮精度标准及其应用

国家标准 GB/T 10095.1—2022 和 GB/T 10095.2—2008 规定了单个渐开线圆柱齿轮的精度等级及各项偏差的允许值。

1. 齿轮的精度等级和各项偏差的计算公式

（1）齿轮的精度等级　国家标准对单个齿轮的轮齿同侧齿面检测项目分别规定了 13 个精度等级（F_{id} 和 f_{id} 除外），它们分别用阿拉伯数字 0、1、2、…、12 表示。其中，0 级精度最高，依次降低，12 级精度最低。对 F_{id} 和 f_{id} 分别规定了 9 个精度等级，从高到低用数字 4、5、…、12 表示。其中 5 级精度是各级精度的基本等级。

（2）各级精度的齿轮精度指标公差的计算公式　5 级精度齿轮各项精度指标公差允许值按表 7-13、表 7-14 中所列公式计算确定。

表 7-13　齿轮强制性检测精度指标 5 级精度的公差计算公式

公差项目的名称和符号	计算公式/μm
齿距累积总偏差允许值 F_p	$F_p = 0.3m_n + 1.25\sqrt{d} + 7$
齿距累积偏差允许值 F_{pk}	$F_{pk} = f_p + 1.6\sqrt{(k-1)m_n}$
单个齿距偏差允许值 f_p	$f_p = 0.3(m_n + 0.4\sqrt{d}) + 4$
齿廓总偏差允许值 F_α	$F_\alpha = 3.2\sqrt{m_n} + 0.22\sqrt{d} + 0.7$
螺旋线总偏差允许值 F_β	$F_\beta = 0.1\sqrt{d} + 0.63\sqrt{b} + 4.2$

表 7-13 的各计算公式中，k 表示测量 ΔF_{pk} 时的跨齿数，m_n、d、b 分别表示齿轮的法向模数、分度圆直径、齿宽，计算时，均应取该参数分段界限值的几何平均值（单位为 mm）。

齿轮精度指标 5 级精度等级的公差允许值是计算其他精度等级偏差允许值的基础，即两相邻精度等级的分级公比等于 $\sqrt{2}$，本级公差数值除以（或乘以）$\sqrt{2}$ 即可得到相邻较高（或较低）等级的公差数值。由此，齿轮精度指标任一精度等级的公差计算值可按 5 级精度的公差计算值确定，其公式为

$$T_Q = T_5 \times 2^{0.5(Q-5)} \tag{7-24}$$

式中　T_Q——Q 级精度的公差计算值；

　　　T_5——5 级精度的公差计算值；

　　　Q——精度等级数。

表 7-14　齿轮非强制性检测精度指标 5 级精度的公差计算公式

公差项目的名称和符号	计算公式/μm
一齿切向综合偏差允许值 f_{is}	$f_{is} = K(4.3+f_p+F_\alpha) = K(9+0.3m_n+3.2\sqrt{m_n}+0.34\sqrt{d})$ 当总重合度 $\varepsilon_r < 4$ 时，$K = 0.2(\varepsilon_r+4)/\varepsilon_r$； 当 $\varepsilon_r \geq 4$ 时，$K = 0.4$
切向综合总偏差允许值 F_{is}	$F_{is} = F_p + f_{is}$
齿轮径向跳动允许值 F_r	$F_r = 0.8F_p = 0.24m_n+1.0\sqrt{d}+5.6$
径向综合总偏差允许值 F_{id}	$F_{id} = 3.2m_n+1.01\sqrt{d}+6.4$
一齿径向综合偏差允许值 f_{id}	$f_{id} = 2.96m_n+0.01\sqrt{d}+0.8$

公差计算值中小数点后的数值应圆整，圆整规则如下：如果计算值大于 $10\mu m$，则圆整到最接近的整数；如果计算值小于 $10\mu m$，则圆整到最接近的尾数为 $0.5\mu m$ 的小数或整数。如果计算值小于 $5\mu m$，圆整到最接近尾数为 $0.1\mu m$ 的倍数的小数或整数。

为使用方便，国家标准给出了齿轮公差数值表，见附表 50～附表 52，表中所列出的数值都是利用表 7-13 和表 7-14 中的公式计算并圆整后得到的。

2. 齿轮精度等级选择

在国家标准规定的齿轮的 13 个精度等级中，0～2 级目前加工工艺尚未达到标准要求，是为将来发展而规定的特别精密的齿轮；3～5 级为高精度等级；6～9 级为中等精度等级；10～12 级为低精度等级。

选择齿轮精度等级是齿轮精度设计的关键步骤之一。同一齿轮的各项精度等级可以选同级，也可以选不同级。各项精度一般根据齿轮的用途、使用要求、工作条件等，结合考虑齿轮工作的圆周速度、传递的功率、传递运动准确性的要求、承载能力、寿命以及振动、噪声等因素确定。在满足使用要求的前提下，应尽量选择较低的齿轮精度等级。

精度等级的选择方法有计算法和类比法两种，目前大多采用类比法。

高精度齿轮精度等级的确定一般采用计算法。对于精密传动链，可根据使用要求计算出所允许的转角误差，以确定齿轮传递运动准确性的精度等级；对于高速动力齿轮，可按其工作时最大转速计算圆周速度，并根据动力学计算振动和噪声指标来确定齿轮传动平稳性的精度等级；对于重载齿轮，可根据强度计算及耐久性来确定载荷分布均匀性的精度等级。

普通齿轮精度等级的确定大多采用类比法。类比法是根据生产实践中总结出来的同类产

品的经验资料，经过比对来确定齿轮的精度等级。表7-15列出了某些机器的齿轮传动所采用的精度等级，表7-16列出了某些齿轮传动精度等级的应用范围，供选择齿轮精度等级时参考。

表7-15　某些机器的齿轮传动所采用的精度等级

应 用 范 围	精度等级	应 用 范 围	精度等级
单啮仪、双啮仪	2~5	载重汽车	6~9
涡轮减速器	3~5	通用减速器	6~8
金属切削机床	3~8	轧钢机	5~10
航空发动机	4~7	矿用绞车	6~10
内燃机车、电气机车	5~8	起重机	6~9
轻型汽车	5~8	拖拉机	6~10

表7-16　齿轮传动精度等级的选择和应用

精度等级		4级	5级	6级	7级	8级	9级
应用范围		在最平稳且无噪声的极高速下工作的齿轮;特别精密分度机构中的齿轮;高速涡轮机齿轮;检测7级齿轮用测量齿轮	精密分度机构中或要求极平稳且无噪声的高速工作的齿轮;精密机构用齿轮;透平齿轮;检测8级和9级齿轮用测量齿轮	要求高效率且无噪声的高速下平稳工作的齿轮或分度机构的齿轮;特别重要的航空、汽车齿轮;读数装置用特别精密传动的齿轮	高速、动力小而需逆转的齿轮;金属切削机床中的进给齿轮;高速减速器用齿轮;航空、汽车用齿轮;读数装置用齿轮	一般机器中的普通齿轮;汽车、拖拉机、减速器中的一般齿轮;航空器中的不重要齿轮;起重机构用齿轮;农业机械中的重要齿轮	精度要求低的齿轮
圆周速度/(m/s)	直齿	<35	<20	<15	<10	<6	<2
	斜齿	<70	<40	<30	<15	<10	<4

3. 图样上齿轮精度等级的标注

当齿轮所有偏差项目的公差为同一精度等级时，可直接标注精度等级和标准号，例如，同为8级时，可标注为

8　GB/T 10095.1—2022

当齿轮偏差项目的公差的精度等级不同时，图样上可按齿轮传递运动准确性、传动平稳性和载荷分布均匀性的顺序分别标注它们的精度等级及带括号的对应公差符号和标准号，或分别标注它们的精度等级和标准号。例如齿距累积总偏差 F_p、单个齿距偏差 f_p 同为6级，而齿廓总偏差 F_α 和螺旋线总偏差 F_β 均为7级时，可标注为

$6(F_p、f_p)、7(F_\alpha、F_\beta)$ GB/T 10095.1—2022

或标注为

6-7-7　GB/T 10095.1—2022

五、应用实例

例7-4　已知某企业减速器中的一对直齿圆柱齿轮，传递的最大功率为5kW，转速 $n_1=$ 1280r/min，采用油池润滑。小齿轮和大齿轮的齿数分别为 $z_1=20$，$z_2=60$，模数为 $m=5mm$，标准压力角 $\alpha=20°$，变位系数 $x=0$，齿宽分别为 $b_1=40mm$，$b_2=36mm$，两轴承间距离 $L=100mm$，齿轮材料为钢，线膨胀系数 $\alpha_1=11.5×10^{-6}/℃$，箱体材料为铸铁，线膨胀系数 $\alpha_2=10.5×10^{-6}/℃$。减速器工作时，齿轮温度增至45℃，箱体温度增至30℃，小齿轮基准孔直

径为 φ45mm。单件小批量生产。试确定小齿轮的精度等级、检验项目及其允许值，并绘制齿轮工作图。

解：（1）确定齿轮精度等级

小齿轮的分度圆直径 $d_1 = mz_1 = 5 \times 20 \text{mm} = 100 \text{mm}$

大齿轮的分度圆直径 $d_2 = mz_2 = 5 \times 60 \text{mm} = 300 \text{mm}$

齿轮圆周速度 $v = \pi d_1 n_1 = 3.14 \times \dfrac{100}{1000} \times 1280 \text{m/min} = 401.92 \text{m/min} = 6.7 \text{m/s}$

因该齿轮为通用减速器齿轮，由表 7-15 可以得出齿轮精度为 6~8 级。小齿轮的转速高，其传递运动的平稳性要求高，因此，按计算出的圆周速度，参考表 7-16，取平稳性精度等级为 7 级，由于传递运动准确性要求不高，可以降一级取 8 级，而载荷分布均匀性一般不低于平稳性，也取 7 级，故齿轮的精度等级为 8-7-7   GB/T 10095.1—2022。

（2）确定检验项目允许值

由附表 50 查得 $F_p = 55 \mu\text{m}$, $\pm f_p = \pm 13 \mu\text{m}$, $F_\alpha = 19 \mu\text{m}$

由附表 51 查得 $F_\beta = 17 \mu\text{m}$

（3）确定最小极限侧隙

公称中心距 $a = (d_1 + d_2)/2 = (100 + 300)/2 \text{mm} = 200 \text{mm}$

由式（7-16）确定补偿热变形所需的法向侧隙 j_{bn1} 为

$$j_{bn1} = a(\alpha_1 \Delta t_1 - \alpha_2 \Delta t_2) \times 2\sin\alpha$$

$$= 200 \times (11.5 \times 25 - 10.5 \times 10) \times 10^{-6} \times 2 \times 0.342 \text{mm} = 0.025 \text{mm}$$

减速器采用油池润滑，查表 7-11 得到保证正常润滑条件所需的法向侧隙 j_{bn2} 为

$$j_{bn2} = 0.01 m_n = 0.01 \times 5 \text{mm} = 0.05 \text{mm}$$

因此，最小侧隙 j_{bnmin} 为

$$j_{bnmin} = j_{bn1} + j_{bn2} = (0.025 + 0.05) \text{mm} = 0.075 \text{mm} = 75 \mu\text{m}$$

（4）确定齿厚极限偏差和公差   因为齿轮传递运动准确性精度等级为 8 级，查表 7-12 得

$$b_r = 1.26 \text{IT9} = 1.26 \times 87 \mu\text{m} = 109.62 \mu\text{m}$$

由附表 46 查得 $\pm f_a = 36 \mu\text{m}$

由附表 50 查得 $F_r = 44 \mu\text{m}$, $f_p = 13 \mu\text{m}$

确定齿厚极限偏差时，先确定补偿齿轮和箱体的制造误差和安装误差引起的侧隙的减小量 J_{bn}。根据式（7-18）得

$$J_{bn} = \sqrt{1.76 f_p^2 + [2 + 0.34(L/b)^2] F_\beta^2}$$

$$= \sqrt{1.76 \times 13^2 + [2 + 0.34(100/40)^2] \times 17^2} \mu\text{m} = 38.6 \mu\text{m}$$

令大、小齿轮齿厚上极限偏差相同，根据式（7-19）得小齿轮的齿厚上极限偏差为

$$E_{sns} = \frac{j_{bnmin} + J_{bn}}{2\cos\alpha} + f_a \tan\alpha$$

$$= -\left(\frac{75 + 38.6}{2\cos 20°} + 36\tan 20° \right) \mu\text{m} = -73 \mu\text{m}$$

根据式（7-21）得齿厚公差 T_{sn} 为

$$T_{sn} = 2\tan\alpha\sqrt{b_r^2 + F_r^2}$$

$$= 2\tan20°\sqrt{109.62^2 + 44^2}\,\mu m = 86\mu m$$

则齿厚下极限偏差为

$$E_{sni} = E_{sns} - T_{sn} = -73 - 86 = -159\mu m$$

（5）确定公称公法线长度及其极限偏差 对于标准圆柱齿轮，变位系数 $x = 0$，当 $\alpha = 20°$时，跨齿数 k 为

$$k = z/9 + 0.5 = 20/9 + 0.5 = 2.7，\text{取 } k = 3$$

由式（7-13）得公法线长度尺寸公称值为

$$W_k = m[1.476(2k-1) + 0.014z]$$

$$= 5[1.476 \times (2\times3 - 1) + 0.014 \times 20]\,mm = 38.3mm$$

由附表 50 查得 $F_r = 44\mu m$。

由式（7-11）得公法线上、下极限偏差为

上极限偏差 $E_{wms} = E_{sns}\cos\alpha - 0.72F_r\sin\alpha$

$$= (-73\cos20° - 0.72 \times 44 \times \sin20°)\,\mu m = -79\mu m$$

下极限偏差 $E_{wmi} = E_{sni}\cos\alpha + 0.72F_r\sin\alpha$

$$= (-159\cos20° + 0.72 \times 44 \times \sin20°)\,\mu m = -139\mu m$$

（6）确定齿坯公差及各表面的粗糙度 按齿轮的精度等级，由附表 48 查得孔公差为 IT7，即 ϕ45H7，并采用包容要求。

齿顶圆柱面不作为测量齿厚的基准，所以公差为 IT11，即 ϕ110h11。

由式（7-22）得端面对基准孔轴线的轴向跳动公差为

$$t_t = 0.2(D_d/b)F_\beta = 0.2 \times (110/40) \times 0.017mm \approx 0.009mm$$

由附表 49 查得孔的表面粗糙度为 $Ra = 1.25\mu m$，端面表面粗糙度为 $Ra = 3.2\mu m$，齿顶圆表面粗糙度为 $Ra = 6.3\mu m$。

小齿轮零件图如图 7-54 所示。

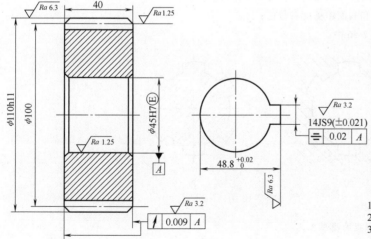

模数	m	5mm
齿数	z_1	20
标准压力角	α	20°
变位系数	x	0
精度等级		8-7-7
齿距累积总偏差允许值	F_p	0.055mm
单个齿距偏差允许值	$\pm f_p$	±0.013mm
齿廓总偏差允许值	F_α	0.019mm
螺旋线总偏差允许值	F_β	0.017mm
法向公法线长度	跨齿数	k	3
	公称值及极限偏差	$W_{k+E_{wmi}}^{+E_{wms}}$	$38.3_{-0.139}^{-0.079}$mm
配偶齿轮齿数	z_2	60
中心距及极限偏差	$a\pm f_a$	200 ± 0.036mm

技术要求
1. 未注尺寸公差按GB/T 1804—m
2. 公差原则按GB/T 4249
3. 未注几何公差按GB/T 1184—K

图 7-54 齿轮

习 题

7-1 平键连接的主要几何参数有哪些？为什么只对键（键槽）宽规定较严的公差？

7-2 平键连接的配合采用哪种基准制？有几种配合类型？

7-3 平键连接有哪些几何公差要求？数值如何确定？

7-4 在平键连接中，为什么要限制键和键槽的对称度误差？

7-5 花键连接的配合采用哪种基准制？

7-6 矩形花键装配形式有哪些？各适用于什么场合？

7-7 矩形花键的主要参数有哪些？定心方式有哪几种？哪种方式最常用？为什么？

7-8 矩形花键 $6 \times 23 \dfrac{H7}{f7} \times 26 \dfrac{H10}{a11} \times 6 \dfrac{H11}{d10}$ 的含义是什么？

7-9 某企业减速器中，一传动轴和齿轮孔采用平键连接，键的基本尺寸为（12mm×8mm×30mm），要求键在轴上和轮毂槽中均固定，承受中等载荷。传动轴和齿轮孔的配合选用 $\phi40H7/f6$。试将确定的孔、轴、槽宽和槽深的尺寸公差以及有关位置公差和表面粗糙度等要求标注在图 7-55 中。

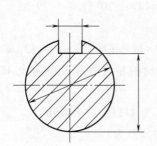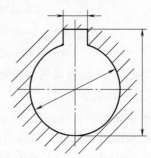

图 7-55　题 7-9 图

7-10 某机床变速箱中一滑移齿轮与花键轴连接，已知花键的规格为：6mm×26mm×30mm×6mm，花键孔长 30mm，花键轴长 75mm，其结合部位需经常做相对移动，且定心精度要求较高。试确定：

（1）齿轮花键孔和花键轴各主要尺寸的公差带代号和极限偏差；

（2）确定相应表面的几何公差和表面粗糙度参数值；

（3）将上述要求分别标注在图 7-56 中。

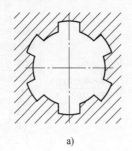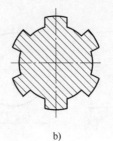

a)　　　　　　　　　　　　　b)

图 7-56　题 7-10 图

7-11 影响螺纹互换性的主要因素有哪些？

7-12 以外螺纹为例，试说明螺纹中径、单一中径和作用中径的含义和区别，三者在什么情况下是相等的？

7-13 什么是普通螺纹的互换性要求？从几何精度上如何保证普通螺纹的互换性要求？

7-14　同一精度级的螺纹，为什么旋合长度不同，中径公差等级也不同？

7-15　选择普通螺纹的精度等级时应考虑哪些因素？

7-16　按泰勒原则的规定，螺纹中径的上、下极限尺寸分别用来限制什么？如果有一螺纹的单一中径 $d_{2s}>d_{2min}$，而作用中径 $d_{2m}>d_{2max}$，问此螺栓是否合格？为什么？

7-17　圆柱螺纹的综合检验与单项检验各有什么特点？

7-18　解释下列螺纹标记的含义：

（1）M24-6H；

（2）M32×1.5-7g6g-S；

（3）M20-6H/5g6g-LH。

7-19　滚动轴承有哪几个精度等级？哪个精度等级应用最广？滚动轴承与轴、轴承座孔的配合采用哪种基准制？滚动轴承内、外径公差带的布置有什么特点？

7-20　某直齿圆柱齿轮减速器的转轴上安装两个 6211 型深沟球轴承（公称内径为 $\phi55mm$，公称外径为 $\phi100mm$，0 级精度），径向额定动载荷为 25kN，工作时内圈旋转，外圈固定，承受的径向当量动载荷为 1250N。试确定：

（1）与内圈配合的轴及与外圈配合的轴承座孔的公差带代号及应采用的公差原则；

（2）轴和轴承座孔的极限偏差、几何公差和表面粗糙度参数值。

7-21　与 6309 滚动轴承（公称内径为 $\phi45mm$，公称外径为 $\phi100mm$，6 级精度）配合的轴的公差带代号为 j5，轴承座的公差带代号为 H6。试画出这两对配合的孔、轴公差带示意图，并计算出它们的极限间隙或过盈。

7-22　齿轮传动的使用要求有哪些？

7-23　选择齿轮精度等级时应考虑哪些因素？

7-24　齿轮副精度的评定指标有哪些？

7-25　解释下列各代号的含义：

（1）8-8-7　GB/T 10095.1—2022；

（2）8（F_p）、7（F_α、F_β）GB/T 10095.1—2022。

7-26　有一 7 级精度的渐开线直齿圆柱齿轮，模数 $m=2mm$，齿数 $z=60$，标准压力角 $\alpha=20°$，现测得 $F_p=43\mu m$，$F_r=45\mu m$。问该齿轮的两项评定指标是否满足设计要求？

7-27　已知某减速器中的一对直齿圆柱齿轮，模数 $m=3.5mm$，标准压力角 $\alpha=20°$，传递的最大功率为 5kW，转速 $n_1=1440r/min$，采用油池润滑。小齿轮和大齿轮的齿数分别为 $z_1=18$，$z_2=79$，变位系数 $x=0$，齿宽分别为 $b_1=55mm$，$b_2=50mm$，小齿轮的齿轮轴的两个轴皆为 $\phi45mm$，大齿轮基准孔的公称尺寸为 $\phi60mm$，两轴承间距离 $L=100mm$。减速器工作时，齿轮温度会增高，要求保证最小法向侧隙 $j_{bnmin}=0.21mm$。试确定小齿轮和大齿轮的精度等级，检验项目及其允许值，并绘制齿轮工作图。

7-28　已知某通用减速器的一对齿轮，模数 $m=3.5mm$，标准压力角 $\alpha=20°$，小齿轮和大齿轮的齿数分别为 $z_1=25$，$z_2=100$，小齿轮为主动齿轮，转速 $n_1=1440r/min$，试确定小齿轮的精度等级。

7-29　某减速器中一对圆柱直齿轮，$m=5mm$，$z_1=20$，$z_2=60$，$\alpha=20°$，$x=0$，$b_1=50mm$，$b_2=46mm$，$n_1=960r/min$，箱体上两对轴承孔的跨距相等，$L=100mm$，齿轮为钢制，箱体为铸铁制造，单件小批生产。试确定：

（1）小齿轮的精度等级；

（2）小齿轮检验项目及其允许值；

（3）齿厚上、下极限偏差和公法线长度极限偏差值；

（4）齿轮箱体精度要求及允许值；

（5）齿坯精度要求及允许值；

（6）齿轮工作图。

附　　录

附表 1　优先数系的基本系列常用值（摘自 GB/T 321—2005）

R5	1.00		1.60		2.50		4.00		6.30		10.00
R10	1.00	1.25	1.60	2.00	2.50	3.15	4.00	5.00	6.30	8.00	10.00
R20	1.00	1.12	1.25	1.40	1.60	1.80	2.00	2.24	2.50	2.80	3.15
	3.55	4.00	4.50	5.00	5.60	6.30	7.10	8.00	9.00	10.00	
R40	1.00	1.06	1.12	1.18	1.25	1.32	1.40	1.50	1.60	1.70	1.80
	1.90	2.00	2.12	2.24	2.36	2.50	2.65	2.80	3.00	3.15	3.35
	3.55	3.75	4.00	4.25	4.50	4.75	5.00	5.30	5.60	6.00	6.30
	6.70	7.10	7.50	8.00	8.50	9.00	9.50	10.00			

附表 2　各级量块的精度指标（摘自 JJG 146—2011）　　　　（单位：μm）

量块的标称长度 l_n/mm	K 级		0 级		1 级		2 级		3 级	
	量块长度极限偏差 $\pm t_e$	长度变动量 v 的最大允许值 t_v	量块长度极限偏差 $\pm t_e$	长度变动量 v 的最大允许值 t_v	量块长度极限偏差 $\pm t_e$	长度变动量 v 的最大允许值 t_v	量块长度极限偏差 $\pm t_e$	长度变动量 v 的最大允许值 t_v	量块长度极限偏差 $\pm t_e$	长度变动量 v 的最大允许值 t_v
$l_n \leqslant 10$	±0.20	0.05	±0.12	0.10	±0.20	0.16	±0.45	0.30	±1.0	0.50
$10 < l_n \leqslant 25$	±0.30	0.05	±0.14	0.10	±0.30	0.16	±0.60	0.30	±1.2	0.50
$25 < l_n \leqslant 50$	±0.40	0.06	±0.20	0.10	±0.40	0.18	±0.80	0.30	±1.6	0.55
$50 < l_n \leqslant 75$	±0.50	0.06	±0.25	0.12	±0.50	0.18	±1.00	0.35	±2.0	0.55
$75 < l_n \leqslant 100$	±0.60	0.07	±0.30	0.12	±0.60	0.20	±1.20	0.35	±2.5	0.60
$100 < l_n \leqslant 150$	±0.80	0.08	±0.40	0.14	±0.80	0.20	±1.60	0.40	±3.0	0.65
$150 < l_n \leqslant 200$	±1.00	0.09	±0.50	0.16	±1.00	0.25	±2.0	0.40	±4.0	0.70
$200 < l_n \leqslant 250$	±1.20	0.10	±0.60	0.16	±1.20	0.25	±2.4	0.45	±5.0	0.75

注：距离量块测量面边缘 0.8mm 范围内不计。

附表 3　各等量块的精度指标（摘自 JJG 146—2011）　　　　（单位：μm）

量块的标称长度 l_n/mm	1 等		2 等		3 等		4 等		5 等	
	测量不确定度	长度变动量 v 的最大允许值 t_v	测量不确定度	长度变动量 v 的最大允许值 t_v	测量不确定度	长度变动量 v 的最大允许值 t_v	测量不确定度	长度变动量 v 的最大允许值 t_v	测量不确定度	长度变动量 v 的最大允许值 t_v
$l_n \leqslant 10$	0.022	0.05	0.06	0.10	0.11	0.16	0.22	0.30	0.6	0.50
$10 < l_n \leqslant 25$	0.025	0.05	0.07	0.10	0.12	0.16	0.25	0.30	0.6	0.50
$25 < l_n \leqslant 50$	0.030	0.06	0.08	0.10	0.15	0.18	0.30	0.30	0.8	0.55
$50 < l_n \leqslant 75$	0.035	0.06	0.09	0.12	0.18	0.18	0.35	0.35	0.9	0.55
$75 < l_n \leqslant 100$	0.040	0.07	0.10	0.12	0.20	0.20	0.40	0.35	1.0	0.60

（续）

量块的标称长度 l_n/mm	1 等		2 等		3 等		4 等		5 等	
	测量不确定度	长度变动量v的最大允许值 t_v	测量不确定度	长度变动量v的最大允许值 t_v	测量不确定度	长度变动量v的最大允许值 t_v	测量不确定度	长度变动量v的最大允许值 t_v	测量不确定度	长度变动量v的最大允许值 t_v
$100<l_n\leqslant150$	0.050	0.08	0.12	0.14	0.25	0.20	0.50	0.40	1.2	0.65
$150<l_n\leqslant200$	0.060	0.09	0.15	0.16	0.30	0.25	0.60	0.40	1.5	0.70
$200<l_n\leqslant250$	0.070	0.10	0.18	0.16	0.35	0.25	0.70	0.45	1.8	0.75

注：距离量块测量面边缘 0.8mm 范围内不计。

附表 4　公称尺寸≤500mm 的尺寸分段（摘自 GB/T 1800.1—2020）

主段落		中间段落		主段落		中间段落		主段落		中间段落	
大于	至	大于	至	大于	至	大于	至	大于	至	大于	至
—	3	—	—	30	50	30	40	180	250	180	200
						40	50			200	225
3	6	—	—							225	250
				50	80	50	65	250	315	250	280
6	10	—	—			65	80			280	315
10	18	10	14	80	120	80	100	315	400	315	355
		14	18			100	120			355	400
18	30	18	24	120	180	120	140	400	500	400	450
		24	30			140	160			450	500
						160	180				

附表 5　公称尺寸至 3150mm 的标准公差数值（摘自 GB/T 1800.1—2020）

公称尺寸 /mm		标准公差等级																			
		标准公差数值																			
大于	至	IT01	IT0	IT1	IT2	IT3	IT4	IT5	IT6	IT7	IT8	IT9	IT10	IT11	IT12	IT13	IT14	IT15	IT16	IT17	IT18
		μm													mm						
—	3	0.3	0.5	0.8	1.2	2	3	4	6	10	14	25	40	60	0.1	0.14	0.25	0.4	0.6	1	1.4
3	6	0.4	0.6	1	1.5	2.5	4	5	8	12	18	30	48	75	0.12	0.18	0.3	0.48	0.75	1.2	1.8
6	10	0.4	0.6	1	1.5	2.5	4	6	9	15	22	36	58	90	0.15	0.22	0.36	0.58	0.9	1.5	2.2
10	18	0.5	0.8	1.2	2	3	5	8	11	18	27	43	70	110	0.18	0.27	0.43	0.7	1.1	1.8	2.7
18	30	0.6	1	1.5	2.5	4	6	9	13	21	33	52	84	130	0.21	0.33	0.52	0.84	1.3	2.1	3.3
30	50	0.6	1	1.5	2.5	4	7	11	16	25	39	62	100	160	0.25	0.39	0.62	1	1.6	2.5	3.9
50	80	0.8	1.2	2	3	5	8	13	19	30	46	74	120	190	0.3	0.46	0.74	1.2	1.9	3	4.6
80	120	1	1.5	2.5	4	6	10	15	22	35	54	87	140	220	0.35	0.54	0.87	1.4	2.2	3.5	5.4

（续）

公称尺寸/mm		标准公差等级																			
		IT01	IT0	IT1	IT2	IT3	IT4	IT5	IT6	IT7	IT8	IT9	IT10	IT11	IT12	IT13	IT14	IT15	IT16	IT17	IT18
大于	至	标准公差数值																			
		μm												mm							
120	180	1.2	2	3.5	5	8	12	18	25	40	63	100	160	250	0.4	0.63	1	1.6	2.5	4	6.3
180	250	2	3	4.5	7	10	14	20	29	46	72	115	185	290	0.46	0.72	1.15	1.85	2.9	4.6	7.2
250	315	2.5	4	6	8	12	16	23	32	52	81	130	210	320	0.52	0.81	1.3	2.1	3.2	5.2	8.1
315	400	3	5	7	9	13	18	25	36	57	89	140	230	360	0.57	0.89	1.4	2.3	3.6	5.7	8.9
400	500	4	6	8	10	15	20	27	40	63	97	155	250	400	0.63	0.97	1.55	2.5	4	6.3	9.7
500	630			9	11	16	22	32	44	70	110	175	280	440	0.7	1.1	1.75	2.8	4.4	7	11
630	800			10	13	18	25	36	50	80	125	200	320	500	0.8	1.25	2	3.2	5	8	12.5
800	1000			11	15	21	28	40	56	90	140	230	360	560	0.9	1.4	2.3	3.6	5.6	9	14
1000	1250			13	18	24	33	47	66	105	165	260	420	660	1.05	1.65	2.6	4.2	6.6	10.5	16.5
1250	1600			15	21	29	39	55	78	125	195	310	500	780	1.25	1.95	3.1	5	7.8	12.5	19.5
1600	2000			18	25	35	46	65	92	150	230	370	600	920	1.5	2.3	3.7	6	9.2	15	23
2000	2500			22	30	41	55	78	110	175	280	440	700	1100	1.75	2.8	4.4	7	11	17.5	28
2500	3150			26	36	50	68	96	135	210	330	540	860	1350	2.1	3.3	5.4	8.6	13.5	21	33

附表 6　IT01、IT0 的标准公差数值（摘自 GB/T 1800.1—2020）

公称尺寸/mm		标准公差等级	
		IT01	IT0
大于	至	公差/μm	
—	3	0.3	0.5
3	6	0.4	0.6
6	10	0.4	0.6
10	18	0.5	0.8
18	30	0.6	1
30	50	0.6	1
50	80	0.8	1.2
80	120	1	1.5
120	180	1.2	2
180	250	2	3
250	315	2.5	4
315	400	3	5
400	500	4	6

附表 7　公称尺寸≤500mm 轴的基本偏差

公称尺寸/mm	上极限偏差,es 所有公差等级												基本偏				
	a[①]	b[①]	c	cd	d	e	ef	f	fg	g	h	js	IT5 和 IT6	IT7	IT8	IT4 至 IT7	≤IT3, >IT7
													j			k	
≤3	−270	−140	−60	−34	−20	−14	−10	−6	−4	−2	0		−2	−4	−6	0	0
>3~6	−270	−140	−70	−46	−30	−20	−14	−10	−6	−4	0		−2	−4	—	+1	0
>6~10	−280	−150	−80	−56	−40	−25	−18	−13	−8	−5	0		−2	−5	—	+1	0
>10~14	−290	−150	−95	−70	−50	−32	−23	−16	−10	−6	0		−3	−6	—	+1	0
>14~18	−290	−150	−95	−70	−50	−32	−23	−16	−10	−6	0		−3	−6	—	+1	0
>18~24	−300	−160	−110	−85	−65	−40	−25	−20	−12	−7	0		−4	−8	—	+2	0
>24~30	−300	−160	−110	−85	−65	−40	−25	−20	−12	−7	0		−4	−8	—	+2	0
>30~40	−310	−170	−120	−100	−80	−50	−35	−25	−15	−9	0		−5	−10	—	+2	0
>40~50	−320	−180	−130	−100	−80	−50	−35	−25	−15	−9	0		−5	−10	—	+2	0
>50~65	−340	−190	−140	—	−100	−60	—	−30	—	−10	0	偏差 = $\pm\dfrac{ITn}{2}$,式中 n 为标准公差等级数	−7	−12	—	+2	0
>65~80	−360	−200	−150	—	−100	−60	—	−30	—	−10	0		−7	−12	—	+2	0
>80~100	−380	−220	−170	—	−120	−72	—	−36	—	−12	0		−9	−15	—	+3	0
>100~120	−410	−240	−180	—	−120	−72	—	−36	—	−12	0		−9	−15	—	+3	0
>120~140	−460	−260	−200	—	−145	−85	—	−43	—	−14	0		−11	−18	—	+3	0
>140~160	−520	−280	−210	—	−145	−85	—	−43	—	−14	0		−11	−18	—	+3	0
>160~180	−580	−310	−230	—	−145	−85	—	−43	—	−14	0		−11	−18	—	+3	0
>180~200	−660	−340	−240	—	−170	−100	—	−50	—	−15	0		−13	−21	—	+4	0
>200~225	−740	−380	−260	—	−170	−100	—	−50	—	−15	0		−13	−21	—	+4	0
>225~250	−820	−420	−280	—	−170	−100	—	−50	—	−15	0		−13	−21	—	+4	0
>250~280	−920	−480	−300	—	−190	−110	—	−56	—	−17	0		−16	−26	—	+4	0
>280~315	−1050	−540	−330	—	−190	−110	—	−56	—	−17	0		−16	−26	—	+4	0
>315~355	−1200	−600	−360	—	−210	−125	—	−62	—	−18	0		−18	−28	—	+4	0
>355~400	−1350	−680	−400	—	−210	−125	—	−62	—	−18	0		−18	−28	—	+4	0
>400~450	−1500	−760	−440	—	−230	−135	—	−68	—	−20	0		−20	−32	—	+5	0
>450~500	−1650	−840	−480	—	−230	−135	—	−68	—	−20	0		−20	−32	—	+5	0

① 公称尺寸≤1mm 时，不使用基本偏差 a 和 b。

数值（摘自 GB/T 1800.1—2020）　　　　　　　　　　　　　　　　　（单位：μm）

差数值

下极限偏差，*ei*

					所有公差等级								
m	n	p	r	s	t	u	v	x	y	z	za	zb	zc
+2	+4	+6	+10	+14	—	+18	—	+20	—	+26	+32	+40	+60
+4	+8	+12	+15	+19	—	+23	—	+28	—	+35	+42	+50	+80
+6	+10	+15	+19	+23	—	+28	—	+34	—	+42	+52	+67	+97
+7	+12	+18	+23	+28	—	+33	—	+40	—	+50	+64	+90	+130
+7	+12	+18	+23	+28	—	+33	+39	+45	—	+60	+77	+108	+150
+8	+15	+22	+28	+35	—	+41	+47	+54	+63	+73	+98	+136	+188
+8	+15	+22	+28	+35	+41	+48	+55	+64	+75	+88	+118	+160	+218
+9	+17	+26	+34	+43	+48	+60	+68	+80	+94	+112	+148	+200	+274
+9	+17	+26	+34	+43	+54	+70	+81	+97	+114	+136	+180	+242	+325
+11	+20	+32	+41	+53	+66	+87	+102	+122	+144	+172	+226	+300	+405
+11	+20	+32	+43	+59	+75	+102	+120	+146	+174	+210	+274	+360	+480
+13	+23	+37	+51	+71	+91	+124	+146	+178	+214	+258	+335	+445	+585
+13	+23	+37	+54	+79	+104	+144	+172	+210	+254	+310	+400	+525	+690
+15	+27	+43	+63	+92	+122	+170	+202	+248	+300	+365	+470	+620	+800
+15	+27	+43	+65	+100	+134	+190	+228	+280	+340	+415	+535	+700	+900
+15	+27	+43	+68	+108	+146	+210	+252	+310	+380	+465	+600	+780	+1000
+17	+31	+50	+77	+122	+166	+236	+284	+350	+425	+520	+670	+880	+1150
+17	+31	+50	+80	+130	+180	+258	+310	+385	+470	+575	+740	+960	+1250
+17	+31	+50	+84	+140	+196	+284	+340	+425	+520	+640	+820	+1050	+1350
+20	+34	+56	+94	+158	+218	+315	+385	+475	+580	+710	+920	+1200	+1550
+20	+34	+56	+98	+170	+240	+350	+425	+525	+650	+790	+1000	+1300	+1700
+21	+37	+62	+108	+190	+268	+390	+475	+590	+730	+900	+1150	+1500	+1900
+21	+37	+62	+114	+208	+294	+435	+530	+660	+820	+1000	+1300	+1650	+2100
+23	+40	+68	+126	+232	+330	+490	+595	+740	+920	+1100	+1450	+1850	+2400
+23	+40	+68	+132	+252	+360	+540	+660	+820	+1000	+1250	+1600	+2100	+2600

附表8 公称尺寸≤500mm孔的基本偏差

基本偏

公称尺寸/mm	下极限偏差,EI 所有公差等级											JS	J			K[3]		M[2,3]	
	A[1]	B[1]	C	CD	D	E	EF	F	FG	G	H		IT6	IT7	IT8	≤IT8	>IT8	≤IT8	>IT8
≤3	+270	+140	+60	+34	+20	+14	+10	+6	+4	+2	0		+2	+4	+6	0	0	−2	−2
>3~6	+270	+140	+70	+46	+30	+20	+14	+10	+6	+4	0		+5	+6	+10	−1+Δ	—	−4+Δ	−4
>6~10	+280	+150	+80	+56	+40	+25	+18	+13	+8	+5	0		+5	+8	+12	−1+Δ	—	−6+Δ	−6
>10~14	+290	+150	+95	+70	+50	+32	+23	+16	+10	+6	0		+6	+10	+15	−1+Δ	—	−7+Δ	−7
>14~18																			
>18~24	+300	+160	+110	+85	+65	+40	+28	+20	+12	+7	0		+8	+12	+20	−2+Δ	—	−8+Δ	−8
>24~30																			
>30~40	+310	+170	+120	+100	+80	+50	+35	+25	+15	+9	0		+10	+14	+24	−2+Δ	—	−9+Δ	−9
>40~50	+320	+180	+130																
>50~65	+340	+190	+140	—	+100	+60	—	+30	—	+10	0	偏差=±$\frac{ITn}{2}$,式中n为标准公差等级数	+13	+18	+28	−2+Δ	—	−11+Δ	−11
>65~80	+360	+200	+150																
>80~100	+380	+220	+170	—	+120	+72	—	+36	—	+12	0		+16	+22	+34	−3+Δ	—	−13+Δ	−13
>100~120	+410	+240	+180																
>120~140	+460	+260	+200	—	+145	+85	—	+43	—	+14	0		+18	+26	+41	−3+Δ	—	−15+Δ	−15
>140~160	+520	+280	+210																
>160~180	+580	+310	+230																
>180~200	+660	+340	+240	—	+170	+100	—	+50	—	+15	0		+22	+30	+47	−4+Δ	—	−17+Δ	−17
>200~225	+740	+380	+260																
>225~250	+820	+420	+280																
>250~280	+920	+480	+300	—	+190	+110	—	+56	—	+17	0		+25	+36	+55	−4+Δ	—	−20+Δ	−20
>280~315	+1050	+540	+330																
>315~355	+1200	+600	+360	—	+210	+125	—	+62	—	+18	0		+29	+39	+60	−4+Δ	—	−21+Δ	−21
>355~400	+1350	+680	+400																
>400~450	+1500	+760	+440	—	+230	+135	—	+68	—	+20	0		+33	+43	+66	−5+Δ	—	−23+Δ	−23
>450~500	+1650	+840	+480																

① 公称尺寸≤1mm时,不适用基本偏差 A 和 B。

② 特例:对于公称尺寸大于 250~315mm 的公差带代号 M6,$ES=-9\mu m$（计算结果不是 $-11\mu m$）。

③ 对于≤IT8 的 K、M 和≤IT7 的 P~ZC,均应加一个 Δ 值,Δ 值从表中选取。

数值（摘自 GB/T 1800.1—2020）　　　　　　　　　　　　　　　　　　　（单位：μm）

差数值

上极限偏差,ES														Δ 值标准公差等级					
≤IT8	>IT8	≤IT7	>IT7 的标准公差等级																
N①,②	P~ZC③	P	R	S	T	U	V	X	Y	Z	ZA	ZB	ZC	IT3	IT4	IT5	IT6	IT7	IT8
−4	−4	−6	−10	−14	—	−18	—	−20	—	−26	−32	−40	−60	0	0	0	0	0	0
−8+Δ	0	−12	−15	−19	—	−23	—	−28	—	−35	−42	−50	−80	1	1.5	1	3	4	6
−10+Δ	0	−15	−19	−23	—	−28	—	−34	—	−42	−52	−67	−97	1	1.5	2	3	6	7
−12+Δ	0	−18	−23	−28	—	−33	—	−40	—	−50	−64	−90	−130	1	2	3	3	7	9
							−39	−45	—	−60	−77	−108	−150						
−15+Δ	0	−22	−28	−35	—	−41	−47	−54	−63	−73	−98	−136	−188	1.5	2	3	4	8	12
					−41	−48	−55	−64	−75	−88	−118	−160	−218						
−17+Δ	0	−26	−34	−43	−48	−60	−68	−80	−94	−112	−148	−200	−274	1.5	3	4	5	9	14
					−54	−70	−81	−97	−114	−136	−180	−242	−325						
−20+Δ	0	−32	−41	−53	−66	−87	−102	−122	−144	−172	−226	−300	−405	2	3	5	6	11	16
			−43	−59	−75	−102	−120	−146	−174	−210	−274	−360	−480						
−23+Δ	0	−37	−51	−71	−91	−124	−146	−178	−214	−258	−335	−445	−585	2	4	5	7	13	19
			−54	−79	−104	−144	−172	−210	−254	−310	−400	−525	−690						
−27+Δ	0	−43	−63	−92	−122	−170	−202	−248	−300	−365	−470	−620	−800	3	4	6	7	15	23
			−65	−100	−134	−190	−228	−280	−340	−415	−535	−700	−900						
			−68	−108	−146	−210	−252	−310	−380	−465	−600	−780	−1000						
−31+Δ	0	−50	−77	−122	−166	−236	−284	−350	−425	−520	−670	−880	−1150	3	4	6	9	17	26
			−80	−130	−180	−258	−310	−385	−470	−575	−740	−960	−1250						
			−84	−140	−196	−284	−340	−425	−520	−640	−820	−1050	−1350						
−34+Δ	0	−56	−94	−158	−218	−315	−385	−475	−580	−710	−920	−1200	−1550	4	4	7	9	20	29
			−98	−170	−240	−350	−425	−525	−650	−790	−1000	−1300	−1700						
−37+Δ	0	−62	−108	−190	−268	−390	−475	−590	−730	−900	−1150	−1500	−1900	4	5	7	11	21	32
			−114	−208	−294	−435	−530	−660	−820	−1000	−1300	−1650	−2100						
−40+Δ	0	−68	−126	−232	−330	−490	−595	−740	−920	−1100	−1450	−1850	−2400	5	5	7	13	23	34
			−132	−252	−360	−540	−660	−820	−1000	−1250	−1600	−2100	−2600						

P~ZC③ 列：在 >IT7 的标准公差等级的基本偏差数值上增加一个 Δ 值

附表 9 孔的优先公差带的极限偏差（摘自 GB/T 1800.2—2020）　（单位：μm）

公称尺寸/mm	公差带												
	C11	D9	F8	G7	H7	H8	H9	H11	K7	N7	P7	S7	U7
>18~24	+240	+117	+53	+28	+21	+33	+52	+130	+6	-7	-14	-27	-33 / -54
>24~30	+110	+65	+20	+7	0	0	0	0	-15	-28	-35	-48	-40 / -61
>30~40	+280 / +120	+142	+64	+34	+25	+39	+62	+160	+7	-8	-17	-34	-51 / -76
>40~50	+290 / +130	+80	+25	+9	0	0	0	0	-18	-33	-42	-59	-61 / -86
>50~65	+330 / +140	+174	+76	+40	+30	+46	+74	+190	+9	-9	-21	-42 / -72	-76 / -106
>65~80	+340 / +150	+100	+30	+10	0	0	0	0	-21	-39	-51	-48 / -78	-91 / -121
>80~100	+390 / +170	+207	+90	+47	+35	+54	+87	+220	+10	-10	-24	-58 / -93	-111 / -146
>100~120	+400 / +180	+120	+36	+12	0	0	0	0	-25	-45	-59	-66 / -101	-131 / -166
>120~140	+450 / +200											-77 / -117	-155 / -195
>140~160	+460 / +210	+245 / +145	+106 / +43	+54 / +14	+40 / 0	+63 / 0	+100 / 0	+250 / 0	+12 / -28	-12 / -52	-28 / -68	-85 / -125	-175 / -215
>160~180	+480 / +230											-93 / -133	-195 / -235

附表 10 轴的优先公差带的极限偏差（摘自 GB/T 1800.2—2020）　（单位：μm）

公称尺寸/mm	公差带												
	c11	d9	f7	g6	h6	h7	h9	h11	k6	n6	p6	s6	u6
>18~24	-110	-65	-20	-7	0	0	0	0	+15	+28	+35	+48	+54 / +41
>24~30	-240	-117	-41	-20	-13	-21	-52	-130	+2	+15	+22	+35	+61 / +48
>30~40	-120 / -280	-80	-25	-9	0	0	0	0	+18	+33	+42	+59	+76 / +60
>40~50	-130 / -290	-142	-50	-25	-16	-25	-62	-160	+2	+17	+26	+43	+86 / +70
>50~65	-140 / -330	-100	-30	-10	0	0	0	0	+21	+39	+51	+72 / +53	+106 / +87
>65~80	-150 / -340	-174	-60	-29	-19	-30	-74	-190	+2	+20	+32	+78 / +59	+121 / +102
>80~100	-170 / -390	-120 / -207	-36 / -71	-12 / -34	0 / -22	0 / -35	0 / -87	0 / -220	+25 / +3	+45 / +23	+59 / +37	+93 / +71	+146 / +124

（续）

公称尺寸 /mm	公差带												
	c11	d9	f7	g6	h6	h7	h9	h11	k6	n6	p6	s6	u6
>100~120	−180 −400	−120 −207	−36 −71	−12 −34	0 −22	0 −35	0 −87	0 −220	+25 +3	+45 +23	+59 +37	+101 +79	+166 +144
>120~140	−200 −450											+117 +92	+195 +170
>140~160	−210 −460	−145 −245	−43 −83	−14 −39	0 −25	0 −40	0 −100	0 −250	+28 +3	+52 +27	+68 +43	+125 +100	+215 +190
>160~180	−230 −480											+133 +108	+235 +210

附表 11　基孔制与基轴制优先配合的极限间隙或极限过盈（摘自 GB/T 1800. 1—2020）

（单位：μm）

基孔制		$\dfrac{H7}{g6}$	$\dfrac{H7}{h6}$	$\dfrac{H8}{f7}$	$\dfrac{H8}{h7}$	$\dfrac{H9}{d9}$	$\dfrac{H9}{h9}$	$\dfrac{H11}{c11}$	$\dfrac{H11}{h11}$	$\dfrac{H7}{k6}$	$\dfrac{H7}{n6}$	$\dfrac{H7}{p6}$	$\dfrac{H7}{s6}$	$\dfrac{H7}{u6}$
基轴制		$\dfrac{G7}{h6}$	$\dfrac{H7}{h6}$	$\dfrac{F8}{h7}$	$\dfrac{H8}{h7}$	$\dfrac{D9}{h9}$	$\dfrac{H9}{h9}$	$\dfrac{C11}{h11}$	$\dfrac{H11}{h11}$	$\dfrac{K7}{h6}$	$\dfrac{N7}{h6}$	$\dfrac{P7}{h6}$	$\dfrac{S7}{h6}$	$\dfrac{U7}{h6}$
公称尺寸 /mm	>24~30	+41 +7	+34 0	+74 +20	+54 0	+169 +65	+104 0	+370 +110	+260 0	+19 −15	+6 −28	−1 −35	−14 −48	−27 −61
	>30~40	+50 +9	+41 0	+89 +25	+64 0	+204 +80	+124 0	+440 +120	+320 0	+23 −18	+8 −33	−1 −42	−18 −59	−35 −76
	>40~50							+450 +130						−45 −86
	>50~65	+59 +10	+49 0	+106 +30	+76 0	+248 +100	+148 0	+520 +140	+380 0	+28 −21	+10 −39	−2 −51	−23 −72	−57 −106
	>65~80							+530 +150					−29 −78	−72 −121
	>80~100	+69 +12	+57 0	+125 +36	+89 0	+294 +120	+174 0	+610 +170	+440 0	+32 −25	+12 −45	−2 −59	−36 −93	−89 −146
	>100~120							+620 +180					−44 −101	−109 −166
	>120~140							+700 +200					−52 −117	−130 −195
	>140~160	+79 +14	+65 0	+146 +43	+103 0	+345 +145	+200 0	+710 +210	+500 0	+37 −28	+13 −52	−3 −68	−60 −125	−150 −215
	>160~180							+730 +230					−68 −133	−170 −235

附表 12　公称尺寸大于 500mm 至 3150mm 的孔、轴的基本偏差数值（摘自 GB/T 1800.1—2020）

（单位：μm）

公称尺寸/mm	上极限偏差 es(负值)					下极限偏差 ei(正值)									
	d	e	f	g	h	js	k	m	n	p	r	s	t	u
>500~560	260	145	76	22	0		0	26	44	78	150	280	400	600
>560~630											155	310	450	660
>630~710	290	160	80	24	0		0	30	50	88	175	340	500	740
>710~800											185	380	560	840
>800~900	320	170	86	26	0		0	34	56	100	210	430	620	940
>900~1000											220	470	680	1050
>1000~1120	350	195	98	28	0	偏差=±ITn/2，式中 n 是标准公差等级数	0	40	66	120	250	520	780	1150
>1120~1250											260	580	840	1300
>1250~1400	390	220	110	30	0		0	48	78	140	300	640	960	1450
>1400~1600											330	720	1050	1600
>1600~1800	430	240	120	32	0		0	58	92	170	370	820	1200	1850
>1800~2000											400	920	1350	2000
>2000~2240	480	260	130	34	0		0	68	110	195	440	1000	1500	2300
>2240~2500											460	1100	1650	2500
>2500~2800	520	290	145	38	0		0	76	135	240	550	1250	1900	2900
>2800~3150											580	1400	2100	3200
公称尺寸/mm	D	E	F	G	H	JS	K	M	N	P	R	S	T	U
	下极限偏差 EI(正值)					上极限偏差 ES(负值)								

注：对于公差带 js7 至 js11（JS7 至 JS11），若 ITn 的数值（μm）为奇数，则取偏差=±(ITn-1)/2。

附表 13　未注公差线性尺寸的极限偏差数值（摘自 GB/T 1804—2000）（单位：mm）

公差等级	公称尺寸分段							
	0.5~3	>3~6	>6~30	>30~120	>120~400	>400~1000	>1000~2000	>2000~4000
f（精密级）	±0.05	±0.05	±0.1	±0.15	±0.2	±0.3	±0.5	—
m（中等级）	±0.1	±0.1	±0.2	±0.3	±0.5	±0.8	±1.2	±2
c（粗糙级）	±0.2	±0.3	±0.5	±0.8	±1.2	±2	±3	±4
v（最粗级）	—	±0.5	±1	±1.5	±2.5	±4	±6	±8

附表 14　倒圆半径和倒角高度尺寸的极限偏差数值（摘自 GB/T 1804—2000）

（单位：mm）.

公差等级	公称尺寸分段			
	0.5~3	>3~6	>6~30	>30
f（精密级）	±0.2	±0.5	±1	±2
m（中等级）				
c（粗糙级）	±0.4	±1	±2	±4
v（最粗级）				

注：倒圆半径和倒角高度的含义参见国家标准 GB/T 6403.4—2008《零件倒圆与倒角》。

附表 15 圆度、圆柱度的公差值（摘自 GB/T 1184—1996） （单位：μm）

主参数	公差等级												
d, D/mm	0	1	2	3	4	5	6	7	8	9	10	11	12
≤3	0.1	0.2	0.3	0.5	0.8	1.2	2	3	4	6	10	14	25
>3~6	0.1	0.2	0.4	0.6	1	1.5	2.5	4	5	8	12	18	30
>6~10	0.12	0.25	0.4	0.6	1	1.5	2.5	4	6	9	15	22	36
>10~18	0.15	0.25	0.5	0.8	1.2	2	3	5	8	11	18	27	43
>18~30	0.2	0.3	0.6	1	1.5	2.5	4	6	9	13	21	33	52
>30~50	0.25	0.4	0.6	1	1.5	2.5	4	7	11	16	25	39	62
>50~80	0.3	0.5	0.8	1.2	2	3	5	8	13	19	30	46	74
>80~120	0.4	0.6	1	1.5	2.5	4	6	10	15	22	35	54	87
>120~180	0.6	1	1.2	2	3.5	5	8	12	18	25	40	63	100
>180~250	0.8	1.2	2	3	4.5	7	10	14	20	29	46	72	115
>250~315	1.0	1.6	2.5	4	6	8	12	16	23	32	52	81	130
>315~400	1.2	2	3	5	7	9	13	18	25	36	57	89	140
>400~500	1.5	2.5	4	6	8	10	15	20	27	40	63	97	155

主参数 d, D 图例

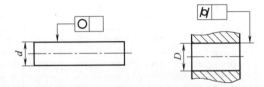

附表 16 直线度、平面度的公差值（摘自 GB/T 1184—1996） （单位：μm）

主参数	公差等级											
L/mm	1	2	3	4	5	6	7	8	9	10	11	12
≤10	0.2	0.4	0.8	1.2	2	3	5	8	12	20	30	60
>10~16	0.25	0.5	1	1.5	2.5	4	6	10	15	25	40	80
>16~25	0.3	0.6	1.2	2	3	5	8	12	20	30	50	100
>25~40	0.4	0.8	1.5	2.5	4	6	10	15	25	40	60	120
>40~63	0.5	1	2	3	5	8	12	20	30	50	80	150
>63~100	0.6	1.2	2.5	4	6	10	15	25	40	60	100	200
>100~160	0.8	1.5	3	5	8	12	20	30	50	80	120	250
>160~250	1	2	4	6	10	15	25	40	60	100	150	300
>250~400	1.2	2.5	5	8	12	20	30	50	80	120	200	400
>400~630	1.5	3	6	10	15	25	40	60	100	150	250	500
>630~1000	2	4	8	12	20	30	50	80	120	200	300	600
>1000~1600	2.5	5	10	15	25	40	60	100	150	250	400	800
>1600~2500	3	6	12	20	30	50	80	120	200	300	500	1000
>2500~4000	4	8	15	25	40	60	100	150	250	400	600	1200
>4000~6300	5	10	20	30	50	80	120	200	300	500	800	1500
>6300~10000	6	12	25	40	60	100	150	250	400	600	1000	2000

主参数 L 图例

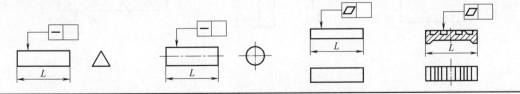

附表 17 平行度、垂直度、倾斜度的公差值（摘自 GB/T 1184—1996）（单位：μm）

主参数 L、$d(D)$/mm	公差等级											
	1	2	3	4	5	6	7	8	9	10	11	12
≤10	0.4	0.8	1.5	3	5	8	12	20	30	50	80	120
>10~16	0.5	1	2	4	6	10	15	25	40	60	100	150
>16~25	0.6	1.2	2.5	5	8	12	20	30	50	80	120	200
>25~40	0.8	1.5	3	6	10	15	25	40	60	100	150	250
>40~63	1	2	4	8	12	20	30	50	80	120	200	300
>63~100	1.2	2.5	5	10	15	25	40	60	100	150	250	400
>100~160	1.5	3	6	12	20	30	50	80	120	200	300	500
>160~250	2	4	8	15	25	40	60	100	150	250	400	600
>250~400	2.5	5	10	20	30	50	80	120	200	300	500	800
>400~630	3	6	12	25	40	60	100	150	250	400	600	1000
>630~1000	4	8	15	30	50	80	120	200	300	500	800	1200
>1000~1600	5	10	20	40	60	100	150	250	400	600	1000	1500
>1600~2500	6	12	25	50	80	120	200	300	500	800	1200	2000
>2500~4000	8	15	30	60	100	150	250	400	600	1000	1500	2500
>4000~6300	10	20	40	80	120	200	300	500	800	1200	2000	3000
>6300~10000	12	25	50	100	150	250	400	600	1000	1500	2500	4000

主参数 L, $d(D)$ 图例

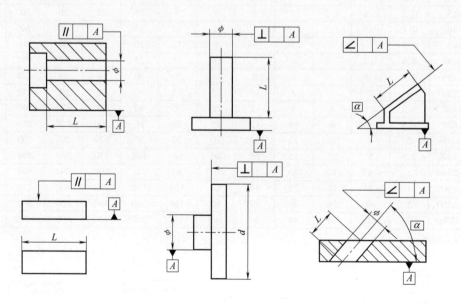

附表 18　同轴度、对称度、圆跳动、全跳动的公差值（摘自 GB/T 1184—1996）

（单位：μm）

主参数 d(D),B,L /mm	公差等级											
	1	2	3	4	5	6	7	8	9	10	11	12
≤1	0.4	0.6	1.0	1.5	2.5	4	6	10	15	25	40	60
>1~3	0.4	0.6	1.0	1.5	2.5	4	6	10	20	40	60	120
>3~6	0.5	0.8	1.2	2	3	5	8	12	25	50	80	150
>6~10	0.6	1	1.5	2.5	4	6	10	15	30	60	100	200
>10~18	0.8	1.2	2	3	5	8	12	20	40	80	120	250
>18~30	1	1.5	2.5	4	6	10	15	25	50	100	150	300
>30~50	1.2	2	3	5	8	12	20	30	60	120	200	400
>50~120	1.5	2.5	4	6	10	15	25	40	80	150	250	500
>120~250	2	3	5	8	12	20	30	50	100	200	300	600
>250~500	2.5	4	6	10	15	25	40	60	120	250	400	800
>500~800	3	5	8	12	20	30	50	80	150	300	500	1000
>800~1250	4	6	10	15	25	40	60	100	200	400	600	1200
>1250~2000	5	8	12	20	30	50	80	120	250	500	800	1500
>2000~3150	6	10	15	25	40	60	100	150	300	600	1000	2000
>3150~5000	8	12	20	30	50	80	120	200	400	800	1200	2500
>5000~8000	10	15	25	40	60	100	150	250	500	1000	1500	3000
>8000~10000	12	20	30	50	80	120	200	300	600	1200	2000	4000

主参数 d(D),B,L 图例

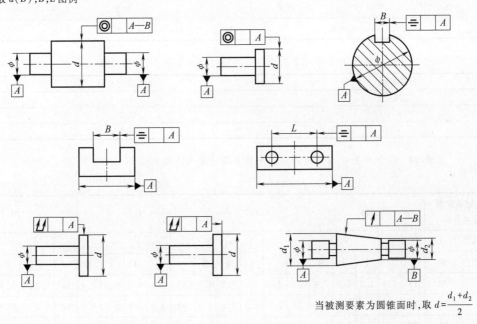

当被测要素为圆锥面时,取 $d = \dfrac{d_1 + d_2}{2}$

附表 19　位置度的公差值数系（摘自 GB/T 1184—1996）　（单位：μm）

1	1.2	1.5	2	2.5	3	4	5	6	8
1×10^n	1.2×10^n	1.5×10^n	2×10^n	2.5×10^n	3×10^n	4×10^n	5×10^n	6×10^n	8×10^n

注：n 为正整数。

附表 20　直线度、平面度的未注公差值（摘自 GB/T 1184—1996）　（单位：mm）

公差等级	公称长度范围					
	≤10	>10~30	>30~100	>100~300	>300~1000	>1000~3000
H	0.02	0.05	0.1	0.2	0.3	0.4
K	0.05	0.1	0.2	0.4	0.6	0.8
L	0.1	0.2	0.4	0.8	1.2	1.6

注："公称长度"对于直线度是指提取长度；对于平面度是指平面较长一边的长度，对于圆平面，则是指直径。

附表 21　垂直度的未注公差值（摘自 GB/T 1184—1996）　（单位：mm）

公差等级	公称长度范围			
	≤100	>100~300	>300~1000	>1000~3000
H	0.2	0.3	0.4	0.5
K	0.4	0.6	0.8	1
L	0.6	1	1.5	2

附表 22　对称度的未注公差值（摘自 GB/T 1184—1996）　（单位：mm）

公差等级	公称长度范围			
	≤100	>100~300	>300~1000	>1000~3000
H	0.5			
K	0.6		0.8	1
L	0.6	1	1.5	2

附表 23　圆跳动的未注公差值（摘自 GB/T 1184—1996）　（单位：mm）

公差等级	圆跳动公差值
H	0.1
K	0.2
L	0.5

附表 24　安全裕度 A 与计量器具的测量不确定度允许值 u_1（摘自 GB/T 3177—2009）

（单位：μm）

孔、轴的标准公差等级		IT6		u_1			IT7		u_1			IT8		u_1			IT9		u_1		
公称尺寸/mm		T	A	Ⅰ	Ⅱ	Ⅲ	T	A	Ⅰ	Ⅱ	Ⅲ	T	A	Ⅰ	Ⅱ	Ⅲ	T	A	Ⅰ	Ⅱ	Ⅲ
大于	至																				
18	30	13	1.3	1.2	2.0	2.9	21	2.1	1.9	3.2	4.7	33	3.3	3.0	5.0	7.4	52	5.2	4.7	7.8	12
30	50	16	1.6	1.4	2.4	3.6	25	2.5	2.3	3.8	5.6	39	3.9	3.5	5.9	8.8	62	6.2	5.6	9.3	14
50	80	19	1.9	1.7	2.9	4.3	30	3.0	2.7	4.5	5.8	46	4.6	4.1	6.9	10	74	7.4	6.7	11	17

（续）

孔、轴的标准公差等级		IT6					IT7					IT8					IT9				
公称尺寸/mm		T	A	u_1			T	A	u_1			T	A	u_1			T	A	u_1		
大于	至			I	II	III			I	II	III			I	II	III			I	II	III
80	120	22	2.2	2.0	3.3	5.0	35	3.5	3.2	5.3	7.9	54	5.4	4.9	8.1	12	87	8.7	7.8	13	20
120	180	25	2.5	2.3	3.8	5.6	40	4.0	3.6	6.0	9.0	63	6.3	5.7	9.5	14	100	10	9.0	15	23
180	250	29	2.9	2.6	4.4	6.5	46	4.6	4.1	6.9	10	72	7.2	6.5	11	16	115	12	10	17	26

孔、轴的标准公差等级		IT10					IT11					IT12					IT13			
公称尺寸/mm		T	A	u_1			T	A	u_1			T	A	u_1			T	A	u_1	
大于	至			I	II	III			I	II	III			I	II	III			I	II
18	30	84	8.4	7.6	13	19	130	13	12	20	29	210	21	19	32		330	33	30	50
30	50	100	10	9.0	15	23	160	16	14	24	36	250	25	23	38		390	39	35	59
50	80	120	12	11	18	27	190	19	17	29	43	300	30	27	45		460	46	41	69
80	120	140	14	13	21	32	220	22	20	33	50	350	35	32	53		540	54	49	81
120	180	160	16	15	24	36	250	25	23	38	56	400	40	36	60		630	63	57	95
180	250	185	19	17	28	42	290	29	26	44	65	460	46	41	69		720	72	65	110

注：T 为孔、轴的尺寸公差。

附表 25　千分尺和游标卡尺的测量不确定度

尺寸范围/mm	分度值 0.01mm 外径千分尺	分度值 0.01mm 内径千分尺	分度值 0.02mm 游标卡尺	分度值 0.05mm 游标卡尺
	测量不确定度 u_1'/mm			
≤50	0.004	0.008	0.020	0.050
>50~100	0.005			
>100~150	0.006	0.013		
>150~200	0.007			

注：1. 当采用比较测量时，千分尺的测量不确定度可小于本表规定的数值。

2. 当所选用的计量器具的 $u_1' > u_1$ 时，需按 u_1' 计算出扩大的安全裕度 $A'\left(A' = \dfrac{u_1'}{0.9}\right)$；当 A' 不超过工件公差15%时，允许选用该计量器具。此时需按 A' 数值确定上、下验收极限。

附表 26　比较仪的测量不确定度

尺寸范围/mm	分度值为 0.0005mm	分度值为 0.001mm	分度值为 0.002mm	分度值为 0.005mm
	测量不确定度 u_1'/mm			
≤25	0.0006	0.0010	0.0017	0.0030
>25~40	0.0007			
>40~65	0.0008	0.0011	0.0018	
>65~90				
>90~115	0.0009	0.0012	0.0019	

注：本表规定的数值是指测量时，使用的标准器由四块 1 级（或 4 等）量块组成的数值。

附表 27　指示表的测量不确定度

尺寸范围 /mm	分度值为 0.001mm 的千分表（0 级在全程范围内，1 级在 0.2mm 内），分度值为 0.002mm 的千分表（在 1 转范围内）	分度值为 0.001、0.002、0.005mm 的千分表（1 级在全程范围内），分度值为 0.01mm 的百分表（0 级在任意 1mm 内）	分度值为 0.01mm 的百分表（0 级在全程范围内，1 级在任意 1mm 内）	分度值为 0.01mm 的百分表（1 级在全程范围内）
	测量不确定度 u_1'/mm			
≤25~115	0.005	0.010	0.018	0.030

注：本表规定的数值是指测量时，使用的标准器由四块 1 级（或 4 等）量块组成的数值。

附表 28　光滑极限量规定形尺寸公差 T 和通规定形尺寸公差带的中心到工件最大实体尺寸之间的距离 Z 值（摘自 GB/T 1957—2006）　　（单位：μm）

工件公称尺寸 /mm	IT6			IT7			IT8			IT9			IT10			IT11			IT12		
	公差值	T	Z	公差值	T	Z	公差值	T	Z	公差值	T	Z	公差值	T	Z	公差值	T	Z	公差值	T	Z
>10~18	11	1.6	2	18	2	2.8	27	2.8	4	43	3.4	6	70	4	8	110	6	11	180	7	15
>18~30	13	2	2.4	21	2.4	3.4	33	3.4	5	52	4	7	84	5	9	130	7	13	210	8	18
>30~50	16	2.4	2.8	25	3	4	39	4	6	62	5	8	100	6	11	160	8	16	250	10	22
>50~80	19	2.8	3.4	30	3.6	4.6	46	4.6	7	74	6	9	120	7	13	190	9	19	300	12	26
>80~120	22	3.2	3.8	35	4.2	5.4	54	5.4	8	87	7	10	140	8	15	220	10	22	350	14	30

附表 29　量规测量面的表面粗糙度轮廓幅度参数 Ra 值（摘自 GB/T 1957—2006）

光滑极限量规	量规测量面的定形尺寸/mm		
	≤120	>120~315	>315~500
	Ra 值/μm		
IT6 级孔用工作塞规	≤0.05	≤0.10	≤0.20
IT7~IT9 级孔用工作塞规	≤0.10	≤0.20	≤0.40
IT10~IT12 级孔用工作塞规	≤0.20	≤0.40	≤0.80
IT13~IT16 级孔用工作塞规	≤0.40	≤0.80	≤0.80
IT6~IT9 级轴用工作环规	≤0.10	≤0.20	≤0.40
IT10~IT12 级轴用工作环规	≤0.20	≤0.40	≤0.80
IT13~IT16 级轴用工作环规	≤0.40	≤0.80	≤0.80
IT6~IT9 级轴用工作环规的校对塞规	≤0.05	≤0.10	≤0.20
IT10~IT12 级轴用工作环规的校对塞规	≤0.10	≤0.20	≤0.40
IT13~IT16 级轴用工作环规的校对塞规	≤0.20	≤0.40	≤0.40

附表 30　功能量规检验部分（含共同检验方式的量规的定位部分）
的基本偏差 F_I 的数值（摘自 GB/T 8069—1998）　（单位：μm）

序号	0	1		2		3		4		5	
基准类型	无基准	无基准（成组被测要素）		一个中心要素		一个平表面和一个中心要素 / 三个平表面 / 一个成组中心要素		两个平表面和一个中心要素 / 两个中心要素 / 一个平表面和一个成组中心要素		一个平表面和两个成组中心要素 / 两个平表面和一个成组中心要素 / 一个中心要素和一个成组中心要素	
		一个平表面	两个平表面								
综合公差 T_t	固定式	固定式	活动式	固定式	活动式	固定式	活动式	固定式	活动式	固定式	活动式
≤16	3	4	—	5	—	5	—	6	—	7	—
>16~25	4	5	—	6	—	7	—	8	—	9	—
>25~40	5	6	—	8	—	9	—	10	—	11	—
>40~63	6	8	—	10	—	11	—	12	—	14	—
>63~100	8	10	16	12	18	14	20	16	20	18	22
>100~160	10	12	20	16	22	18	25	20	25	22	28
>160~250	12	16	25	20	28	22	32	25	32	28	36
>250~400	16	20	32	25	36	28	40	32	40	36	45
>400~630	20	25	40	32	45	36	50	40	50	45	56
>630~1000	25	32	50	40	56	45	63	50	63	56	71
>1000~1600	32	40	63	50	71	56	80	63	80	71	90
>1600~2500	40	50	80	63	90	71	100	80	100	90	110

注：1. 综合公差 T_t 等于被测要素或基准要素的尺寸公差与其带Ⓜ的几何公差之和。
　　2. 对于共同检验方式的固定式功能量规，单个的检验部位和定位部位（也是用于检验实际基准要素的检验部位）的 F_I 的数值皆按序号 0 查取；成组的检验部位的 F_I 的数值按序号 1 查取。
　　3. 用于检验单一要素孔、轴的轴线直线度量规的 F_I 的数值按序号 0 查取。
　　4. 对于依次检验方式的功能量规，检验部位的 F_I 的数值按被测零件的图样上所标注被测要素的基准类型选取。

附表 31　功能量规各工作部分的尺寸公差、几何公差、允许磨损量
和最小间隙的数值（摘自 GB/T 8069—1998）　（单位：μm）

综合公差 T_t	检验部位 T_I	W_I	定位部位 T_L	W_L	导向部位 T_G	W_G	S_{min}	t_I、t_L、t_G	t_G'
≤16	1.5							2	
>16~25	2							3	
>25~40	2.5							4	
>40~63	3							5	
>63~100	4				2.5		3	6	2
>100~160	5				3			8	2.5
>160~250	6				4		4	10	3
>250~400	8				5			12	4
>400~630	10				6		5	16	5
>630~1000	12				8			20	6
>1000~1600	16				10		6	25	8
>1600~2500	20				12			32	10

注：1. 综合公差 T_t 等于被测要素或基准要素的尺寸公差与其带Ⓜ的几何公差之和。
　　2. T_I、T_L、T_G 分别为功能量规检验部位、定位部位、导向部位的尺寸公差，W_I、W_L、W_G 分别为功能量规检验部位、定位部位、导向部位的允许磨损量。
　　3. t_I、t_L、t_G 分别为量规检验部位、定位部位、导向部位的定向或定位公差。
　　4. t_G' 为插入型或活动型功能量规的导向部位的台阶形插入件的同轴度公差或对称度公差。
　　5. S_{min} 为插入型功能量规检验部位（或定位部位）与导向部位配合所要求的最小间隙。

附表 32　普通平键尺寸和键槽深度 t_1、t_2 的公称尺寸及极限偏差（摘自 GB/T 1095—2003）

（单位：mm）

键尺寸 b×h /(mm×mm)	宽度 b 基本尺寸	正常连接 轴 N9	正常连接 毂 JS9	紧密连接 轴和毂 P9	松连接 轴 H9	松连接 毂 D10	深度 轴 t_1 基本尺寸	深度 轴 t_1 极限偏差	深度 毂 t_2 基本尺寸	深度 毂 t_2 极限偏差	半径 r min	半径 r max
4×4	4	0 −0.030	±0.015	−0.012 −0.042	+0.030 0	+0.078 +0.030	2.5	+0.1 0	1.8	+0.1 0	0.08	0.16
5×5	5						3.0		2.3			
6×6	6						3.5		2.8		0.16	0.25
8×7	8	0 −0.036	±0.018	−0.015 −0.051	+0.036 0	+0.098 +0.040	4.0		3.3			
10×8	10						5.0		3.3			
12×8	12	0 −0.043	±0.0215	−0.018 −0.061	+0.043 0	+0.120 +0.050	5.0	+0.2 0	3.3	+0.2 0	0.25	0.40
14×9	14						5.5		3.8			
16×10	16						6.0		4.3			
18×11	18						7.0		4.4			
20×12	20	0 −0.052	±0.026	−0.022 −0.074	+0.052 0	+0.149 +0.065	7.5		4.9		0.40	0.60
22×14	22						9.0		5.4			
25×14	25						9.0		5.4			
28×16	28						10.0		6.4			

附表 33　矩形花键公称尺寸的系列（摘自 GB/T 1144—2001）　（单位：mm）

小径 d	轻系列 规格 N×d×D×B	轻系列 键数 N	轻系列 大径 D	轻系列 键宽 B	中系列 规格 N×d×D×B	中系列 键数 N	中系列 大径 D	中系列 键宽 B
23	6×23×26×6	6	26	6	6×23×28×6	6	28	6
26	6×26×30×6		30		6×26×32×6		32	
28	6×28×32×7		32	7	6×28×34×7		34	7
32	6×32×36×6		36	6	8×32×38×6	8	38	6
36	8×36×40×7	8	40	7	8×36×42×7		42	7
42	8×42×46×8		46	8	8×42×48×8		48	8
46	8×46×50×9		50	9	8×46×54×9		54	9
52	8×52×58×10		58	10	8×52×60×10		60	10
56	8×56×62×10		62		8×56×65×10		65	
62	8×62×68×12		68	12	8×62×72×12		72	12

附表 34　矩形花键位置度公差值 t_1（摘自 GB/T 1144—2001）　（单位：mm）

键槽宽或键宽 B		3	3.5~6	7~10	12~18
t_1 键宽	键槽宽	0.010	0.015	0.020	0.025
	滑动、固定	0.010	0.015	0.020	0.025
	紧滑动	0.006	0.010	0.013	0.016

附表 35　矩形花键对称度公差值 t_2（摘自 GB/T 1144—2001）　　　（单位：mm）

键槽宽或键宽 B		3	3.5~6	7~10	12~18
t_2	一般用	0.010	0.012	0.015	0.018
	精密传动用	0.006	0.008	0.009	0.011

附表 36　普通螺纹的基本尺寸（摘自 GB/T 196—2003）　　　（单位：mm）

公称直径（大径）D、d	螺距 P	中径 D_2、d_2	小径 D_1、d_1	公称直径（大径）D、d	螺距 P	中径 D_2、d_2	小径 D_1、d_1
6	1	5.350	4.917	16	2	14.701	13.835
	0.75	5.513	5.188		1.5	15.026	14.376
7	1	6.350	5.917		1	15.350	14.917
	0.75	6.513	6.188	17	1.5	16.026	15.376
8	1.25	7.188	6.647		1	16.350	15.917
	1	7.350	6.917	18	2.5	16.376	15.294
	0.75	7.513	7.188		2	16.701	15.835
9	1.25	8.188	7.647		1.5	17.026	16.376
	1	8.350	7.917		1	17.350	16.917
	0.75	8.513	8.188	20	2.5	18.376	17.294
10	1.5	9.026	8.376		2	18.701	17.835
	1.25	9.188	8.647		1.5	19.026	18.376
	1	9.350	8.917		1	19.350	18.917
	0.75	9.513	9.188	22	2.5	20.376	19.294
11	1.5	10.026	9.376		2	20.701	19.835
	1	10.350	9.917		1.5	21.026	20.376
	0.75	10.513	10.188		1	21.350	20.917
12	1.75	10.863	10.106	24	3	22.051	20.752
	1.5	11.026	10.376		2	22.701	21.835
	1.25	11.188	10.647		1.5	23.026	22.376
	1	11.350	10.917		1	23.350	22.917
14	2	12.701	11.835	25	2	23.701	22.835
	1.5	13.026	12.376		1.5	24.026	23.376
	1.25	13.188	12.647		1	24.350	23.917
	1	13.350	12.917	26	1.5	25.026	24.376
15	1.5	14.026	13.376	27	3	25.051	23.752
					2	25.701	24.835
	1	14.350	13.917		1.5	26.026	25.376
					1	26.350	25.917

附表 37　内、外螺纹的基本偏差（摘自 GB/T 197—2018）　　（单位：μm）

螺距 P/mm	基本偏差									
	内螺纹		外螺纹							
	G	H	a	b	c	d	e	f	g	h
	EI	EI	es	es	es	es	es	es	es	es
0.5	+20	0	—	—	—	—	-50	-36	-20	0
0.6	+21	0	—	—	—	—	-53	-36	-21	0
0.7	+22	0	—	—	—	—	-56	-38	-22	0
0.75	+22	0	—	—	—	—	-56	-38	-22	0
0.8	+24	0	—	—	—	—	-60	-38	-24	0
1	+26	0	-290	-200	-130	-85	-60	-40	-26	0
1.25	+28	0	-295	-205	-135	-90	-63	-42	-28	0
1.5	+32	0	-300	-212	-140	-95	-67	-45	-32	0
1.75	+34	0	-310	-220	-145	-100	-71	-48	-34	0
2	+38	0	-315	-225	-150	-105	-71	-52	-38	0
2.5	+42	0	-325	-235	-160	-110	-80	-58	-42	0
3	+48	0	-335	-245	-170	-115	-85	-63	-48	0

附表 38　内、外螺纹顶径的公差值（摘自 GB/T 197—2018）　　（单位：μm）

螺距 P /mm	内螺纹小径公差 T_{D1}					外螺纹大径公差 T_d		
	公差等级					公差等级		
	4	5	6	7	8	4	6	8
0.5	90	112	140	180	—	67	106	—
0.6	100	125	160	200	—	80	125	—
0.7	112	140	180	224	—	90	140	—
0.75	118	150	190	236	—	90	140	—
0.8	125	160	200	250	315	95	150	236
1	150	190	236	300	375	112	180	280
1.25	170	212	265	335	425	132	212	335
1.5	190	236	300	375	475	150	236	375
1.75	212	265	335	425	530	170	265	425
2	236	300	375	475	600	180	280	450
2.5	280	355	450	560	710	212	335	530
3	315	400	500	630	800	236	375	600

附表 39　内、外螺纹中径的公差值（摘自 GB/T 197—2018）　　（单位：μm）

基本大径 D、d /mm	螺距 P /mm	内螺纹中径公差 T_{D2}					外螺纹中径公差 T_{d2}						
		公差等级					公差等级						
		4	5	6	7	8	3	4	5	6	7	8	9
>11.2~22.4	1	100	125	160	200	250	60	75	95	118	150	℃90	236
	1.25	112	140	180	224	280	67	85	106	132	170	212	265
	1.5	118	1580	190	236	300	71	90	112	140	180	224	280
	1.75	125	160	200	250	315	75	95	118	150	190	236	300
	2	132	170	212	265	335	80	100	125	160	200	250	315
	2.5	140	180	224	280	355	85	106	132	170	212	265	335
>22.4~45	1	106	132	170	212	—	63	80	100	125	160	200	250
	1.5	125	160	200	250	315	75	95	118	150	190	236	300
	2	140	180	224	280	355	85	106	132	170	212	265	335
	3	170	212	265	335	425	100	125	160	200	250	315	400
	3.5	180	224	280	355	450	106	132	170	212	265	335	425
	4	190	236	300	375	475	112	140	180	224	280	355	450
	4.5	200	250	315	400	500	118	150	190	236	300	375	475

附表 40　螺纹旋合长度（摘自 GB/T 197—2018）　　　　（单位：mm）

基本大径 D、d	螺距 P	旋合长度			
		S		N	L
		≤	>	≤	>
>5.6~11.2	0.75	2.4	2.4	7.1	7.1
	1	3	3	9	9
	1.25	4	4	12	12
	1.5	5	5	15	15
>11.2~22.4	1	3.8	3.8	11	11
	1.25	4.5	4.5	13	13
	1.5	5.6	5.6	16	16
	1.75	6	6	18	18
	2	8	8	24	24
	2.5	10	10	30	30

附表 41　普通螺纹牙侧表面的表面粗糙度 Ra 值　　　　（单位：μm）

螺纹工作表面	螺纹中径公差等级		
	4、5	6、7	8、9
	Ra		
螺栓、螺钉、螺母	≤1.6	≤3.2	3.2~6.3
轴及套筒上的螺纹	0.8~1.6	≤1.6	≤3.2

附表 42　向心轴承和轴承座孔的配合——孔公差带（摘自 GB/T 275—2015）

载荷情况		举例	其他状况	公差带[1]	
				球轴承	滚子轴承
外圈承受固定载荷	轻、正常、重	一般机械、铁路机车车辆轴箱	轴向易移动,可采用剖分式轴承座	H7、G7[2]	
	冲击		轴向能移动,可采用整体或剖分式轴承座	J7、JS7	
方向不定载荷	轻、正常	电动机、泵、曲轴主轴承			
	正常、重			K7	
	重、冲击	牵引电动机		M7	
外圈承受旋转载荷	轻	皮带张紧轮	轴向不移动,采用整体式轴承座	J7	K7
	正常	轮毂轴承		M7	N7
	重			—	N7、P7

① 并列公差带随尺寸的增大从左至右选择。对旋转精度有较高要求时,可相应提高一个公差等级。

② 不适用于剖分式轴承座。

附表 43　向心轴承和轴的配合——轴公差带（摘自 GB/T 275—2015）（单位：mm）

载荷情况		举例	深沟球轴承、调心球轴承和角接触球轴承	圆柱滚子轴承和圆锥滚子轴承	调心滚子轴承	公差带
			轴承公称内径			
内圈承受旋转载荷或方向不定载荷	轻载荷	输送机、轻载齿轮箱	≤18	—	—	h5
			>18~100	≤40	≤40	j6①
			>100~200	>40~140	>40~100	k6①
			—	>140~200	>100~200	m6①
	正常载荷	一般通用机械、电动机、泵、内燃机、正齿轮传动装置	≤18			j5　js5
			>18~100	≤40	≤40	k5②
			>100~140	>40~100	>40~65	m5②
			>140~200	>100~140	>65~100	m6
			>200~280	>140~200	>100~140	n6
			—	>200~400	>140~280	p6
					>280~500	r6
	重载荷	铁路机车车辆轴箱、牵引电动机、破碎机等		>50~140	>50~100	n6③
				>140~200	>100~140	p6③
				>200	>140~200	r6③
				—	>200	r7③
内圈承受固定载荷	所有载荷	内圈需在轴向易移动	非旋转轴上的各种轮子	所有尺寸		f6 g6
		内圈不需在轴向易移动	张紧轮、绳轮			h6 j6
仅有轴向载荷			所有尺寸			j6、js6

圆锥孔轴承

所有载荷	铁路机车车辆轴箱	装在退卸套上	所有尺寸	h8(IT6)④,⑤
	一般机械传动	装在紧定套上	所有尺寸	h9(IT7)④,⑤

① 凡精度要求较高的场合，应用 j5、k5、m5 代替 j6、k6、m6。
② 圆锥滚子轴承、角接触球轴承配合对游隙影响不大，可用 k6、m6 代替 k5、m5。
③ 重载荷下轴承游隙应选大于 N 组。
④ 凡精度要求较高或转速要求较高的场合，应选用 h7（IT5）代替 h8（IT6）等。
⑤ IT6、IT7 表示圆柱度公差数值。

附表 44　轴和轴承座孔的几何公差（摘自 GB/T 275—2015）　（单位：μm）

公称尺寸/mm		圆柱度 t				轴向圆跳动 t_1			
		轴颈		轴承座孔		轴肩		轴承座孔肩	
		轴承公差等级							
>	≤	普通级	6(6X)	普通级	6(6X)	普通级	6(6X)	普通级	6(6X)
—	6	2.5	1.5	4	2.5	5	3	8	5

（续）

公称尺寸/mm		圆柱度 t				轴向圆跳动 t_1			
		轴颈		轴承座孔		轴肩		轴承座孔肩	
		轴承公差等级							
>	≤	普通级	6(6X)	普通级	6(6X)	普通级	6(6X)	普通级	6(6X)
6	10	2.5	1.5	4	2.5	6	4	10	6
10	18	3	2	5	3	8	5	12	8
18	30	4	2.5	6	4	10	6	15	10
30	50	4	2.5	7	4	12	8	20	12
50	80	5	3	8	5	15	10	25	15
80	120	6	4	10	6	15	10	25	15
120	180	8	5	12	8	20	12	30	20
180	250	10	7	14	10	20	12	30	20
250	315	12	8	16	12	25	15	40	25
315	400	13	9	18	13	25	15	40	25
400	500	15	10	20	15	25	15	40	25

附表 45 配合表面及端面的表面粗糙度（摘自 GB/T 275—2015） （单位：μm）

轴或轴承座孔直径/mm	轴或轴承座孔配合表面直径公差等级					
	IT7		IT6		IT5	
	表面粗糙度 Ra					
	磨	车	磨	车	磨	车
≤80	1.6	3.2	0.8	1.6	0.4	0.8
>80~500	1.6	3.2	1.6	3.2	0.8	1.6
端面	3.2	6.3	6.3	6.3	6.3	3.2

附表 46 齿轮副的中心距极限偏差 $\pm f_a$ 值 （单位：μm）

齿轮精度等级		1~2	3~4	5~6	7~8	9~10	11~12
f_a		$\frac{1}{2}$IT4	$\frac{1}{2}$IT6	$\frac{1}{2}$IT7	$\frac{1}{2}$IT8	$\frac{1}{2}$IT9	$\frac{1}{2}$IT11
齿轮副中心距 a/mm	>80~120	5	11	17.5	27	43.5	110
	>120~180	6	12.5	20	31.5	50	125
	>180~250	7	14.5	23	36	57.5	145
	>250~315	8	16	26	40.5	65	160
	>315~400	9	18	28.5	44.5	70	180

附表 47　齿轮装配后的接触斑点（摘自 GB/Z 18620.4—2008）

参数	b_{c1} 占齿宽的百分比		h_{c1} 占有效齿面高度的百分比		b_{c2} 占齿宽的百分比		h_{c2} 占有效齿面高度的百分比	
齿轮	直齿轮	斜齿轮	直齿轮	斜齿轮	直齿轮	斜齿轮	直齿轮	斜齿轮
精度等级 4级及更高	50%	50%	70%	50%	40%	40%	50%	30%
精度等级 5级、6级	45%	45%	50%	40%	35%	35%	30%	20%
精度等级 7级、8级	35%	35%	50%	40%	35%	35%	30%	20%

附表 48　齿坯公差（摘自 GB/T 10095.1—2022 和 GB/T 10095.2—2008）

齿轮精度等级	3	4	5	6	7	8	9	10	11	12
盘形齿轮基准孔直径公差	IT4		IT5	IT6	IT7		IT8		IT9	
齿轮轴轴颈直径公差	通常按滚动轴承的公差等级确定									
齿顶圆直径公差	IT7				IT8		IT9		IT11	
基准端面对齿轮基准轴线的轴向圆跳动公差 t_t	$t_t = 0.2(D_d/b)F_\beta$									
基准圆柱面对齿轮基准轴线的径向圆跳动公差 t_r	$t_r = 0.3F_p$									

注：1. 齿轮的各项精度不同时，齿轮基准孔的尺寸公差按齿轮的最高精度等级。

　　2. 标准公差 IT 值见标准公差表。

　　3. 齿顶圆柱面不作为测量齿厚的基准面时，齿顶圆直径公差按 IT11 给定，但不得大于 $0.1m_n$。

　　4. 公式中 D_d 为基准端面的直径；b 为齿宽；F_β 为螺旋线总偏差允许值；F_p 为齿距累积总偏差允许值。

　　5. 齿顶圆柱面不作为基准面时，图样上不必给出 t_r。

附表 49　齿轮齿面和齿坯基准面的表面粗糙度轮廓幅度参数 Ra 上限值（单位：μm）

齿轮精度等级	3	4	5	6	7	8	9	10
齿面	≤0.63	≤0.63	≤0.63	≤0.63	≤1.25	≤5	≤10	≤10
齿轮的基准孔	≤0.2	≤0.2	0.2~0.4	≤0.8	0.8~1.6	≤1.6	≤3.2	≤3.2
端面、齿顶圆柱面	0.1~0.2	0.2~0.4	0.4~0.8	0.4~0.8	0.8~1.6	1.6~3.2	≤3.2	≤3.2
齿轮轴的轴颈	≤0.1	0.1~0.2	≤0.2	≤0.4	≤0.8	≤1.6	≤1.6	≤1.6

附表 50　$\pm f_p$、F_p、F_α、$f_{f\alpha}$、$\pm f_{H\alpha}$、F_r、f_{is}/K、F_w 偏差允许值（摘自 GB/T 10095.1—2022 和 GB/T 10095.2—2008）（单位：μm）

项目 分度圆直径 d/mm	模数	单个齿距偏差 $\pm f_p$				齿距累积总偏差 F_p				齿廓总偏差 F_α				齿廓形状偏差 $f_{f\alpha}$				齿廓倾斜偏差 $\pm f_{H\alpha}$				径向跳动公差 F_r				f_{is}/K 值				公法线长度变动量 F_w			
精度		5	6	7	8	5	6	7	8	5	6	7	8	5	6	7	8	5	6	7	8	5	6	7	8	5	6	7	8	5	6	7	8
≥5~20	≥0.5~2	4.7	6.5	9.5	13	11	16	23	32	4.6	6.5	9.0	13	3.5	5.0	7.0	10	2.9	4.2	6.0	8.5	9.0	13	18	25	14	19	27	38	10	14	20	29
	>2~3.5	5.0	7.5	10	15	12	17	23	33	6.5	9.5	13	19	5.0	7.0	10	14	4.2	6.0	8.5	12	9.5	13	19	27	16	23	32	45	10	14	20	29
>20~50	≥0.5~2	5.0	7.0	10	14	14	20	29	41	5.0	7.5	10	15	4.0	5.5	8.0	11	3.3	4.6	6.5	9.5	11	16	23	32	14	20	29	41	12	16	23	32
	>2~3.5	5.5	7.5	11	15	15	21	30	42	7.0	10	14	20	5.5	8.0	11	16	4.5	6.5	9.0	13	12	17	24	34	17	24	34	48	12	16	23	32
	>3.5~6	6.0	8.5	12	17	15	22	31	44	9.0	12	18	25	7.0	9.5	14	19	5.5	8.0	11	16	12	17	25	35	19	27	38	54	12	16	23	32
>50~125	≥0.5~2	5.5	7.5	11	15	18	26	37	52	6.0	8.5	12	17	4.5	6.5	9.0	13	3.7	5.5	7.5	11	15	21	29	42	16	22	31	44	14	19	28	37
	>2~3.5	6.0	8.5	12	17	19	27	38	53	8.0	11	16	22	6.0	8.5	12	17	5.0	7.0	10	14	15	21	30	43	18	25	36	51	14	19	28	37
	>3.5~6	6.5	9.0	13	18	19	28	39	55	9.5	13	19	27	7.5	10	15	21	6.0	8.5	12	17	16	22	31	44	20	29	40	57	14	19	28	37
>125~280	≥0.5~2	6.0	8.5	12	17	24	35	49	69	7.0	10	14	20	5.5	7.5	11	15	4.4	6.0	9.0	12	20	28	39	55	17	24	34	49	16	22	31	44
	>2~3.5	6.5	9.0	13	18	25	35	50	70	9.0	13	18	25	7.0	9.5	14	19	5.5	8.0	11	16	20	28	40	56	20	28	39	56	16	22	31	44
	>3.5~6	7.0	10	14	20	25	36	51	72	11	15	21	30	8.0	12	16	23	6.5	9.5	13	19	20	29	41	58	22	31	44	62	16	22	31	44
>280~560	≥0.5~2	6.5	9.5	13	19	32	46	64	91	8.5	12	17	23	6.5	9.0	13	18	5.5	7.5	11	15	26	36	51	73	19	27	39	54	19	26	37	53
	>2~3.5	7.0	10	14	20	33	45	65	92	10	15	21	29	8.0	11	16	22	6.5	9.0	13	18	26	37	52	74	22	31	44	62	19	26	37	53
	>3.5~6	8.0	11	16	22	33	47	66	94	12	17	24	34	9.0	13	18	26	7.5	11	15	21	27	38	53	75	24	34	48	68	19	26	37	53

附表 51　螺旋线总偏差允许值 F_β（摘自 GB/T 10095.1—2022）　　（单位：μm）

分度圆直径 d/mm	齿宽 b/mm	精度等级					
		4	5	6	7	8	9
50<d≤125	20<b≤40	6.0	8.5	12.0	17.0	24.0	34.0
	40<b≤80	7.0	10.0	14.0	20.0	28.0	39.0
	80<b≤160	8.5	12.0	17.0	24.0	33.0	47.0
125<d≤280	20<b≤40	6.5	9.0	13.0	18.0	25.0	36.0
	40<b≤80	7.5	10.0	15.0	21.0	29.0	41.0
	80<b≤160	8.5	12.0	17.0	25.0	35.0	49.0

附表 52　F_{id}、f_{id} 偏差允许值（摘自 GB/T 10095.1—2022）　　（单位：μm）

分度圆直径 d/mm	模数	径向综合总偏差 F_{id}				一齿径向综合偏差 f_{id}			
		5	6	7	8	5	6	7	8
>50~125	≥1.0~1.5	19	27	39	55	4.5	6.5	9.0	13
	>1.5~2.5	22	31	43	61	6.5	9.5	13	19
	>2.5~4.0	25	36	51	72	10	14	20	29
	>4.0~6.0	31	44	62	88	15	22	31	44
	>6.0~10	40	57	80	114	24	34	48	67
>125~280	≥1.0~1.5	24	34	48	68	4.5	6.5	9.0	13
	>1.5~2.5	26	37	53	75	6.5	9.5	13	19
	>2.5~4.0	30	43	61	86	10	15	21	29
	>4.0~6.0	36	51	72	102	15	22	31	44
	>6.0~10	45	64	90	127	24	34	48	67
>280~560	≥1.0~1.5	30	43	61	86	4.5	6.5	9.0	13
	>1.5~2.5	33	46	65	92	6.5	9.5	13	19
	>2.5~4.0	37	52	73	104	10	15	21	29
	>4.0~6.0	42	60	84	119	15	22	31	44
	>6.0~10	51	73	103	145	24	24	48	68

附表 53　本教材涉及的国家标准

序号	标准编号	标准名称
1	GB/T 321—2005	优先数和优先数系
2	GB/T 19764—2005	优先数和优先数化整值系列的选用指南
3	GB/T 20000.1—2014	标准化工作指南 第1部分:标准化和相关活动的通用术语
4	GB/T 6093—2001	几何量技术规范(GPS) 长度标准 量块
5	GB/T 1800.1—2020	产品几何技术规范(GPS)线性尺寸公差 ISO 代号体系 第1部分:公差、偏差和配合的基础
6	GB/T 1800.2—2020	产品几何技术规范(GPS)线性尺寸公差 ISO 代号体系 第2部分:标准公差带代号和孔、轴的极限偏差表

（续）

序号	标准编号	标 准 名 称
7	GB/T 1803—2003	极限与配合尺寸至18mm孔、轴公差带
8	GB/T 1804—2000	一般公差 未注公差的线性和角度尺寸的公差
9	GB/T 1182—2018	产品几何技术规范（GPS）几何公差形状、方向、位置和跳动公差标注
10	GB/T 1184—1996	形状和位置公差 未注公差值
11	GB/T 4380—2004	圆度误差的评定 两点、三点法
12	GB/T 7235—2004	产品几何量技术规范（GPS）评定圆度误差的方法 半径变化量测量
13	GB/T 11336—2004	直线度误差检测
14	GB/T 11337—2004	平面度误差检测
15	GB/T 1958—2017	产品几何技术规范（GPS）几何公差 检测与验证
16	GB/T 4249—2018	产品几何技术规范（GPS）基础 概念、原则和规则
17	GB/T 16671—2018	产品几何技术规范（GPS）几何公差 最大实体要求（MMR）、最小实体要求（LMR）和可逆要求（RPR）
18	GB/T 13319—2020	产品几何技术规范（GPS）几何公差 成组（要素）与组合几何规范
19	GB/T 17851—2022	产品几何技术规范（GPS）几何公差基准和基准体系
20	GB/T 16747—2009	产品几何技术规范（GPS）表面结构 轮廓法 表面波纹度词汇
21	GB/T 3505—2009	产品几何技术规范（GPS）表面结构 轮廓法 术语、定义及表面结构参数
22	GB/T 1031—2009	产品几何技术规范（GPS）表面结构 轮廓法 表面粗糙度参数及其数值
23	GB/T 6062—2009	产品几何技术规范（GPS）表面结构 轮廓法 接触（触针）式仪器的标称特性
24	GB/T 10610—2009	产品几何技术规范（GPS）表面结构 轮廓法 评定表面结构的规则和方法
25	GB/T 131—2006	产品几何技术规范（GPS）技术产品文件中表面结构的表示法
26	GB/T 3177—2009	产品几何技术规范（GPS）光滑工件尺寸的检验
27	GB/T 1957—2006	光滑极限量规 技术条件
28	GB/T 8069—1998	功能量规
29	GB/T 1095—2003	平键 键槽的剖面尺寸
30	GB/T 1096—2003	普通型 平键
31	GB/T 1097—2003	导向型 平键
32	GB/T 1098—2003	半圆键 键槽的剖面尺寸
33	GB/T 1099.1—2003	普通型 半圆键
34	GB/T 1568—2008	键技术条件

（续）

序号	标准编号	标 准 名 称
35	GB/T 1144—2001	矩形花键尺寸、公差和检验
36	GB/T 10919—2021	矩形花键量规
37	GB/T 14791—2013	螺纹 术语
38	GB/T 192—2003	普通螺纹 基本牙型
39	GB/T 193—2003	普通螺纹 直径与螺距系列
40	GB/T 196—2003	普通螺纹 基本尺寸
41	GB/T 197—2018	普通螺纹 公差
42	GB/T 15756—2008	普通螺纹 极限尺寸
43	GB/T 307.1—2017	滚动轴承 向心轴承 产品几何技术规范（GPS）和公差值
44	GB/T 307.3—2017	滚动轴承 通用技术规则
45	GB/T 275—2015	滚动轴承 配合
46	GB/T 4604.1—2012	滚动轴承 游隙 第1部分:向心轴承的径向游隙
47	GB/T 10095.1—2022	圆柱齿轮 ISO齿面公差分级制 第1部分:齿面偏差的定义和允许值
48	GB/T 10095.2—2008	圆柱齿轮 精度制 第2部分:径向综合偏差与径向跳动的定义和允许值
49	GB/Z 18620.1~4—2008	圆柱齿轮 检验实施规范

参 考 文 献

［1］ 石岚. 公差配合与测量技术［M］. 上海：复旦大学出版社，2021.

［2］ 荀占超. 公差配合与测量技术［M］. 2版. 北京：机械工业出版社，2023.

［3］ 黄云清. 公差配合与测量技术［M］. 4版. 北京：机械工业出版社，2019.

［4］ 赵树忠. 互换性与技术测量［M］. 北京：科学出版社，2013.

［5］ 王伯平. 互换性与测量技术基础［M］. 5版. 北京：机械工业出版社，2019.

［6］ 张铁，李昱. 互换性与测量技术［M］. 2版. 北京：清华大学出版社，2019.

［7］ 任桂华，周丽. 互换性与技术测量［M］. 2版. 武汉：华中科技大学出版社，2022.

［8］ 胡凤兰，任桂华. 互换性与技术测量［M］. 武汉：华中科技大学出版社，2012.

［9］ 潘雪涛，葛为民. 互换性与测量技术［M］. 北京：机械工业出版社，2021.

［10］ 王莉静，郝龙，吴金文. 互换性与技术测量基础［M］. 武汉：华中科技大学出版社，2020.